交通信息与控制实训平台实验指导书

Guidebook for Experiments on Traffic Information and Control Training Platform

李海舰　李振龙　栾森　李佳　边扬　陈晨　编著

赵晓华　主审

中国建筑工业出版社

图书在版编目（CIP）数据

交通信息与控制实训平台实验指导书 = Guidebook
for Experiments on Traffic Information and Control
Training Platform / 李海舰等编著. -- 北京：中国建
筑工业出版社，2024. 10. -- ISBN 978-7-112-30442-4

Ⅰ. U495-33

中国国家版本馆 CIP 数据核字第 202441C435 号

　　本书旨在帮助读者深入了解交通信息与控制领域的相关知识和技术，并通过实验操作提高实践能力和创新思维。书中介绍了交通信息与控制实训平台的基本理念、实验目的和实验要求，为读者提供了必要的基础知识和技术要点。在此基础上，依托一套可定制、可交互、可开发、可量测的实训平台样例，通过一系列的实验项目，将理论知识应用到实践实训中，提高学生的动手能力和解决问题的能力。实验项目涵盖了从基础到高级的多个层级，主要包括交通设计与组织类实验、交通信息采集类实验、交通信号控制类实验、智能车控制类实验、车路协同应用类实验以及驾驶行为特性类实验等。每个实验项目详细介绍了实验原理、材料、目标、内容、步骤、效果和注意事项等内容，并配备了思考题，引导读者对实验过程中遇到的问题进行归纳和总结。同时，本书提供了实验设备和软件的使用说明，以及实验网络配置和安全设置等方面的技术指导，帮助读者完成实验操作。

　　本书可为交通工程、交通设备与控制工程、智慧交通、智能网联汽车及相关专业方向的高等/高职院校师生、科研工作者、工程师提供参考。

责任编辑：李玲洁
责任校对：张惠雯

交通信息与控制实训平台实验指导书

Guidebook for Experiments on Traffic Information and
Control Training Platform

李海舰　李振龙　栾森　李佳　边扬　陈晨　编著

赵晓华　主审

*

中国建筑工业出版社出版、发行（北京海淀三里河路 9 号）

各地新华书店、建筑书店经销

北京红光制版公司制版

建工社（河北）印刷有限公司印刷

*

开本：787 毫米×1092 毫米　1/16　印张：18¼　字数：452 千字

2024 年 12 月第一版　　2024 年 12 月第一次印刷

定价：**75.00 元**（含增值服务）

ISBN 978-7-112-30442-4

（43768）

前　言

目前，面向智能交通系统前沿技术的复合创新型人才培养需求急迫，特别是主动管控技术、车路协同技术、自动驾驶技术等作为智能交通系统发展的高级阶段，融合了新一代网联通信、人工智能、智能传感、图像处理、大数据分析等关键技术，通过动态实时信息交互，实现交通系统综合性能的全面提升和保障。对新兴技术认知和应用实践的需求促成了理论与实践结合、软件与硬件一体、虚拟和实体并重的教学培养模式。本书面向智能交通领域优质人才培养目标，通过基础理论、实训平台和实验案例相结合的方式，以一系列精心设计的实验为载体，使读者能够更加深入地理解和掌握交通信息与控制的相关原理和技术。

本书依托交通信息与控制实训平台，主要介绍了基础知识、实训平台设备及软件、实验内容与操作等相关内容。全书共由 10 章组成，第 1 章为绪论，主要介绍面向智能交通领域开展实训的目的与意义以及实训平台简介、实验要求及注意事项；第 2 章介绍了交通信息与控制基础知识，包含交通工程设计与组织、交通信息采集与处理、交通管控理论与方法、交通仿真与模拟方法、自动驾驶技术及应用、车路协同技术及应用等；第 3 章针对实训平台，重点介绍了设计理念、道路要素及场景、交通要素及设备、相关软件、系统功能和实验体系等；第 4～9 章是本书的核心部分，依次围绕交通设计与组织、交通信息采集、交通信号控制、智能车辆控制、车路协同应用以及驾驶行为特性六大类 39 个具体实验，详细介绍了实验原理、实验材料、实验目标、实验内容、实验步骤、实验效果和注意事项等内容，并配备了思考题；第 10 章是实训平台总结与展望。

本书由北京工业大学李海舰、李振龙、栾森、李佳、边扬、陈晨等教师撰写，赵晓华教授对书稿组织架构和内容撰写进行了指导和审校。书稿撰写过程中，硕士、博士研究生李宇轩、付强、贾雨辰、王威杰、邝浩、刘仲寅、魏泽涛、李章煴、霍佳琪、张冰、李观杰、尹璐瑶等分别参与了书稿插图绘制、资料整理以及内容校验等工作，在此一并表示衷心感谢！感谢北京千乘科技有限公司在设备定制、系统开发等方面提供的技术支持。

本书可为交通工程、交通设备与控制工程、智慧交通、智能网联汽车及相关专业方向的高等/高职院校师生、科研工作者、工程师提供参考。由于编者水平有限，请广大读者提出宝贵意见和建议，书中也难免会有疏漏和错误之处，敬请读者批评指正。

目　　录

扫描下载本书
彩图文件

5

第1章 绪 论

1.1 实训目的与意义

随着我国交通行业的不断发展，智能交通系统在提升道路安全性、提高交通设施使用效率、解决交通拥堵问题等应用中扮演着越发重要的角色。同时，随着信息感知、传输、发布技术的不断突破以及人工智能技术的广泛应用，智慧城市、智能交通管控、车路协同、自动驾驶等已成为智能交通系统新时代核心技术发展的关键方向。但目前交通领域急需一种融合展示智能交通各项前沿技术的，集教学、科研、展示为一体的，服务于新形势下人才培养、技术测试、效果展示、沉浸体验的新型智能交通实训平台。

目前，高校对于智能交通系统前沿技术的教学主要停留在理论授课和效果展示阶段，不能满足新时期理论和实践共存的教学需求，急需一种综合实践实训平台供学生充分认知、理解传统交通规划、设计和控制方法，更进一步掌握智能交通管控、车路协同、自动驾驶等前沿技术。

车路协同技术作为智能交通系统发展的高级阶段，融合了5G/LTE-V/DSRC等新一代通信技术、人工智能技术、传感器感知技术、图像处理技术及大数据分析技术等，能够充分挖掘道路交通运行的潜力，改进复杂交通环境下道路信息多元化的提取方式，通过动态实时的信息交互，缓解交通拥堵、保证行车安全、提高居民出行舒适性。然而，目前高校对于车路协同技术的讲解多停留在理论授课阶段，不能满足理论结合实践的教学需求，缺少一种完备的实验方案或手段供学生充分理解、感知车路协同技术。

事实上，高校已经认识到，在开设相关课程的同时，应加强工程应用实践环节的建设，才能弥补课堂教学的不足。目前，为了提高学生在交通控制方面的综合应用能力和工程实践能力，通过构建一些实践环节，来弥补智能交通类课程教学的不足。采用的实践环节主要有以下方式：

（1）参观性认知实习，只用"眼"，"浏览"层面。

（2）展示式实验演示，用到"手"，无法"互动"，"知道"层面。

（3）虚拟式仿真系统，特点"软"，缺乏"实施"，"计算"层面。

这些实践环节主要表现出"重展示、轻操作""重理论、轻实践"的特征，以"软概念"为主，缺乏面向工程应用型人才培养的"硬实体"及交叉型教学模式。

交通信息与控制实训平台的搭建以服务教学实践为中心，重点培养学生自我发展、自我实践的创新能力，实现智能交通系统设施、控制设备的微缩移植。

1.2 实训平台简介

交通信息与控制实训平台（下文简称"实训平台"或"沙盘"）是以微缩、前沿、可用为基本设计理念，模拟真实智能交通系统中的智能车、智慧路网、中控系统等，在实验室条件下完成无人驾驶、智慧交通的先导实验。

围绕交通产业、汽车产业、机器人等产业的相关教学、科研人才培养与输出，促进无人驾驶领域的产、学、研、用形成良性循环，助力实践课程教学与前沿技术先导先试。实训平台涉及车辆管理、交通工程、通信信号、电子控制、人工智能、机电自动化、自动检测技术、汽车服务等专业和岗位。

实训平台以多学科交叉融合为特色，以创新实训为手段，以团队协作为组织模式，以培养综合知识应用为目标，培养学生自我发展、自我实践的创新能力。实训平台建设思路如图 1.2-1 所示。实训平台围绕"聪明的车"和"智慧的路"，通过云控管理服务平台，实现交通管控、安全预警、车路协同、自动驾驶等多场景、多对象的综合演示与交互，同时支持场景自主设计、路径自主规划、算法开放优化等，满足实践教学的动手能力和技术验证的科研能力的综合培养。

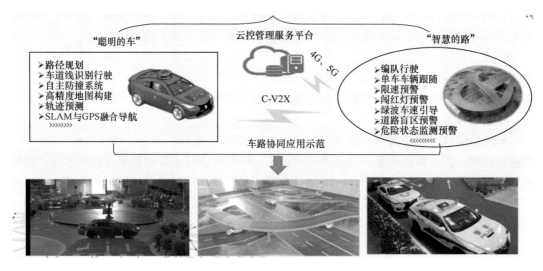

图 1.2-1 实训平台建设思路

实训平台聚焦前沿智能管控技术，将实际交通场景和智能交通系统设施设备同比例微缩移植至实验室，形成模块化、积木式的框架，其移动式结构具有良好的扩展性、开放性。

实训平台面向高校智能交通系统前沿技术性能测试等需求，通过平台级和系统级的解决方案，有效融合物理实体、场景再现、虚拟现实、数字孪生、人机在环等要素，实现可定制、可裁剪、可扩展，有效克服了外场实训成本高、周期长、危险性高、不易重复等缺点。通过实训平台的建设，形成一套针对智能交通领域的新兴技术认知、实践、应用的培养体系，为智能交通行业培养创新型人才（图 1.2-2）。在实训平台的基础上，结合理论学习开展智能交通车路协同等相关实践、科研、测试等环节，并在此过程中形成能力反馈加深理论知识的理解，形成理论—平台—实践的闭环人才培养体系。在此基础上，由平台模拟到真实场景映射，支撑真实场景应用示范，最后形成智能交通/车路协同/自动驾驶等多方向、多类别的人才培养。

本书依托北京工业大学交通信息与控制实训平台为样例进行介绍，整体设计包含地面

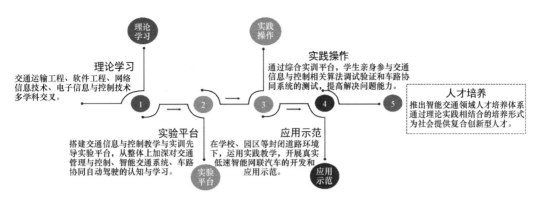

图 1.2-2 实训平台的人才培养流程图

路网和高架路网，高架路网通过内环两个匝道和外环两个匝道与地面路网衔接，按 3×6 的模块进行设计，每个模块的尺寸为 $1.5m\times1.5m$，路网及模块编号如图 1.2-3 所示，其中 F01～F15 为固定模块，组成一个整体路网，M1～M3 为移动模块，可以与 F01～F15 组成一个整体路网，也可以移动拆开，形成独立小路网，进行单独的实训实验。

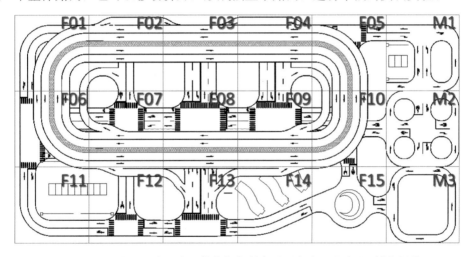

图 1.2-3 北京工业大学交通信息与控制实训平台路网设计图及模块划分

实训平台效果图如图 1.2-4 所示，包含道路元素、交通元素、信号灯、路灯、景观绿化与建筑等。作为一种标准化参考平台，需要说明的是，本书中的实验案例对基于此架构的其他路网结构同样具有适用性。

1.3 实验要求及注意事项

（1）进入实验室应严肃、认真、穿着整齐，自觉保持室内环境卫生。

（2）遵守实验室的安全条例以及学校的各项规定，不得进行与实验无关的活动。服从教师的指导、安排，做到令行禁止。

（3）在实验室内应保持严谨、认真、求实、创新的工作态度。勤于思考，主动学习。

（4）严格按照设备操作规程正确使用设备，不准私拆乱卸。损坏国有资产必须按有关

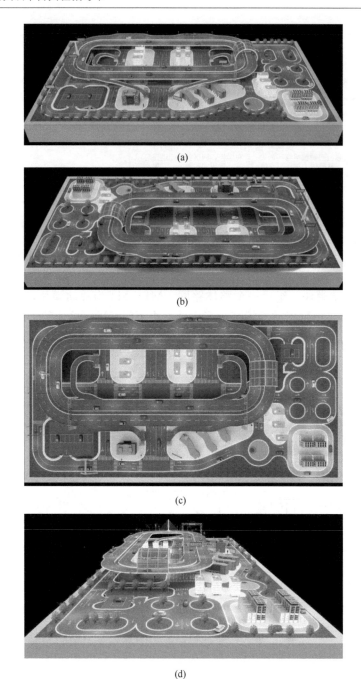

图 1.2-4　北京工业大学交通信息与控制实训平台路网效果图

(a) 正视图；(b) 后视图；(c) 俯视图；(d) 侧视图

规定赔偿，情节严重者给予处分。

（5）实验室各仪器设备应分开放置，摆放整齐，不得混放、混用，不得随意挪动仪器设备的位置。

（6）实验完毕后，应将实验室打扫干净，仪器设备必须摆放整齐，保持清新整洁。

（7）如实填写仪器设备使用登记表，设备出现故障应及时报告负责人，以便及时维修。

（8）离开实验室时应断电，关好门窗，排除安全隐患。

（9）禁止违规使用电加热设施、电器等可能造成消防隐患的物品。

（10）必须自觉保护实验室内国有或私有财产的安全，不将钥匙借给他人，丢失钥匙必须及时报告，避免更大损失。

（11）门窗关闭后一定要检查插销是否插到位。发现门锁异常等情况应及时上报，主动消除安全隐患。提高警惕，防止偷盗行为的发生。拒绝一切推销人员进入实验室。

（12）实验室内严禁吸烟，禁止私自使用和保存易燃、易爆、有毒物品。

（13）在仪器设备使用过程中，应严格遵守各种实验仪器的操作规程。定期进行安全检查，及时修复损坏的仪器。

（14）注意用电安全，经常检查设备的电线开关及插头等是否完好，有老化或破损时应及时报修。未经允许不得随意搬动带电设备。禁止超负荷用电。

（15）使用易燃品时，要远离明火，并有专人看管；正确使用有毒、有害物品，做好防护工作。

（16）实验室应配备消防器材，且置于明显、易于拿取之处，禁止随意移动消防器材。

第 2 章　交通信息与控制基础知识

2.1　交通工程设计与组织

2.1.1　交通工程设计

交通工程设计是一个涉及道路和交通系统规划、设计和实施的多学科领域，其主要目标是提高交通系统的通行效率和安全性。交通工程设计的内容包括道路设计、交通控制、交通管理和交通安全等多个方面。在本书中，重点包含了三个实验：城市道路路段横断面及车道设计实验、四肢信控交叉口渠化设计实验以及交叉口行人二次过街设计实验。这些实验旨在让学生掌握相关设计方法和工具，了解实际交通工程中的设计原则和实践。

城市道路路段横断面及车道设计实验主要涉及对道路各组成部分的合理布置及其几何尺寸的确定，具体包括机动车道、非机动车道、人行道和分隔带的设计。这些设计需要考虑道路的等级、服务功能和交通特性，确保不同类型交通工具的通行效率和安全性。例如，实验中会探讨不同道路等级的机动车道宽度推荐值，设计符合电动车和自行车共用的非机动车道，以及满足行人流量需求的人行道宽度。此外，还包括分隔带的设计，如中央分隔带、机非分隔带和人行道与非机动车道的分隔带，以提高交通安全性和道路美观性。

四肢信控交叉口渠化设计实验主要是对交叉口进口道进行设计，以减少交通冲突和缓解交通阻塞。实验内容包括设计进口道的机动车道数、停车线的位置、进口道的展宽长度以及车道功能的划分。通过科学合理的渠化设计，可以优化车辆在交叉口内的通行路径，使其更安全、高效、有序。例如，实验会涉及如何根据交通预测流量来确定进口道的车道数、设计合理的停车线位置以避免交通流的冲突以及计算进口道展宽段和渐变段的长度以保证车辆顺畅通行。

交叉口行人二次过街设计实验主要是优化行人过街设施，以减少行人与机动车之间的冲突，确保行人的安全。实验内容包括人行横道的设计、过街安全岛的设置以及信号控制方案的设计。行人过街设施的设计原则包括在车辆驾驶人容易看到的位置设置人行横道，尽量靠近交叉口，并与行人的自然流向一致。二次过街设计通过在多车道交叉口中间设置安全岛，使行人可以分两段完成过街，从而减少行人的等待时间和冲突点，增强过街安全性。例如，实验会探讨不同情况下人行横道的宽度计算模型，设计符合行人流量需求的安全岛，并制定适合的信号控制方案以优化行人过街过程。

2.1.2　道路交通组织设计

道路交通组织设计是指在有限的道路空间内，通过科学合理地分配时间、车道、车辆类型和行驶方向来使用道路，确保道路交通始终处于有序且高效的运行状态。道路交通组织设计的目的是使道路交通条件、交通运行方式、交通流特征及交通需求相互适应、协调，从而促进行人、车辆等不同类型交通参与者在相关道路上的有序、安全流动。在进行道路交通组织设计时，应根据道路实际情况，综合考虑社会效益、经济效益与环境效益，合理运用技术标准，贯彻以人为本、环境友好、资源节约等设计要求。

道路交通组织设计需要遵循的原则包括：①交通安全原则：应充分保障各类交通流在道路上的有序流动，降低交通冲突的发生概率；②供需平衡原则：应合理调节交通流需求，使其与道路通行能力相匹配，确保交通运行的平衡性；③均衡分布原则：在特定区域内，从空间和时间两个维度调整并疏导交通流，使其在该区域内均匀分布；④交通分离原则：在时间和空间上，将行人、非机动车和机动车等不同类型的交通流分离，减少混合运行和相互干扰；⑤交通连续原则：应确保车辆和行人在道路空间内能够保持连续移动，减少停车次数和等待时间，提高通行效率。

道路交通组织设计按照设计对象，可以划分为交叉口交通组织设计、路段交通组织设计、区域交通组织设计和交通组织专项设计等类型。

交叉口交通组织设计通常包括：行人过街通行方式设计，非机动车交叉口通行方式设计，机动车导向车道及交叉口通行方式设计，禁止左转、禁止掉头等限制性方案设计，交通管理和安全设施设置设计，信号控制交叉口信号控制方案设计等。

路段交通组织设计通常包括：行人、非机动车交通组织设计，公交专用道、多乘员专用道设计，出入口控制设计，单向交通组织设计，潮汐车道及控制方案设计，禁止停车、限速、禁止通行等限制性方案设计，交通管理和安全设施设计，信号灯协调控制方案设计，路内停车泊位设置及管理设计等。

区域交通组织设计通常包括：长途客运、货运等对外交通组织设计，区域某车型禁止通行等限制性方案设计，交通枢纽、学校、医院、商场、文体设施等人员密集场所周边交通组织设计等。

交通组织专项设计是针对大型活动、长时间占路作业等严重影响城市交通的事件进行的交通组织设计，通常包括：行人及各类车辆的交通组织设计、公交线路及临时站点的交通组织设计、停车交通组织设计、配套交通设施设计等。

道路交通组织设计通常按照以下流程开展工作：

（1）交通调查与分析：根据设计要求，确定交叉口、路段、片区或城市区域的设计范围，并对其内部的道路交通情况进行详细调查和分析。

（2）确定设计目标：基于交通需求分析，综合考虑保障交通安全、规范交通秩序、提升交通效率以及缓解交通拥堵等需求，明确交通组织设计的具体目标。

（3）编制设计方案：依据交通需求分析和设计目标，确定总体设计思路，开展交通组织策略设计和具体方案设计。对于复杂的交通条件和环境，制定多个备选方案进行对比和选择。

（4）方案论证与评审：通过相关部门审查和组织专家评议，对设计方案的可行性进行充分论证和评审，并提出需要改进的问题。对于审查或评审未通过的方案，应重新进行设计调整。

（5）方案实施和优化：按计划实施经过确认的设计方案；实施前，应进行充分准备，必要时提前发布相关信息或开展试运行；实施过程中，应尽量避开交通高峰期，并采取措施保障交通流的平稳过渡，同时应密切观察交通流变化，及时采取人工指挥和疏导措施；实施后，应对实施效果进行跟踪评估，及时修正发现的问题，如果实施后交通运行显著恶化，应停止实施，恢复原方案或采取临时措施，并重新进行方案设计。

2.2　交通信息采集与处理

在智能交通系统的不断发展和完善进程中，产生了海量的交通信息，如城市道路系统全时段的交通流信息、个体出行信息、交通设施控制信息等，交通信息服务系统中所提供的公交时刻表、路线、运行状态、行程时间等。合理地采集并利用这些数据，并将其赋能智能交通系统，才能更好地服务于广大出行者。

2.2.1　交通信息采集

交通信息源分布十分广泛，按照信息来源形式大致可以分为固定检测器获取的数据、移动检测器获取的数据、非结构视频数据、互联网数据等，从时间维度又可以分为实时检测数据和历史数据。下面分别介绍固定式交通信息采集技术和移动式交通信息采集技术。

1. 固定式交通信息采集技术

地磁线圈，直观来说，它是一个埋在路面下方且通有电流的线圈，基于电磁感应原理和线圈周围磁场变化规则实现数据统计。当带有铁质材料的车辆靠近检测器时，线圈感应到周围磁场相对地球磁场的变化，再经微处理器分析计算，做出是否有车辆通过的判断，依此可以实现车流量统计。为了准确测量车速，往往需要在行车方向埋设两个性能相同的线圈，获取车辆行驶距离和时间，进而计算车速。

为了适应现代化交通管理的需要，交通管理者和决策者必须实时掌握交通路网信息。针对这一诉求，基于超声波的实时路况信息采集系统应运而生。超声波检测器发射频率为$25 \sim 50 \mathrm{kHz}$的声波（超出人类听觉范围），一般发射脉冲波。根据发射波与反射波之间的时间间隔，结合超声波传播速度，即可计算距离。根据距离的变化量和测量的时间差计算车辆运行速度。

视频图像处理是近年来在传统电视监视系统的基础上逐步发展起来的一种新型的道路信息采集方法，而且在路网层面逐渐普及，尤其是城市路网。视频图像检测器的基本原理是在很短的时间间隔内由半导体电荷耦合摄像机连续拍摄两幅图像（数字化的），对两幅图像的全部或部分区域进行差异化对比，若差异超过一定阈值则说明车辆存在运行故障。通过后续的模式特征分析等计算机技术，可以有效实现车型辨识、车流统计、交通事件检测等。

雷达技术于20世纪50年代逐渐走向民用化。微波雷达通过发射电磁波对目标进行照射并接收回波，通过波形可以获取交通量参数；通过多普勒效应可以计算得到车辆运行速度。在交通领域，可实现交通量、车速、占有率等多项交通参数的测量。但是与视频检测相比，它的缺点是不具备视觉能力和可视化特征。

2. 移动式交通信息采集技术

固定式交通信息采集方式并不能满足智能交通系统对数据信息的需求，因此相关部门和科研人员都在研发移动采集技术，借此弥补固定采集技术的缺陷，以完善整个交通信息采集系统。移动式交通信息采集技术按采集载体可以分为基于浮动车的交通信息采集技术、基于无人机的交通信息采集技术和基于用户众包的交通信息采集技术。

基于浮动车的交通信息采集技术于 20 世纪 90 年代初开始出现，以德国的 VERDI 系统、美国的 ADCANCE 实验项目最为典型。浮动车信息采集系统通过车载移动通信单元和监控中心实现道路交通信息的实时检测与传输，监控中心实时采集的数据较为多元，包括车辆、天气以及路面信息等。

基于无人机的交通信息采集技术具有小巧、灵活、实时性强等优点。通过搭载高精度视频采集设备，利用 GPS 定位、无线通信等技术获取图像和视频数据，以视频图像处理技术为手段，获取交通数据信息，如车辆轨迹、车速、交通密度等。

基于用户众包的交通信息采集技术是由出行者通过移动终端反馈交通信息，每一个使用终端的用户就是一个"移动传感器"，是交通信息采集的一种重要手段。智能终端设备持有者下载安装特定的应用程序，通过该程序主动将交通现场的信息以文字、语音、图片、视频等形式上传至运营后台。此外，其同样能够实现基于浮动车的交通信息采集。

2.2.2　交通信息处理

1. 交通数据分析

20 世纪 50 年代始，汽车工业发展迅猛，交通量呈现骤增趋势，而对应的交通事故、交通拥堵问题愈发凸显，交通流从微观个体车辆向中观、宏观车流转变，交通现象的随机性减弱，致使原有的随机性模型不再适用，促使广大研究学者探索新的交通数据分析方法。于是，车辆跟驰模型、排队论和流体力学模拟等理论被学者提出，拓展了交通数据分析方法的维度。从 20 世纪 90 年代开始，人工智能算法兴起，各种算法百花齐放。典型机器学习算法，如神经网络、支持向量机、随机森林、决策树等被广泛应用于交通数据分析。进入 21 世纪，深度学习的快速发展也为海量、多源、异构的交通数据分析提供了更为有效的处理分析方法。而且，在智慧交通的背景下，这些人工智能算法逐渐占据了主导地位。

2. 交通信息发布

交通信息发布系统是智能交通系统中直接面向出行者的系统，是智能交通系统与出行者之间交互的媒介，是信息服务的最终环节，其主要通过数据的采集、处理和分析，将所得的结果或管控、诱导策略等通过各类信息传输渠道发布到各类信息发布终端，最终让交通参与者及时获取，以增强其交通路况感知能力、做好出行决策。鉴于人对交通信息感知、理解的异质性，信息发布的成效与其内容、形式和时效性密切相关。从发布形式来看，除了利用无线电广播、短信平台、电话咨询等技术发布语音交通信息外，还普遍运用 Web、车载终端、路侧设施（如电子站牌、可变情报板、电子屏等），以及近些年流行的社交媒体、公众号等发布信息。从信息内容来看，主要包括路径诱导、交通流诱导、停车场信息诱导、个性化信息服务等。

2.3 交通控制理论与方法

交通信号控制是通过合理控制交叉口交通信号灯的灯色变化，对道路上运行的车辆和行人进行指挥，使交通流在时间上分离，减少交通拥挤与堵塞、提高道路交通安全。交通信号控制是根据道路交通环境（车道通行能力等）和交通流状况（交通流量、速度等）合理配置交通信号控制参数（信号相位、周期和绿信比等），使得整个道路交通系统的性能指标（延误时间、排队长度、停车次数等）满足系统或用户的要求。一般地，交通信号控制是对交通流的自动控制。

交通信号控制从控制策略上分为定时控制、感应控制、智能控制。定时控制是最基本的一种信号控制方式，适用于车流量呈现规律变化的情况。其控制原理为：对历史交通流数据进行分析，发现相对固定的交通流变化模式；利用人工方法或计算机仿真等手段，制定不同时段的信号配时方案；在实施过程中，根据不同时段调用不同的配时方案。从控制原理角度来讲，定时控制是开环控制。感应控制是根据车辆检测器检测到的交叉口交通流状况，使交叉口各个方向的信号绿灯时间适应于交通需求的控制方式。感应控制对车辆随机到达的适应性较大，可使车辆在停车线前尽可能少地停车，从而达到保障交通畅通的效果。从控制原理角度来讲，感应控制是闭环控制。智能控制是具有智能信息处理、智能信息反馈和智能控制决策的控制方式，是控制理论发展的高级阶段，主要用来解决那些用传统方法难以解决的复杂系统的控制问题。

交通信号控制从控制范围上分为单个交叉口的交通控制、干道交叉口的信号协调控制、区域交通信号控制系统。

1. 单个交叉口的交通控制（点控）

每个交叉口的交通控制信号只按照该交叉口的交通情况独立运行，不与其邻近交叉口的控制信号有任何联系，称为单个交叉口的交通控制，也称单点信号控制，俗称"点控"。这是交叉口交通信号控制的最基本形式。

2. 干道交叉口的信号协调控制（线控）

把干道上若干个连续交叉口的交通信号通过一定的方式联结起来，同时对各交叉口设计一种相互协调的配时方案，各交叉口的信号灯按此协调方案联合运行，使车辆通过这些交叉口时，不致经常遇上红灯，称为干道交叉口的信号协调控制，俗称"线控"。

3. 区域交通信号控制系统（面控）

以某个区域中所有信号控制交叉口作为协调控制对象，称为区域交通信号控制系统，俗称"面控"。

2.4 交通仿真与模拟方法

2.4.1 交通仿真技术

交通仿真是一种利用计算机数字模型复现真实交通环境的技术和方法，通过构建高还原度的交通场景，模拟车辆、非机动车、行人等交通参与者的行为，再现真实的交通运行情况并反映交通系统内部的复杂运行规律。交通仿真具有实验可重复操作、安全性高、仿真效率高、成本低、变量可控等优势,可以快速复现复杂交通场景,模拟各种交通条件和交通管理策略下的交通运行情况,动态预测未来的交通运行状态,可为交通规划、管理、控制提供科学、可靠的决策依据。

交通仿真最早起源于 20 世纪中叶,其发展历程从最早期的宏观建模仿真逐渐衍化发展为宏观、中观、微观建模仿真技术并存的形式。宏观交通仿真通常用于大规模路网中交通规划方案的静态分析和交通需求预测,其主要聚焦于整个交通路网或区域内的交通运行情况,需要考虑建筑规划、交通设施布局、出行方式等内容,从宏观角度描述交通流速度、密度、流量等交通流参数的集聚现象。常用的宏观仿真软件有美国 Caliper 公司开发的 TransCAD、加拿大蒙特利尔大学研发的 Emme 和德国 PTV 公司研发的 Visum 等。

中观交通仿真常用于路网中针对车辆路径及出发时间的交通需求预测与交通管理控制方案评估。不同于宏观交通仿真关注整体交通网络的流量和运行状态,中观交通仿真以车辆群体为研究对象,模拟车辆运行的时空特性,反映一定区域范围内车辆的路径选择情况以及车队整体的排队消散过程。常用的中观仿真软件有德国柏林工业大学开发的开源仿真平台 MATSIM、美国 Citilabs 公司开发的 Cube Avenue 以及西班牙 Transport Simulation Systems 公司开发的 Aimsun。

微观交通仿真常用于较小区域路网级别且需要精细到驾驶行为的交通管控方案评估。其不再以交通流作为研究对象,而是以路网中单个车辆作为研究对象,更多关注的是道路中车辆与车辆之间真实的跟车、换道和超车等微观行为对于路网通行能力的影响。在微观交通仿真模型中,可以动态模拟车辆在不同道路和交通条件下各种微观行为的真实情况。常用的微观交通仿真软件有德国 PTV 公司的 Vissim 和德国航空航天局的开源软件 SUMO。

相较于国外的交通系统仿真软件,我国自主研发交通系统仿真软件的历史较短,其中的典型代表包括东南大学王炜教授牵头开发的宏观仿真软件"交运之星"(TranStar)、清华大学吴建平院士团队开发的 Flowsim 以及同济大学孙剑教授牵头开发的微观仿真软件"TESS NG"。不同于国外的交通系统仿真软件,国产的交通系统仿真软件开发者更熟悉国内本土化特色的交通环境以及国内交通行业的真实需求。近年来,国产软件的市场占有率与知名度逐步提升。

2.4.2 驾驶模拟技术

驾驶模拟技术通过集成三维图像渲染模型、车辆动力学仿真模型、多自由度运动平台及立体环绕式影音系统等核心功能模块,构建涵盖道路线形、标志标线、路侧设施、交通事件等交通元素的高还原度虚拟驾驶环境。结合主观问卷、眼动仪、心电仪等生理、心理测试手段,多维度采集驾驶人的驾驶行为和生理、心理数据,分析驾驶人的主观、客观驾驶表现。

相较于微观交通仿真,驾驶模拟技术更侧重于驾驶人的微观驾驶行为研究。借助该技术场景开发灵活、驾驶环境逼真度高、人车交互性强以及不受天气环境条件限制等优势,能够更有效地分析不同实验需求下驾驶人的行为特征,可以为生态驾驶行为指导、新手驾驶人教育培训、交通设施优化、交通安全防控等提供支撑。

发达国家较早开展了科研型驾驶模拟器的研发与应用。20 世纪 70 年代初，德国大众汽车公司开发出世界上第一台驾驶模拟器，该模拟器由具有 3 个自由度的运动模拟系统驱动。受其启发，瑞典国家道路与交通研究所积极参与驾驶模拟器开发，于 1984 年研发出第一代驾驶模拟器。该模拟器包含 4 个自由度，可进行横向、横摆、侧倾和俯仰模拟运动。2003 年，爱荷华大学联合美国联邦高速公路管理局，开发了当时最大规模、最先进的驾驶模拟器 NADS-I，其具有 12 个自由度。2008 年，日本丰田东富士技术中心研发了高 4.5m、内径 7m 的驾驶模拟器，它取代了 NADS-I，成为当时规模最大的驾驶模拟器。

相较于国外，我国应用型和科研型驾驶模拟器的开发起步较晚。1996 年，吉林大学汽车动态模拟国家重点实验室自主研发了我国首台 6 个自由度的驾驶模拟器。2011 年，同济大学开发了具有 8 个自由度运动系统的电动高级驾驶模拟器，其驾驶模拟器为穹顶刚性封闭结构，舱内为实际车辆模型。2019 年，北京工业大学基于 2008 年组建使用的 3 个自由度的实车驾驶模拟器，自主设计并研发了车路协同技术综合测试平台，实现了驾驶模拟器在智能交通领域的广泛应用和深度融合；2021 年，驾驶模拟器再次升级模拟平台系统，完成面向自动驾驶技术测试的功能开发，并实现多台驾驶模拟器人机联动测试。

随着交通领域对于人因要素的重视程度不断提升，驾驶模拟技术在交通系统的设计优化、评估诊断、机理挖掘、主动防御等领域均取得了一定的技术突破和应用成果。同时，随着网联自动驾驶等前沿技术的兴起，驾驶模拟技术逐渐与自动驾驶测试实现有机融合，通过模拟驾驶人与自动驾驶车辆间的行为交互，聚焦于自动驾驶接管绩效、人机交互体验、混驾编队策略等研究内容，有效评估了各类自动驾驶测试场景的实施效果，从而成为自动驾驶测试领域不可或缺的重要支撑手段。

2.5　自动驾驶技术及应用

自动驾驶技术是指通过搭载先进的传感部件、计算单元以及控制执行装置，结合车载智能系统对驾驶人的感知、决策和操作等各级职能进行辅助或取代，从而实现降低驾驶人工作负荷和提升行车安全的双重目的。研究估计，若具备高度自动驾驶功能的智能汽车得到普及，有望在现有基础上提升 30% 的交通效率并实现道路交通"零伤亡"。2004 年，美国国防部先进计划研究项目局（DARPA）连续举办了三届无人驾驶汽车挑战赛，正式拉开了自动驾驶技术的研究序幕。随后美国谷歌公司自 2009 年起开始秘密研发无人驾驶汽车，掀起了工业界进军智能汽车领域的热潮。在谷歌的刺激下，国际汽车巨头如宝马、福特、通用等公司也纷纷开始布局智能汽车研发。2012 年，谷歌无人驾驶汽车首次获得由美国内华达州颁发的第一张红色牌照。2016 年，Uber 公司正式于美国匹兹堡市面向公众开放无人驾驶汽车出行服务。我国自 2009 年开始在高校之间举办智能车未来挑战赛，标志着我国高校先一步涌入智能汽车的研究浪潮。2014 年，百度对外宣布启动无人驾驶汽车研发计划，极大地点燃了我国民众对智能汽车的关注热情。作为汽车的主要产销平台，我国整车企业自然也不甘落伍。2016 年，长安汽车集团率先完成从重庆至北京的 2000km 无人驾驶道路测试，其余整车企业如一汽、北汽等也分别在车展中展示了自主研发的自动驾驶原型车辆。

自 2017 年底，北京市首次发布自动驾驶道路测试政策以来，全国各地开放自动驾驶测试道路长度超过 5000km，公开报道的自动驾驶车辆道路测试里程累计近千万千米。从限制性道路测试到全时、全域道路测试，从普通道路测试到无人化（二阶段）、夜间专项技术测试，从技术测试到载人（三阶段）试运营测试。截至 2023 年底，北京市范围内累计开放自动驾驶测试道路 2238.43km，其中依据《北京市自动驾驶车辆测试道路要求（试行）》累计开放自动驾驶测试道路共计 336 条、1160.89km，累计 38 家企业在北京市开展自动驾驶车辆道路测试，累计测试里程超过 3893 万公里。其中，18 家企业、384 辆自动驾驶车辆取得全市范围内测试许可，29 家企业、775 辆自动驾驶车辆获准在高级别自动驾驶示范区开展道路测试、示范应用及商业化试点的先行先试。

在政策方面，2020 年 1 月，美国交通部发布了新的自动驾驶汽车政策《自动驾驶 4.0》，2020 年 3 月公布了《智能交通系统战略规划（2020—2025 年）》。韩国于 2020 年 5 月开始实施《促进和支持自动驾驶汽车商业化法》。欧盟的《通往自动化之路：欧洲未来出行战略》，并在 2020 年 2 月就《在联网车辆和出行相关应用环境下处理个人数据的指南》公开征求意见。日本 2020 年 5 月公布了《实现自动驾驶的相关报告和方案 4.0》，并实施了《道路运输车辆法（修正案）》，对 L3 级别的自动驾驶安全要求作出明确规定，允许驾驶人在自动驾驶过程中使用手机或观看车载电视的前提是能够快速恢复手动驾驶。2020 年 6 月，联合国欧洲经济委员会通过了一份具有约束力的国际法规 "L3 级别"《ALKS 车道自动保持系统条例》。在我国，国家发展改革委等 11 部委于 2020 年 2 月联合印发了《智能汽车创新发展战略》。2021 年，工业和信息化部、公安部、交通运输部联合发布《智能网联汽车道路测试与示范应用管理规范（试行）》，支持自动驾驶技术示范应用。同年，公安部启动《中华人民共和国道路交通安全法》修订工作，为自动驾驶的规模化商用设立了法律环境。2021 年 8 月，工业和信息化部发布了《关于加强智能网联汽车生产企业及产品准入管理的意见》，从加强汽车数据安全、网络安全、软件在线升级、功能安全、产品安全管理以及企业保障措施等多方面提出要求，推动智能网联汽车产业高质量发展。同年，交通运输部发布《交通运输领域新型基础设施建设行动方案（2021—2025 年）》，推动交通运输领域新型基础设施建设。2021 年 11 月，交通运输部发布了《交通运输部办公厅关于组织开展自动驾驶和智能航运先导应用试点的通知》，聚焦自动驾驶、智能航运技术发展与应用，促进新一代信息技术与交通运输深度融合。

在技术层面，目前国际汽车工程师协会（SAE）发布的 J2016 标准已经逐渐成为世界通用的自动驾驶汽车分级标准，并于 2021 年进行了更新，形成了 J3016 标准。该标准将自动驾驶划分为 0～5 级共 6 个等级（表 2.5-1）。

J3016 标准自动驾驶等级划分　　　　表 2.5-1

等级	名称	操作执行者	环境监测者	接管执行者	应用场景
0	无自动化	人	人	人	无
1	驾驶辅助	人和系统	人	人	限定场景
2	部分自动化	系统	人	人	限定场景
3	有条件自动化	系统	系统	人	限定场景

等级	名称	操作执行者	环境监测者	接管执行者	应用场景
4	高度自动化	系统	系统	系统	限定场景
5	完全自动化	系统	系统	系统	所有场景

但是 SAE 发布的 J3016 标准是基于国外特别是美国的技术及产业实践制定，我国汽车行业应用普遍反映其存在分级方案不清晰、定义不统一等问题，其提出的分级概念甚至与标准制定初衷存在较大差异，给政府开展行业管理、企业产品开发及宣传、消费者认知及使用等带来不便。在政策和市场的双擎驱动下，2017 年由工业和信息化部提出，全国汽车标准化技术委员会智能网联汽车分技术委员会组织行业骨干单位启动了《汽车驾驶自动化分级》标准的研制工作，在制定过程中积极采纳国际经验，充分结合我国国情，广泛征求意见建议，于 2022 年发布了《汽车驾驶自动化分级》GB/T 40429—2021，该标准的实施规范了我国自动驾驶汽车的生产及运行。

由于 L5 级完全自动驾驶汽车的功能过于理想化，很难在短期内实现，因此各大汽车企业以及互联网企业对智能汽车的关注焦点主要落在 L1~L4 级智能汽车的研发上。目前自动驾驶汽车的研发已经步入 L4 级自动驾驶车辆的测试应用阶段，但现阶段的 L4 级自动驾驶汽车主要体现在特定场景下的部分功能达到 L4 级。奔驰、宝马、极狐、比亚迪等汽车品牌都进行了 L4 级自动驾驶车辆的研发及测试，计划在 2030 年完成具备 L4 级自动驾驶功能的车辆生产量化。

现阶段，自动驾驶技术主要应用于物流运输、载人运输等领域，分别在城市道路、码头、园区等场景下被广泛应用。在物流运输领域，自动驾驶技术推动了无人配送车的进一步发展，从功能场景来看，无人配送车目前主要从事快递配送、商超配送、餐饮配送以及移动零售四类业务，可以有效缓解物流配送压力和最后一公里的配送问题。在载人运输领域，自动驾驶技术的应用主要有出租共享模式和自动驾驶共享乘车两种应用场景。出租共享模式是指出租车公司和新兴的出租车服务提供商可以使用自动驾驶车辆来提供出行服务，从而降低出行成本，提高出租车的效率，并改善城市交通流动性。自动驾驶共享乘车是指用户通过 Uber、Lyft 等共享乘车平台预订自动驾驶乘车服务，实现更便宜、更便捷的出行选择。

在长距离物流运输领域，自动驾驶货车的混合智能编队系统应用模式是当前的研究重点，该系统包括 1 台由一名司机驾驶的带智能驾驶功能的领航车辆以及多辆 L4 级自动驾驶货车构成，可以实现短途、中途、长途等各种复杂场景的端到端的物流运输。由于码头、矿区以及园区等环境具备封闭性的特点，自动驾驶技术在这类环境下的技术成熟度更高，一般能够达到 L4 级别的自动驾驶应用。自动驾驶技术在这类区域的应用模式主要有销售模式、代运营模式以及 SaaS（Software as a Service）模式三种。销售模式是指直接提供定制自动驾驶货车的买断制模式，即直接提供相应的自动驾驶车辆及配套服务。代运营模式则是为企业租赁自动驾驶车辆，并按照车辆工作数量进行收费。SaaS 模式是指自动驾驶制造商、港口等运营商以及车队采取合作方式，最终通过分成以及作业量的方式收取费用。

2.6 车路协同技术及应用

交通系统是一个典型的复杂巨系统，依靠传统的交通管理方式，单从道路和车辆的角度考虑，很难解决近年来不断恶化的交通拥堵、事故频发、环境污染等问题。车路协同（Vehicle to Everything，简称 V2X）是采用先进的无线通信和新一代互联网等技术，全方位实施车与车、车与路、车与人之间动态实时信息交互，并在全时空动态交通信息采集与融合的基础上开展车辆主动安全控制和道路协同管理，充分实现人、车、路的有效协同，保障交通安全、提高通行效率，形成安全、高效、环保的道路交通系统。

近年来，我国在国家层面颁布了多项政策指导文件，2023 年 9 月交通运输部印发的《关于推进公路数字化转型加快智慧公路建设发展的意见》中指出："建设覆盖基础设施、运行状态、交通环境、载运工具的公路全要素动态感知网络，拓展各类数据应用，加强对车路协同和路网管理的支撑服务"。2024 年 1 月，工业和信息化部、公安部、交通运输部等五部委联合印发《关于开展智能网联汽车"车路云一体化"应用试点工作的通知》，探索基于车、路、网、云、图等高效协同的自动驾驶技术多场景应用，推动智能化路侧基础设施建设：通过应用车路协同技术，车辆和交通设施之间实现信息共享，车辆可以提前获取交通拥堵、事故、施工等信息，减少交通阻塞等情况的出现。交通管理部门也可通过车流量流速监测、突发事件应急调度以及特殊车辆的全流程跟踪，实现对道路交通状况的全过程优化与管理，从而提高交通的管理效率和安全性。车路协同的发展还可以推动可持续交通的实现，通过缓解交通拥堵和优化交通信号灯配时，从而减少车辆行驶时间和燃料消耗，降低道路交通的能耗和碳排放。

车路协同系统是车联网中实现环境感知、信息交互与协同控制的重要关键技术。狭义的车路协同系统主要指通过路侧设备和车辆通过无线通信进行信息交互（无车车信息交互），实现车辆运动控制、交通信号控制或信息发布。广义的车路协同系统包括基于交通参与者之间和交通参与者与交通基础设施利用无线通信进行信息交互（仅有车车间的通信或车路间的通信，或者既有车车间的通信又有车路间的通信），从而实现车辆运动控制、交通信号的控制或信息发布。根据广义的车路协同系统，从信息交互的方式和对象，V2X车路协同技术可分为车辆与车辆通信（Vehicle to Vehicle，简称 V2V）、车辆与基础设施通信（Vehicle to Infrastructure，简称 V2I）、车辆与行人通信（Vehicle to Pedestrian，简称 V2P），通过车、人、道路设施之间的信息交互，辅助车辆在复杂环境中实现感知融合、智能决策、协同控制等功能。V2X 车路协同系统充分实现了人、车、路的有效协同，提高驾驶安全性，减少城市交通拥堵，从而提高城市交通管理效率，同时为自动驾驶领域起到"保驾护航"的作用。

随着车路协同技术的发展，中国汽车工程学会针对车路协同提出 40 个典型应用场景（表 2.6-1），主要面向安全、效率和信息服务。当前对于车路协同的应用主要围绕交通诱导、道路感知和互联支付，例如在交通信号控制中包括绿波通行场景、车内信号灯显示场景、闯红灯预警场景等。在交通信号控制下应用车路协同，可以通过车速引导降低车辆的油耗，同时可以优化单个交叉口和多个交叉口交通信号控制配时方案，有助于提高城市交通通行效率，基于车路协同的交通信号控制优化能有效提高道路的通行效率，另外基于车路协同的可变车道方案也能缓解道路拥堵和双向交通流不平衡。

车路协同 40 个典型应用场景　　　　　　　　　　　　表 2.6-1

服务方面	应用场景	服务方面	应用场景
安全	交叉路口碰撞预警	效率	基于信号灯的车速引导
	左转辅助		交通灯控制动态规划
	紧急制动预警		紧急车辆信号优先权
	逆向超车碰撞预警		高优先级车辆让行
	逆向行驶警告		协作式车队
	盲区预警/变道辅助		协作式自动巡航控制
	前方静止/慢速车辆告警		车内标牌
	异常车辆预警		前方拥堵提醒
	车辆失控预警		增强的路线指引和导航
	弱势交通参与者预警		专用道路管理
	摩托车预警		限行管理
	道路危险状况提示		动态潮汐车道行驶
	限速预警	信息服务	服务信息公告
	闯红灯预警		车辆诊断
	路口设施辅助紧急车辆预警		商用及货用车在一定范围内的传输信息
	基于环境物体感知的安全驾驶辅助提示		V2V 数据传输
	前向碰撞预警		调查数据收集
	侧向碰撞预警		本地电子支付
	后方碰撞预警		智能汽车近场支付
			智能汽车远程支付
			智能汽车手机互联支付

第3章　实训平台设备及软件介绍

3.1　实训平台设计理念

为了满足新一代智能交通人才培养需求，先进的智能信息技术赋能交通信息与控制实训平台建设，可以打破时空限制，使学生在实验室即可体验前沿智能交通技术，在提升学习兴趣的同时获取实践技能，满足教育教学需求。实训平台融合"场景—互动—可操性"于一体，以高仿真性解决模拟真实道路条件下的一致性问题，主动训练学生的跨学科专业技能。实训平台作为交通类专业建设中的一个知识教授模块，在高质量、高效率支撑专业建设的同时，对积极服务当前网联化和智能化发展也具有深远意义。实训平台从面向网联设备虚拟、智能车辆虚拟、网联系统虚拟以及一体化实训虚拟仿真入手，采用"软硬一体、微宏观一体、个体群体一体"的实训化教育模式，可以全方面、多维度地开展综合交通规划、交通设计、综合交通运行管理、综合交通控制、智能交通系统工程、交通系统人因工程、交通数据采集与处理、交通安全评估与影响因素分析以及信息传输原理、系统仿真基础、车路协同技术、智能车与车联网技术、交通软件训练等课程实践环节。

随着车联网技术应用的不断深入，交通工程专业本科生对车车—车路协同技术的学习和实践需求不断增强。在本科生培养方案中，通过搭建典型智能车与车路协同技术虚拟仿真平台，构建车联网、车路协同相关知识的学习和项目实践的教育模式势在必行。

实训平台围绕"实景沙盘＋驾驶模拟＋虚拟仿真"的建设思路实现三相映射，以搭建面向网联设备、智能车辆、网联系统的虚拟仿真平台，实现一体化实训仿真，拟实现以下实验目的（图 3.1-1）：

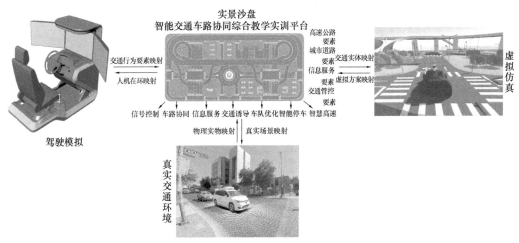

图 3.1-1　实训平台多维孪生映射示意图

（1）面向网联设备虚拟。构建三维立体化的半实物典型车路协同应用场景，将车路协同技术实物场景尽量在实验室内再现，有助于加强学生对车路协同系统关键技术的认知和理解。

（2）面向智能车辆虚拟。考虑智能网联技术需求，再造高仿真度的车路协同环境模拟驾驶场景，同时融合特殊人群的行为表现特征，构建"人在环"的虚拟仿真方法，增强理论课的可视化实训效果。

（3）面向网联系统虚拟。基于交通流仿真平台（VISSIM 和 SUMO 等），再造网联交通系统仿真环境，研究车联网信息作用下跟驰车队的群体行为；模拟交通管控措施下的区域交通流运行情况，评估交通管控措施对交通流运行的改善效果。

（4）面向一体化实训模式虚拟。融合网联设备虚拟、智能车辆虚拟、网联系统虚拟的虚拟仿真技术，构建"软件硬件一体、微观宏观一体、个体群体一体"的教育、课外实践、科研一体化教学模式，实现网联设备与驾驶人的虚拟映射、网联设备与交通系统的虚拟映射。

3.2 实训平台道路要素及场景

路网所含道路要素包括交叉口、路段、高架匝道、中央隔离带等，可根据实训平台需求以及实际道路场景，对道路要素进行定制优化，例如增加公交专用道、停车场、景观以及标志性建筑等要素。不同道路区域及其组合可实现交通设计、交通控制、车路协同、自动驾驶等相关实践教学及技术研发、测试需求。地面路网要素、高架路网要素如图 3.2-1 和图 3.2-2 所示。

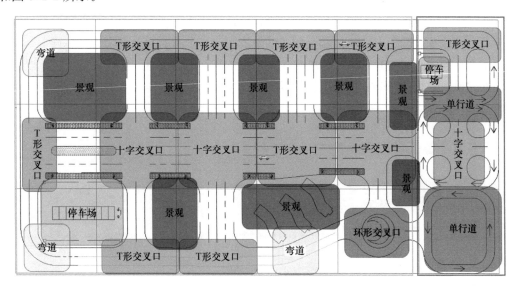

图 3.2-1　地面路网要素

路网道路要素推荐配置如表 3.2-1 所示。

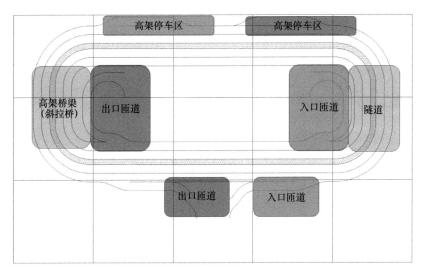

图 3.2-2　高架路网要素

路网道路要素推荐配置　　　　　　　　　　　　表 3. 2-1

道路类型	数量（个）	作用
路段	按需	供车辆行驶
十字交叉口	5	四向车道供车辆行驶
T 形交叉口	9	三向车道供车辆行驶
环形交叉口	1	进入交叉口的所有车辆一律按逆时针方向绕环岛单向行驶，直至所要前往的路口驶出环岛
高架匝道	4	车辆驶入/驶出高架
中央隔离带	2	防止失控车辆闯入对向车道
停车场	2	供车辆停放
匝道 ETC 收费	4	ETC 快速收费
停车收费区域	2	停车收费
自由流收费龙门架	2	行驶车辆快速收费
景观	按需	完善道路要素
人行天桥	1	行人安全前往路段对侧
潮汐车道及车道指示灯	4	根据交通流量大小控制路段车辆的行驶方向
模拟隧道	1	供车辆行驶
模拟桥梁	1	供车辆行驶

3.3　实训平台交通要素及设备

实训平台交通要素及设备包括微缩智能车（含车载交互 HMI）、路网交通设备（如交通信息检测、管控、通信、发布等）。典型交通要素及设备如图 3.3-1 所示。

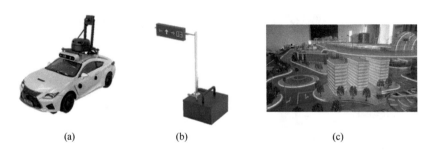

(a)　　　　　　　　　　(b)　　　　　　　　　　(c)

图 3.3-1　典型交通要素及设备

(a) 微缩智能车；(b) 便携式交通信号灯；(c) 交通景观

3.3.1　微缩智能车

微缩智能车可实现自主驾驶、远程操控、视觉检测、超车、避障、跟驰、定点停车、紧急停车、路径规划等功能，参考模型如图 3.3-2 所示，具体功能如下：

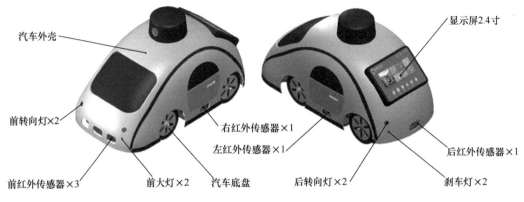

图 3.3-2　1：20 比例微型智能车参考模型

（1）模拟真车模型缩小版。可按照一定比例（本平台按照 1：20 设计）缩放，具备实际参考价值。

（2）道路设备识别。车辆可识别限速标志，并进行速度调整。

（3）车辆角色设置。可以设置不同车辆属性（如私家车、警车、公交车、救护车、工程车等），实现不同车辆角色运行。

（4）传感器丰富。提供多种传感器（微波、雷达、视频检测器），实时感知周边道路情况，模拟真车 ADAS 辅助驾驶系统。

（5）模拟驾驶。特定车辆可以实现人工驾驶与无人驾驶的智能切换。

（6）丰富的可开放接口。速度模型控制接口、舵机转向模型接口、停车位管理接口等大量实用性接口对外开放。

（7）自主规划路径行驶。车辆可按照用户自行设计的路径自主行驶。

（8）多车跟驰。在不允许超车的情况下，可以控制实时速度来保持稳定的队列。

（9）车路协同显示屏。将道路设施（如红绿灯信息、道路限速、潮汐道路时段等）信息实时与智能车交互并显示在智能车屏幕上。

（10）并道汇入。多条支路并入主路时，各车辆根据当前车辆周边状况，高效、有序地汇入主路。

（11）变道超车。在允许超车的情况下，当超车条件被触发，车辆自动执行超车动作。

（12）自主泊车充电。车辆可自动行驶至特定无线充电车位进行充电。

为了实现微缩智能车的二次开发与系统升级，可以对微缩智能车在传感器、定位、车辆状态、动力控制等方面进行数据开发，开放数据清单如表 3.3-1 所示。

微缩智能车开放数据清单　　　　　　　　　　　　　　表 3.3-1

微缩智能车功能类别	开放数据清单
智能车传感器类	• 视频车道线检测数据； • 视频前方物体识别数据； • 雷达测距数据； • 雷达测速数据
智能车定位类数据	• 位置数据； • 前后车相对状态数据； • 路径数据
车辆状态类开放模块	• 速度数据； • 角度数据； • 加速度数据； • 电池电量数据； • HMI 状态数据
车辆动力控制类开放模块	• 加速度数据； • 控制方式数据； • 车辆通信数据

3.3.2　实训平台路网交通设备

为了保证实训平台正常运行以满足基本实验需要和后续扩展需要，实训平台路网交通设备包含基础设备、交通控制设备、信息采集设备、信息发布设备、车路协同设备、人因安全设备、中控显示设备、三维可视化显示设备、安全防护设备以及微缩智能车等，清单如表 3.3-2 所示。

实训平台路网交通设备清单　　　　　　　　　　　　　表 3.3-2

设备类别	详细清单	数量（个）	作用
基础设备	模块化底座	按需	支撑路网平台
	仿真路面	按需	模拟道路路面
	静态交通标志	按需	模拟交通标志
	护栏	按需	模拟道路护栏
	景观	按需	模拟道路景观
	隔离带	按需	模拟隔离带
	基础线路	按需	模拟道路路网及路径

续表

设备类别	详细清单	数量（个）	作用
基础设备	停车场闸机	按需	模拟停车场闸机
	停车场显示屏	按需	模拟停车场显示屏
	公交车站	按需	模拟公交车站功能
	潮汐车道灯	按需	模拟潮汐车道控制点
	RFID 标签	按需	提供基础定位
	建筑模型	按需	模拟交通建筑环境
	路灯	按需	模拟路灯照明
	LED 显示屏	按需	LED 显示设备
交通控制设备	网联信号机	按需	信号控制
	信号灯	按需	模拟交通信号灯
	灯杆	按需	支撑交通信号灯
	ETC 收费设备	按需	模拟 ETC 收费
信息采集设备	模拟线圈检测器	按需	实现基于线圈的交通流检测
	模拟激光雷达检测器	按需	实现基于雷达的交通流检测
	视频检测器	按需	实现基于视频的交通流检测
信息发布设备	微型可变情报板	按需	发布可变信息
	可变限速标志	按需	发布限速信息
	警示灯光等设备	按需	模拟道路警示灯
车路协同设备	信息诱导屏	按需	发布诱导信息
	停车诱导屏	按需	发布停车信息
	收费显示屏等设备	按需	发布收费信息
人因安全设备	动态行人	1	模拟人车交互
	动态非机动车	1	模拟机非交互
	智慧锥桶	1	模拟锥桶
	施工区设备	1	模拟施工区
	不良天气模拟设备	1	模拟不良天气
	驾驶模拟器	1	用于驾驶行为特性实训
中控显示设备	中控服务器	1	数据中心
	交换机	1	实现设备间有线通信
三维可视化显示设备	80 寸显示器	3	显示器
	24 寸显示器	3	显示器
安全防护设备	湿度检测设备	1	检测实训平台环境湿度
	烟雾报警设备	1	检测实训平台环境烟雾情况
	电源电压检测器	1	电压异常安全防护
微缩智能车	1∶20 微缩智能网联车	按需	模拟自动驾驶车
	1∶10 微缩智能网联车	按需	模拟自动驾驶车

注：表中"数量"为推荐值。

典型设备在实训平台上的分布示意如图 3.3-3 所示（设备安装位置可视情况和实验要求进行变动）。

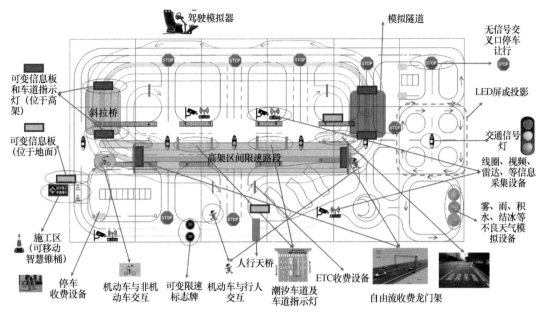

图 3.3-3　实训平台典型设备分布示意

3.4　实训平台相关软件

实训平台软件包含中控软件系统、远程驾驶系统。

3.4.1　中控软件系统

中控软件系统也称"中控系统"或"虚实融合中控系统"，以将微缩智能交通系统道路设施、控制设备移至实验室的方式，在实验室条件下完整还原智能交通各个控制设施的结构和功能，利用中控软件系统使学生掌握智能交通设备及通信技术工作原理，达到工程实训的目的。中控软件系统可以提供路网动态孪生视图（图 3.4-1）、微缩智能车状态数据视图（图 3.4-2）和微缩智能车路径控制及实验交互视图（图 3.4-3）。

中控软件系统包含以下功能：

（1）数据采集。实时采集微缩智能车速度、加速度、姿态、车距等数据，以及路侧设备的数据和通信数据等几十种有效数据。

（2）协同管理。通过对车和路协同管理，实现智能驾驶、交通诱导、停车管理，路侧感知信息融合的车辆编队行驶与解散，以及交通疏解方案验证等。

（3）交通管控。可对不同微缩智能车的速度、转向、路径等参数进行控制，规划交通运行方案，模拟交通流量控制和疏解方式，直观显示车辆运行状态。

（4）安全预警。模拟交通拥堵、限速控制、换道预警、盲区预警等多种交通预警，提示交通危险，模拟交通安全预警与事故处置。

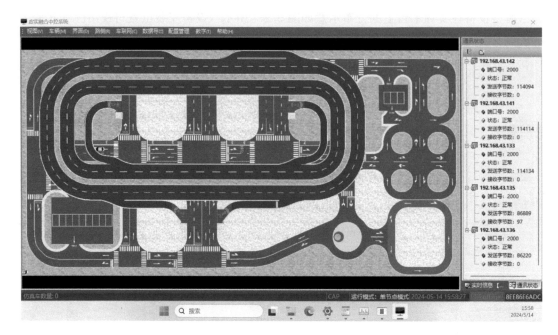

图 3.4-1　路网动态孪生视图

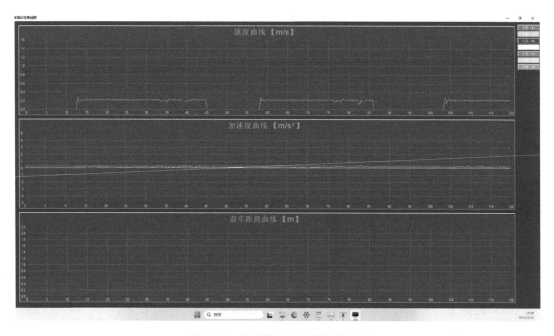

图 3.4-2　微缩智能车状态数据视图

（5）三维数字孪生。围绕"实景沙盘＋驾驶模拟＋虚拟仿真"的多维孪生映射需求，实现交通仿真平台的交通实体映射和人机在环映射。

（6）OD 路径规划。可对单个或多个车辆进行动态路径分配和管理，模拟车辆在行驶过程中遇到特殊情况，可自主重新规划路径。

（7）创新教学。提供 V2X 控制代码及二次开发接口，实现"软硬一体、微宏观一体、

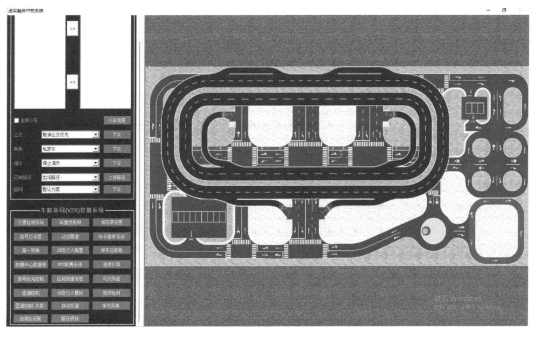

图 3.4-3 微缩智能车路径控制及实验交互视图

个体群体一体"的理论教学和实训教育模式。

中控软件系统功能及数据开放清单如表 3.4-1 所示。

中控软件系统功能及数据开放清单　　　　　　　　　　　　　表 3.4-1

功能类	可开放数据清单
动态仿真运行类	• 各交通设施位置类数据（含定位标签）； • 各信号灯状态数据； • 控制方案类数据； • 道路参数类数据； • 信息发布类状态数据； • 检测器状态数据
交通检测数据类	• 线圈检测器数据； • 激光雷达检测器数据； • 视频检测器数据； • ETC 状态数据； • 停车位状态数据
车辆状态类	• 车辆定位数据； • 车辆状态数据（速度、角度、加速度）； • HMI 状态数据； • 车车相对状态数据； • 车辆电量数据； • 车辆通信数据； • 控制方式数据（自主行驶或远程控制）

功能类	可开放数据清单
路径及参数配置类	• 路径数据库； • 路径配置参数数据； • 车辆属性参数数据； • 车路协同控制参数数据

3.4.2 远程驾驶系统

远程驾驶系统布置于驾驶模拟器的中控电脑，以微缩、前沿、可用为基本设计理念，采用驾驶人接管驾驶微缩智能车的形式进行交通场景的综合演示与交互，同时支持油门、刹车、转向、车辆 IP 地址、视觉 IP 地址自定义等功能，满足人因研究领域所涉及的教学实训和科研实验。远程驾驶系统功能界面如图 3.4-4 所示，包括：车载前视动态视频场景区、车载视频参数配置区、微缩智能车参数与控制区和模拟驾驶参数与控制区。

图 3.4-4　远程驾驶系统功能界面

1. 车载前视动态视频场景区

该区域用于显示微缩智能车前视摄像头动态影像，实现车辆前方视觉影像获取，作为远程驾驶人的驾驶视场。

2. 车载视频参数配置区

该区域用于 IP 地址、端口、用户名、密码等参数设置，用户可以登录系统进行远程操控，同时链接和匹配对应车辆。

3. 微缩智能车参数与控制区

该区域用于获取可匹配的微缩智能车列表及每辆车的在线状态，同时检测微缩智能车及车载摄像头的工作状态，通过控制按钮实现对车辆的远程控制与功能释放。

4. 模拟驾驶参数与控制区

该区域用于获取远程驾驶模式下的驾驶模拟器参数状态，包括油门、刹车、方向盘转角、档位等信息，同时实现配置文件修改、运行数据导出与保存等。

3.5　实训平台系统功能

实训平台通过将智能交通应用场景及场景中使用的前沿技术移植、孪生，为学生提供实验条件和实验设备，展示各种智能交通前沿技术，为技术研发和教学实训提供动态信息交互展示和联动的沉浸式体验。实训平台包括交通路网系统、智能车辆系统、交通信息检测系统和中控软件系统四大功能系统。

1. 交通路网系统

交通路网系统可以实现多种道路要素和交通要素的有机组合，复现不同道路交通环境与交通流管控场景，实现立体式路网的单个交叉口交通信号控制和多个交叉口的协同控制，实现"路—路"协同式控制，并根据微缩智能车获取的路网管控信息（如交叉口交通信号、限速标志的限速信息、道路施工信息、道路气象环境信息等）动态调整微缩智能车的运行状态，实现"车—路"协同式控制。

2. 智能车辆系统

智能车辆系统根据微缩智能车搭载的传感器及"车—路"通信模块，获取车辆状态信息、位置信息和道路信息，进行微缩智能车自动驾驶控制、车路协同运行及多车编队控制，实现"车—车"协同式管控。

3. 交通信息检测系统

交通信息检测系统可以实现路网运行状态、交通流量、车辆位置和交通气象信息的动态检测与监测，通过布置的射频标签、线圈检测器、激光雷达、视频检测器等多种交通信息采集设备，实现交通路网的多种信息检测，并进行检测信息处理与存储。

4. 中控软件系统

中控软件系统可以对交通路网系统、智能车辆系统和交通信息检测系统进行集成，同时提供路网动态孪生视图、微缩智能车状态数据视图和微缩智能车路径控制及实验交互视图，当前已集成了交通检测系统、车辆速度规划、诱导屏设置、信号灯设置、动态限速、电子警察系统、第一视角、动态行人配置、停车位信息、数据中心数据流、ETC收费系统、速度引导、信号优先控制、区间测速信息、可变限速、匝道控制、动态行人模拟、视频检测、自动变道、车列变换、自适应巡航、路径规划等20余种功能模块，用于支撑不同类别的教学实训实验。

3.6　实训平台实验体系

实训平台可以支撑交通设计、交通控制、交通信息采集、智能车与车路协同等方向的实训实践课程，本书从交通设计与组织类实验、交通信息采集类实验、交通信号控制类实验、智能车控制类实验、车路协同应用类实验、驾驶行为特性类实验等进行实验介绍，如图3.6-1所示，共包含六大类39个实验，每个实验从实验原理、实验材料、实验目标、实验内容、实验步骤、实验效果、注意事项、思考题展开介绍，便于教师和学生把握实验要点和实验结果，并通过思考题对实验过程进行再认识。

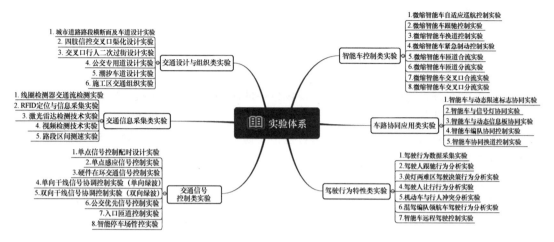

图 3.6-1　实训平台实验体系

第 4 章 交通设计与组织类实验

4.1 城市道路路段横断面及车道设计实验

4.1.1 实验原理

在进行城市道路横断面设计时，主要目标是合理布置道路各组成部分的位置及其几何尺寸，以适应道路的等级、服务功能和交通特性，并满足各种控制条件，这种设计旨在优化道路的通行效率和安全性，同时考虑了城市美观和环境保护。

1. 道路横断面形式

道路横断面形式包含：单幅路（一块板）、双幅路（两块板）、三幅路（三块板）、四幅路（四块板），见图 4.1-1。

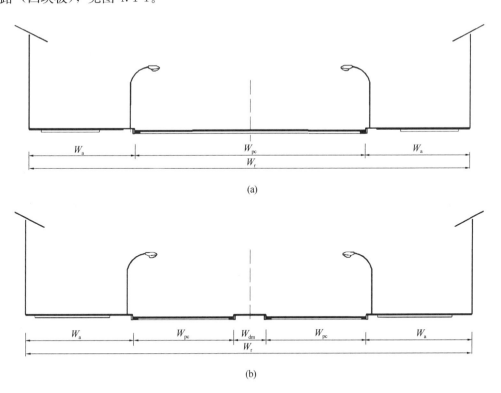

(a)

(b)

W_a—人行道宽度；W_{pb}—非机动车道宽度；W_{db}—机非隔离带宽度；W_{pc}—机动车道宽度；
W_{dm}—中央隔离带宽度；W_r—道路总宽度

图 4.1-1 道路横断面形式示意图

（a）单幅路；（b）双幅路

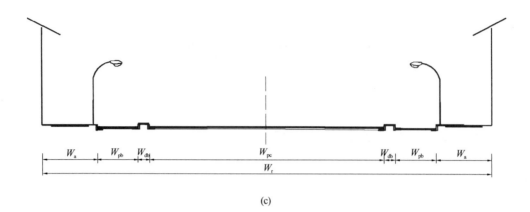

(c)

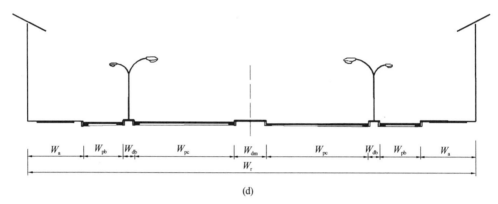

(d)

W_a—人行道宽度；W_{pb}—非机动车道宽度；W_{db}—机非隔离带宽度；W_{pc}—机动车道宽度；
W_{dm}—中央隔离带宽度；W_r—道路总宽度

图 4.1-1　道路横断面形式示意图（续）

（c）三幅路；（d）四幅路

2. 路段机动车单车道宽度

国内不同道路等级机动车道宽度推荐值见表 4.1-1。

国内不同道路等级机动车道宽度推荐值　　　　　　　　　　　　　　表 4.1-1

道路等级（设计车速）	国内规范推荐值（m）	实际应用宽度（m）
主干路（60km/h）	3.5～3.75	3.5
次干路（40km/h）	3.5	3.0～3.25
支路（≤30km/h）	3.0～3.25	2.75～3.0

3. 非机动车道与人行道设计

考虑到电动自行车和自行车共用车道的需要，非机动车道单向行驶的最小宽度不得小于 2.5m，人行道最小有效通行宽度不得小于 2m。在满足最小有效通行宽度的条件下，根据非机动车/步行的流量与设施通行能力进行车道宽度设计，非机动车道与人行道宽度推荐值见表 4.1-2。

设施类型	最小宽度推荐值（m）	说明
非机动车道	2.5	允许电动车和自行车安全共用，适用于城市环境中的主要道路
人行道	2.0	确保安全容纳行人流量，特别适用于密集行人区域

非机动车道与人行道宽度推荐值　表 4.1-2

4. 分隔带类型及其宽度设计

分隔带包括中央分隔带、机非分隔带、人行道与非机动车道分隔带。中央分隔带可用于设置路段行人过街中央驻足区、交叉口进口展宽段，最小宽度为 0.5m。当中央分隔带用于设置行人过街中央驻足区时，宽度可设为 2.0m。机非分隔带可用于分隔机动车与非机动车，也可用于设置交通标志、路灯等设施，为避免遮挡驾驶人视线和灯光，应栽植高度 1.0m 左右的灌木，宽度宜设计为 1.0m。人行道与非机动车道分隔带通常种植乔木，为行人和非机动车遮光挡雨，放置行道树以优化行走空间；放置电话亭、垃圾桶、座椅等街具，最小宽度为 1.5m。不同类型分隔带设计宽度推荐值见表 4.1-3。

不同类型分隔带设计宽度推荐值　表 4.1-3

分隔带类型	最小宽度（m）	最大宽度（m）
中央分隔带	0.5	2.0
机非分隔带	1.0	1.0
人行道与非机动车道分隔带	1.5	1.5

4.1.2　实验材料

（1）AutoCAD 软件 2024（学生电脑安装）。
（2）VISSIM 软件 8.0（学生电脑安装）。
（3）实训平台，地面道路场景。

4.1.3　实验目标

道路横断面设计是为了合理确定车行道、人行道、分隔带、绿化带等各部分的几何尺寸及其相互布置关系，以保障不同等级道路的基本功能，保证道路的通行效率和安全性。本次实验有以下目标：
（1）掌握城市道路路段横断面的设计方法。
（2）掌握城市道路路段机动车、非机动车、人行道的设计方法。
（3）学会使用 AutoCAD 对道路横断面、道路各类型车道进行设计绘图。
（4）学会使用 VISSIM 仿真软件进行交通流分析，并根据仿真结果进行评估优化。

4.1.4　实验内容

（1）通过实训平台了解不同道路横断面的设计形式。
（2）基于给定衡山路（北海路—南海路）的道路红线宽度（40m）及功能，对路段横断面进行设计，绘制道路横断面与道路平面设计 CAD 图纸。
（3）使用 VISSIM 软件进行交通流仿真，分析设计的道路横断面在实际交通流中的表现，并根据仿真结果对设计进行评估，提出优化改进措施。

4.1.5 实验步骤

1. 了解道路横断面形式

通过实训平台了解一块板、两块板、三块板、四块板道路的横断面设置形式，实训平台整体平面图见图 4.1-2，不同路段横断面形式见表 4.1-4。

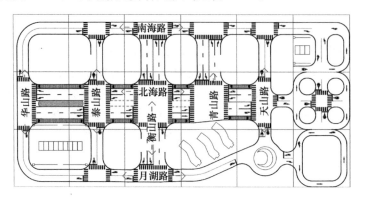

图 4.1-2 实训平台整体平面图

不同路段横断面形式 表 4.1-4

所处路段	横断面形式
南海路（华山路—天山路） 华山路（月湖路—南海路） 衡山路（月湖路—南海路） 青山路（北海路—南海路） 天山路（北海路—南海路） 北海路（青山路—天山路）	一块板
北海路（青山路—华山路）	两块板

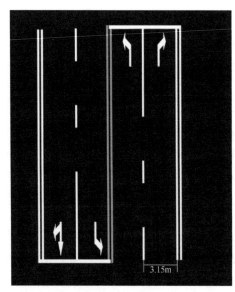

3.15m

图 4.1-3 衡山路（北海路—南海路）
道路平面设计图

2. 评估交通运行状况

使用 VISSIM 对衡山路（北海路—南海路）现状交通运行状况进行评估，具体步骤如下：

（1）使用 AutoCAD 截取衡山路（北海路—南海路）道路平面设计图，见图 4.1-3。

（2）在 VISSIM 中，选择"路网对象"中的"背景图片"，在"路网编辑器"中点击右键，打开 AutoCAD 文件，见图 4.1-4。

（3）更改比例尺，鼠标放在"路网编辑器"上，按住"Ctrl"点击右键，选择设置比例，按住左键画出底图中一个车道宽度的长度，根据实际宽度填写，见图 4.1-5。

（4）点击"路段"，按住"Ctrl"绘制路段，注意修改路段宽度、车道数以及行驶方向。同时注意路段接近交叉口方向两条车道为不可换道的实线，因此需要使用连接段链接可

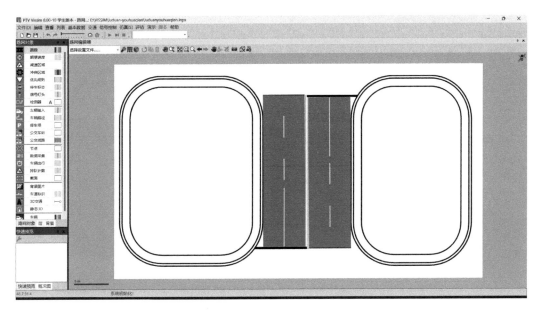

图 4.1-4　打开 AutoCAD 文件

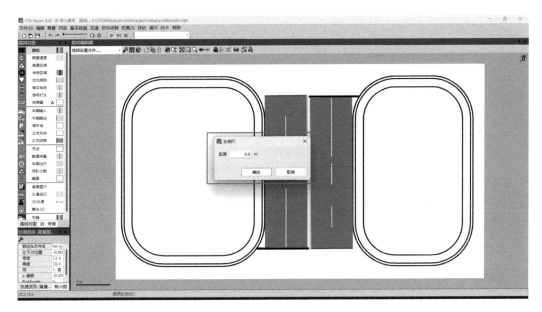

图 4.1-5　比例尺设置

换道路段与不可换道路段，见图 4.1-6。

（5）选择"交通"中的"车辆组成"，在"车辆构成/车辆构成的相对流量"中添加"非机动车"，同时在右侧栏中更改机动车和非机动车对应的车辆类型和期望速度分布，见图 4.1-7。

（6）选择"路网对象"中的"车辆输入"，在路段方向的起始端点击右键添加车辆生成线，并在"路网编辑器"中按表 4.1-5、表 4.1-6 设置机动车和非机动车交通量，见图 4.1-8。

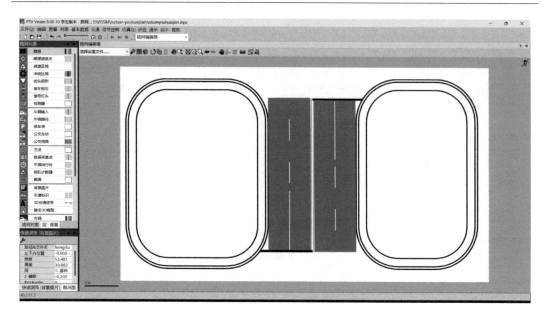

图 4.1-6　绘制路段

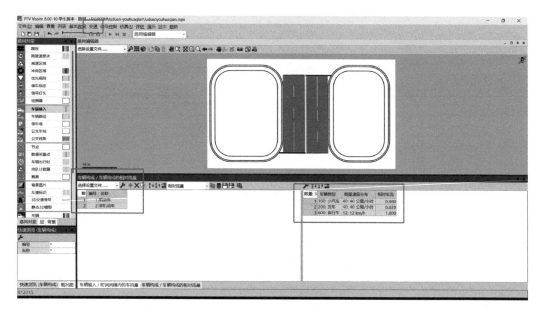

图 4.1-7　设置车辆组成

衡山路（北海路—南海路）机动车交通量　　　　　表 4.1-5

道路名称	机动车交通量（veh/h）
衡山路（南海路→北海路）	1200
衡山路（北海路→南海路）	850

衡山路（北海路—南海路）非机动车交通量　　　　　表 4.1-6

道路名称	非机动车交通量（veh/h）
衡山路（南海路→北海路）	1300
衡山路（北海路→南海路）	800

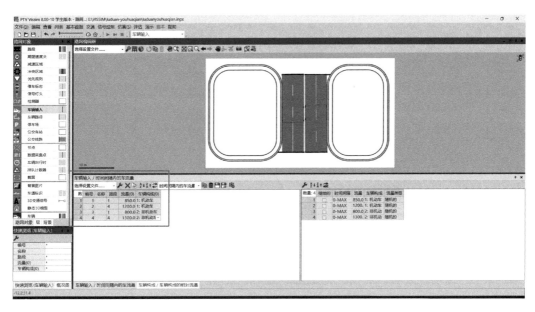

图 4.1-8　添加交通量

（7）选择"路网对象"中的"数据采集点"，在每个车道中间位置点击右键添加数据采集设施（不同车道的数据采集设施尽量保持在同一水平线上），见图 4.1-9。

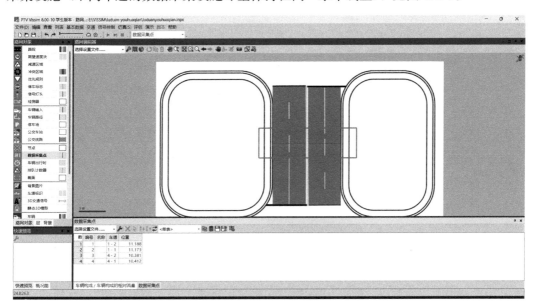

图 4.1-9　设置数据采集点

（8）选择"评估"→"测量定义"→"评估采集设施"，在"截面数据采集"中点击右键新建，选择"数据采集点"，勾选双向机动车道的数据采集点，见图 4.1-10。

（9）点击"截面数据采集"中的"设置"，点击"过滤器"，在"预选过滤"中，选择"显示所有车辆等级"，见图 4.1-11。

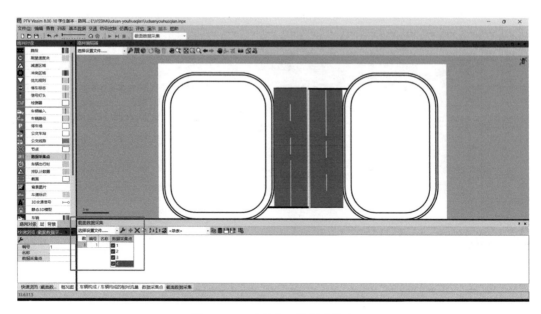

图 4.1-10　选择截面数据采集点

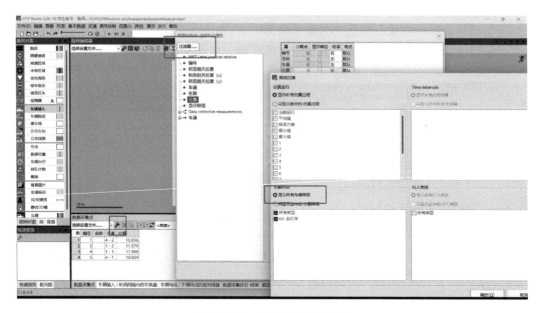

图 4.1-11　显示所有车辆等级

（10）点击"评估"→"配置"，勾选"车辆路网评估"或"数据采集"，选择 600s 的时间间隔，见图 4.1-12。

（11）点击"评估"→"结果列表"→"路网效果（车辆）指标结果"或"数据搜集结果"，可以在仿真时查看所有车辆的平均速度，见图 4.1-13。

（12）使用 AutoCAD 对横断面形式、机动车道宽度、非机动车道宽度、中央分隔带宽度、人行道与非机动车道分隔带宽度等一项或几项重新优化设计，优化后的路段 CAD 图如图 4.1-14 所示，本示例增加了非机动车道，将机动车车流和非机动车车流分离。

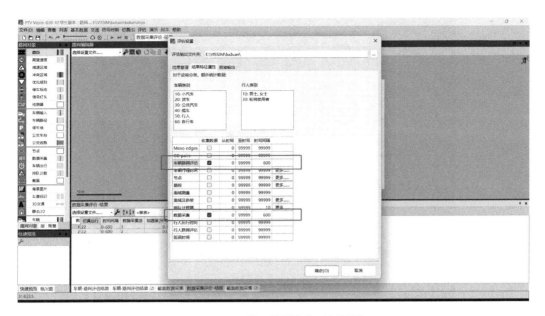

图 4.1-12 设置数据收集时间间隔

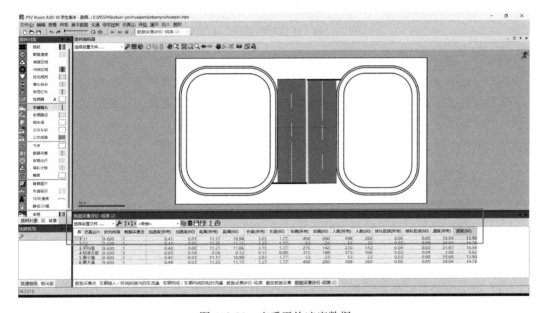

图 4.1-13 查看平均速度数据

（13）使用 VISSIM 对优化后的路段交通运行状况进行评价，打开 VISSIM，对重新设计的路段横断面进行（2）～（12）的操作，最后得到平均速度，并与重新设计之前的平均速度进行对比，要求设计后的评价指标优于设计前。

4.1.6 实验效果

在横断面及车道设计实验中，学生利用 AutoCAD 软件详细绘制了衡山路（北海路—南海路）的道路横断面和道路平面设计图，展示了在 40m 宽的道路红线内，各组成部分

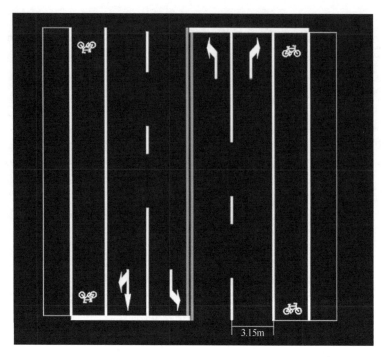

图 4.1-14 优化后的路段 CAD 图

的合理布局。设计包括主车道、非机动车道和人行道的宽度设置，并设有中央分隔带、人行道与非机动车道之间的分隔带。通过 VISSIM 仿真软件对设计方案进行交通流分析，验证了该设计在实际交通流中的表现。仿真结果显示，设计不仅提高了道路的通行效率和安全性，同时也考虑了城市美观和环境保护的要求。通过该实验，学生掌握了城市道路横断面设计的方法，学会了使用专业软件进行设计绘图和交通流分析。

4.1.7 注意事项

（1）需根据预留道路红线宽度对路段横断面进行设计。

（2）绘制图纸包括道路横断面设计图与道路平面设计图。

4.1.8 思考题

（1）中央分隔带有哪些类型，其使用条件分别是什么？

（2）机非分隔带有哪些类型，其使用条件分别是什么？

4.2 四肢信控交叉口渠化设计实验

4.2.1 实验原理

交叉口进口道应根据交通流向、流量、道路等级等因素，通过进口道车道设计、展宽段和渐变段长度设计、车道功能划分的渠化设计，减少交通冲突，缓解交通阻塞，使交叉口内部车辆安全、高效、有序地通过交叉口。交叉口进口道渠化设计主要包含以下内容：

1. 进口道机动车道数设计

新建交叉口进口道机动车道数应根据各流向的预测交通量来确定。当新建交叉口无交通量数据时，进口道宽度在路段宽度基础上添加拓宽值，新建交叉口进口道机动车道数推荐值见表 4.2-1。

新建交叉口进口道机动车道数推荐值　　　　　表 4.2-1

路段机动车道数（条）	1	2	3
交叉口进口道机动车道数（条）	1~2	3~4	4~6

改建交叉口进口道机动车道数和车道宽度，应根据实测或各流向的预测交通量来确定。

2. 停车线设计

交叉口某进口道停车线的位置，应由该进口道与左右相邻进口道的各类交通流之间最不利的冲突条件来确定，其设计还应考虑以下因素：

（1）停车线宜垂直于车道中心线设置。

（2）有人行横道时，宜在其后 1~2m 处设置。

（3）停车线位置不应对相交道路流入的交通流构成影响。

（4）停车线的位置要保证其左转机动车流按正常轨迹行驶，不至于撞到当前进口道和左侧进口道的中央分隔岛，且要避免出现与对向左转交通流发生碰撞。

3. 进口道展宽段长度设计

改善及治理型交叉口，当其左转车设计流量达到设置左转专用车道的条件且设有中央分隔带时，应在满足行人过街中央驻足区空间要求的条件下，充分利用分隔带空间增加左转专用车道。

（1）进口道长度 l_a 由展宽渐变段长度 l_d 与展宽段长度 l_s 两部分确定，见图 4.2-1。

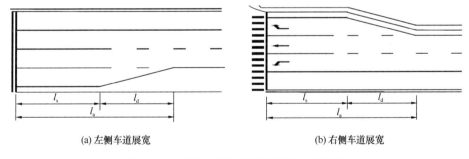

（a）左侧车道展宽　　　　　　　　　（b）右侧车道展宽

图 4.2-1　交叉口进口道展宽段设计示意图

进口道展宽段渐变段长度 l_d、展宽段长度 l_s 由下式确定：

$$l_d = \frac{v \times \Delta w}{3} \tag{4.2-1}$$

$$l_s = 10N \tag{4.2-2}$$

式中　v——进口道计算行车速度（km/h）

　　　Δw——横向偏移量（m）；

N ——高峰时段每个信号周期内左转车道上的平均排队辆数。

（2）无交通流量数据时，新建、改建交叉口进口道最小长度可参照表 4.2-2 的数据设计。

表 4.2-2

新建、改建交叉口进口道最小长度

路段行车速度（km/h）	最小长度（m）
60	60
50	50
40	40

4. 进口道车道功能设计

改建型交叉口进口道的车道功能可基于实际的道路交通条件进行设计；新建交叉口可根据预测交通量和道路条件进行设计，或先基于经验划分车道功能，待运行通车后再根据实际交通流的运行状况，对车道功能、信号配时和渠化方案进行调整。

5. 交叉口渐变段标线设计

为实现路段车道与交叉口转向车道之间交通流的有序过渡，可设置鱼肚形导流标线（简称鱼肚线），其设置方法为：当进口道向右侧展宽且左转车道从直行车道划分出来时，采用鱼肚线加以区划，其长度与展宽渐变段长度相同，最高点在鱼肚线 1/2 处，高度以左转车道右侧边线相切为宜，见图 4.2-2。

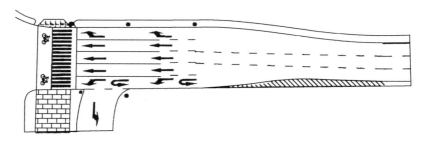

图 4.2-2　交叉口进口道右侧拓宽时左转车道的鱼肚线示意图

4.2.2　实验材料

（1）AutoCAD 软件 2024（学生电脑安装）。

（2）VISSIM 软件 8.0（学生电脑安装）。

（3）实训平台，地面道路场景。

4.2.3　实验目标

交叉口进口道极易因车流、人流交汇引起交通拥堵及交通事故，通过进口道的渠化设计，在交通空间上确定进口车道数、展宽段和渐变段设计，划分车道功能，以减少交通冲突点，提高路口的通行效率。本次实验有以下目标：

（1）掌握城市道路交叉口进口道的渠化设计方法。

（2）学会使用 AutoCAD 对交叉口进口道进行渠化设计绘图。

（3）学会使用 VISSIM 对交叉口进行建模、仿真及评价。

4.2.4 实验内容

（1）通过实训平台了解北海路—衡山路交通设计及交通运行现状情况，分析交叉口在渠化方面存在的问题。

（2）基于北海路—衡山路交叉口现状对衡山路北进口道、交叉口内部进行渠化优化设计，然后基于 AutoCAD 绘制交叉口平面设计图。

（3）以绘制的 AutoCAD 图纸为底图，构建 VISSIM 仿真模型，对设计的渠化方案进行评价，并与现状方案的结果进行对比。

4.2.5 实验步骤

1. 了解交叉口交通设计情况

通过实训平台了解北海路—衡山路交叉口交通设计情况，见图 4.2-3。

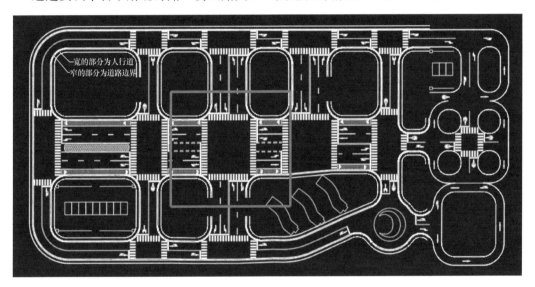

图 4.2-3　北海路—衡山路交叉口位置示意图

2. 评估交通运行状况

使用 VISSIM 对北海路—衡山路交叉口现状交通运行状况进行评估，具体步骤如下：

（1）使用 AutoCAD 截取北海路—衡山路交叉口平面设计图，见图 4.2-4。

（2）在 VISSIM 中，选择"路网对象"中的"背景图片"，在"路网编辑器"中点击右键，打开 AutoCAD 文件。

（3）更改比例尺，鼠标放在"路网编辑器"上，按住"Ctrl"点击右键，选择设置比例，按住左键画出底图中一个车道宽度的长度，根据实际宽度填写。

（4）点击"路段"，按住"Ctrl"绘制路段，注意修改路段宽度、车道数以及行驶方向。同时要注意路段接近交叉口方向的两条车道为不可换道的实线，因此需要使用连接段链接可换道路段与不可换道路段。

（5）绘制交叉口进口道与出口道的连接段，注意车道对应准确，同时注意在绘制转弯

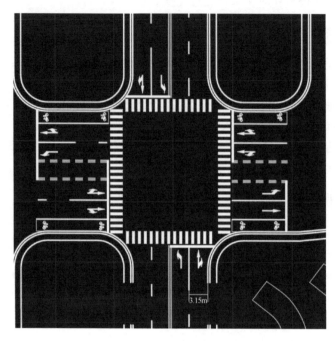

图 4.2-4　北海路—衡山路交叉口平面设计图

的连接段时，可以选择多添加一些中间点（建议 10 个），见图 4.2-5。

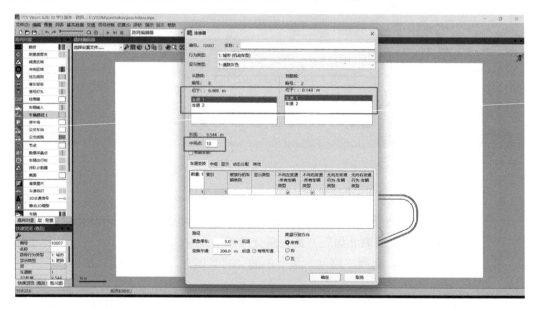

图 4.2-5　绘制道路连接段

（6）选择"路网对象"中的"车辆输入"，在路段末端点击右键添加车辆生成线，并在"路网编辑器"中设置机动车交通量，见图 4.2-6，北海路—衡山路交叉口改建前机动车交通量见表 4.2-3。

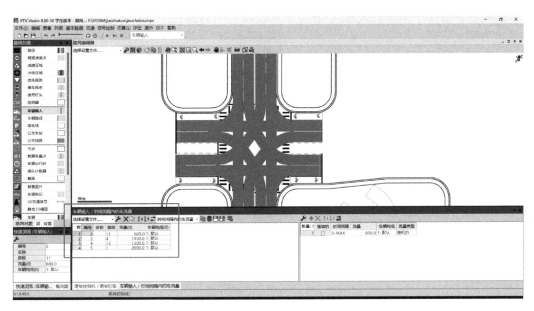

图 4.2-6 设置机动车交通量

北海路—衡山路交叉口改建前机动车交通量　　　　　　　　　　　　　表 4.2-3

进口道	右转交通量（veh/h）	直行交通量（veh/h）	左转交通量（veh/h）
东进口	400	1000	600
南进口	200	200	200
西进口	200	900	350
北进口	400	500	300

（7）选择"路网对象"中的"车辆路径"，在交叉口入口道起点处点击左键，然后分别在其他三个交叉口出口道终点处点击左键，见图 4.2-7。

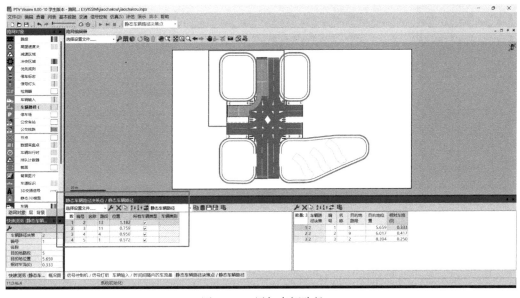

图 4.2-7 添加车辆路径

（8）在"静态车辆路径决策点/静态车辆路径"的右侧栏中，按照直行、左转、右转占比配置相对车流，见图 4.2-8。

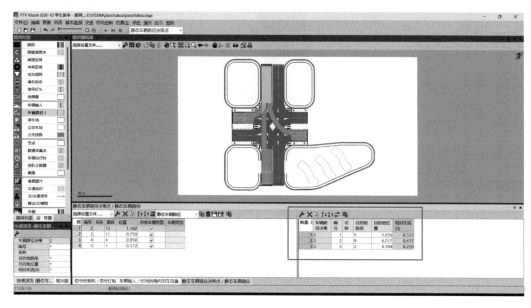

图 4.2-8 配置相对车流

（9）点击"信号控制"→"信号控制机"，右键点击"新建"，选择"编辑信号控制机"，见图 4.2-9。

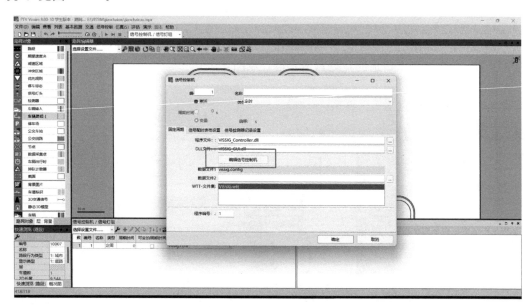

图 4.2-9 打开"编辑信号控制机"

（10）选择"Signal group"，点击"添加"，添加相位名称，见图 4.2-10。

（11）进入新建的相位中，选择"Default sequence"，选择红灯、绿灯、黄灯的相位，见图 4.2-11。

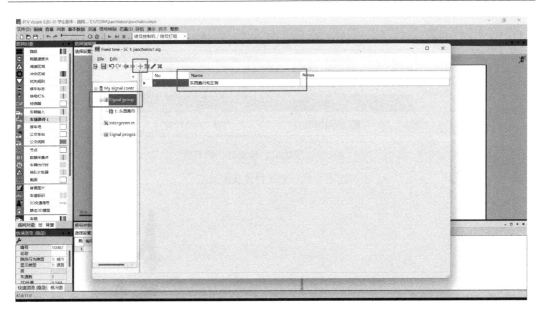

图 4.2-10　添加相位名称

图 4.2-11　选择相应的信号灯相位

（12）在"Minimum durations"中，填写各种信号灯的持续时间，北海路—衡山路交叉口改建前信号配时见表 4.2-4，交叉口现状配时及第一、二相位转向见图 4.2-12～图 4.2-14，信号配时设置见图 4.2-15。

北海路—衡山路交叉口改建前信号配时　　　　　　　　　表 4.2-4

信号相位	方向	绿灯时间（s）
第一相位	东西进口直行和左转	50
第二相位	南北进口直行和左转	30

图 4.2-12 交叉口现状配时图

图 4.2-13 第一相位转向：东西直行及左转

图 4.2-14 第二相位转向：南北直行及左转

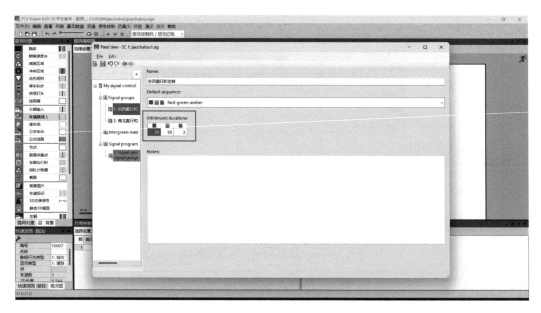

图 4.2-15 信号配时设置

（13）用同样的操作添加南北直行与左转的相位。

（14）选择"Signal program"，然后新建，见图 4.2-16。

（15）选择"Signal program"下新建的文件，左键拖动相位使两个相位交错，见图 4.2-17。

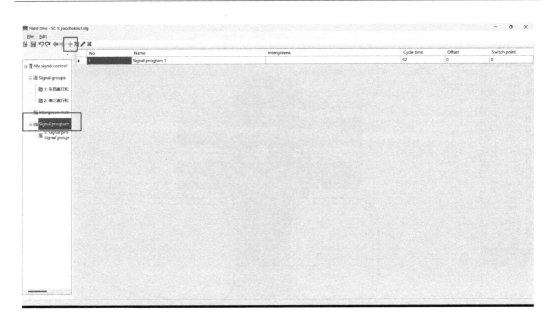

图 4.2-16　添加另一个相位

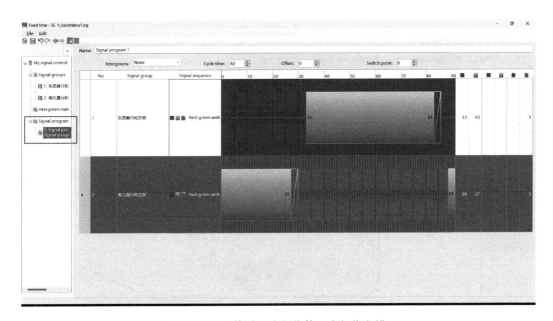

图 4.2-17　拖动两个相位使两个相位交错

（16）选择"路网对象"中的"信号灯头"，在交叉口进口道停车线处点击左键加入信号灯头，见图 4.2-18。

（17）在跳转出的"信号灯"中，选择相对应的信号灯组，见图 4.2-19。

（18）选择"路网对象"中的"数据采集"，在交叉口入口道中间位置点击右键添加数据采集设施，见图 4.2-20。

（19）在"评估"→"测量定义"→"评估采集设施"中，在"截面数据采集"中点击右键新建，选择"数据采集点"，勾选所有的数据采集点，见图 4.2-21。

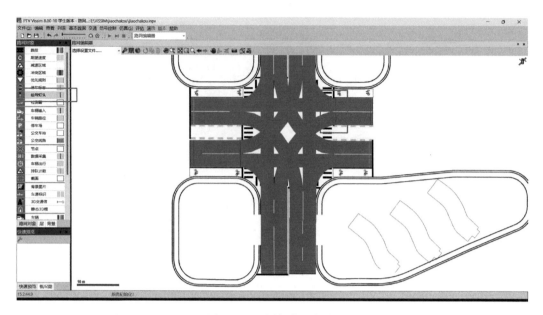

图 4.2-18　添加信号灯头

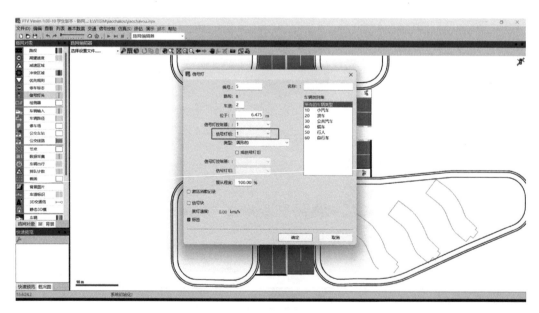

图 4.2-19　选择信号灯组

（20）选择"路网对象"中的"排队计数"，在交叉口入口道中间位置点击右键添加排队计数设施，见图 4.2-22。

（21）点击"评估"→"配置"，勾选"车辆路网评估""数据采集"和"排队计数器"，选择 600s 的时间间隔，见图 4.2-23。

（22）点击"评估"→"结果列表"→"排队结果"，可在仿真时查看排队长度，见图 4.2-24。

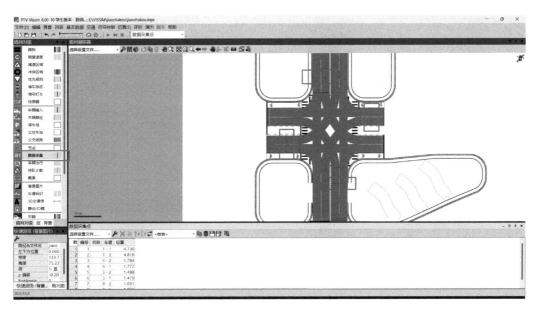

图 4.2-20　添加数据采集设施

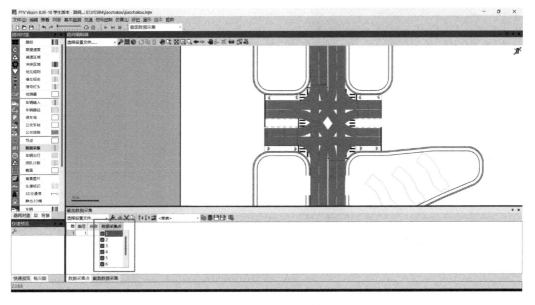

图 4.2-21　勾选数据采集点

（23）点击"评估"→"结果列表"→"数据搜集结果"，可在仿真时查看平均速度，见图 4.2-25。

（24）使用 AutoCAD 对交叉口进行渠化设计，渠化后示意图如图 4.2-26 所示，本示例缩减了交叉口东西进口道的中央隔离带宽度，东西方向进口道各增加一条车道，同时实现直行与左转的车道分离。

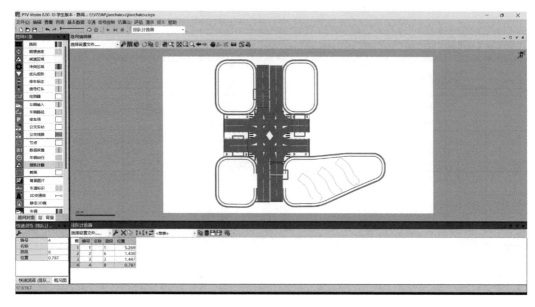

图 4.2-22　添加排队计数设施

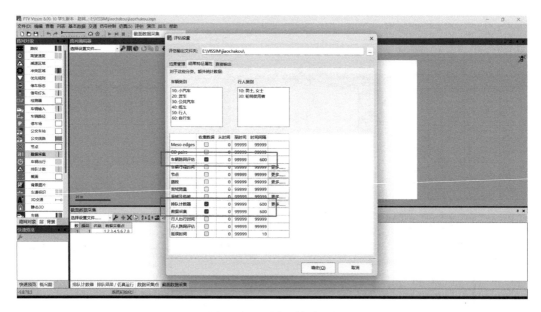

图 4.2-23　选择时间间隔

（25）使用 VISSIM 对渠化后交叉口的交通运行情况进行评价，打开 VISSIM 对渠化设计后的交叉口进行上述（2）～（23）的同样操作，最后得到两组排队长度及平均速度，要求渠化后的两个评价指标优于渠化前。

4.2.6　实验效果

在交叉口渠化设计实验中，学生利用 AutoCAD 软件对北海路—衡山路交叉口进行了详细的渠化设计，绘制了交叉口平面设计图。设计内容包括进口道的机动车道数、停车线

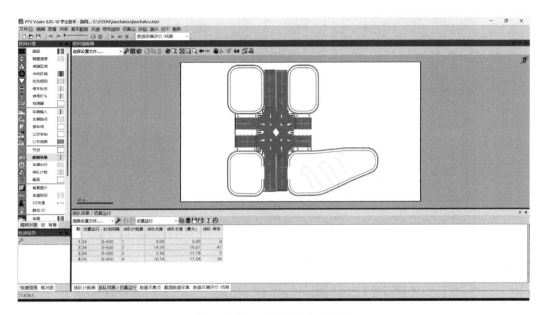

图 4.2-24　查看排队长度数据

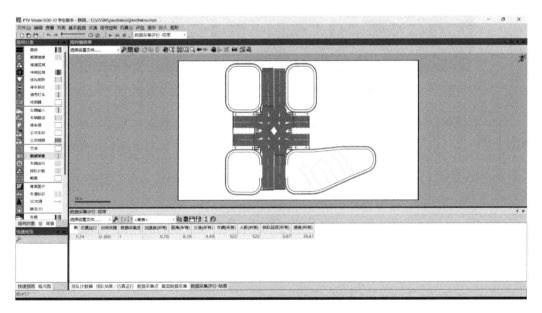

图 4.2-25　查看平均速度数据

的位置、展宽段和渐变段的长度以及车道功能的划分。通过 VISSIM 软件对设计方案进行了仿真分析，结果显示：优化后的交叉口设计有效减少了交通冲突点，显著提升了高峰时段的通行效率和安全性。实验结果表明，经过渠化设计的交叉口能够更好地组织交通流动，减少拥堵，保障车辆和行人的安全，为城市交通管理提供了有力的参考和支持。

4.2.7　注意事项

（1）需根据道路红线范围对交叉口衡山路北进口道进行设计。

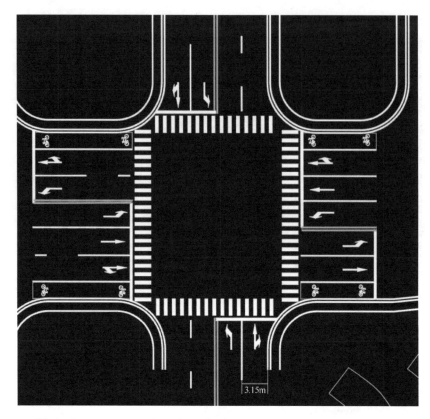

图 4.2-26　四肢信控交叉口渠化设计实验渠化后示意图

（2）对优化设计后的交叉口进行运行状态评价前，需要考虑优化相应的配时方案，在对比所设计进口道渠化方案与现状方案差异时，也要一并讨论配时方案差异带来的影响。

4.2.8　思考题

（1）交叉口进口道展宽设计中渐变段标线应如何设计？

（2）如何在高峰时段有效减少交叉口内左转车辆与直行车辆的冲突，以提高整体通行效率和安全性？

4.3　交叉口行人二次过街设计实验

4.3.1　实验原理

行人过街设施设计应根据交通流量、流向、道路性质、用地情况等因素选择合适的设施类型和地点，采取有效的交通管理措施，减少车流和人流的冲突，为行人提供舒适、人性化的通行空间。行人过街设施设计主要包含以下内容：

1. 人行横道设计原则和方法

（1）应设在车辆驾驶人容易看清楚的位置，尽可能靠近交叉口，与行人的自然流向一致，并与车行道垂直，以缩短行人过街的步行距离。

（2）当行人过街穿越机动车道长度大于 15m 时，为了缩短行人过街时间，确保过街行人安全及减少冲突交通流的等待时间，应在人行横道中间设置安全岛，其宽度应大于 2m。

（3）人行横道的宽度与过街行人数及通行信号时间相关，应基于行人交通量和单位宽度行人通行能力确定。

（4）人行横道的位置宜平行于路段人行道的延长线并适当后退，当不考虑非机动车与行人一起通行时，可取后退距离 $a = 1m$；当有右转机动车通行时，相邻两个进口道的过街横道线不应相交，宜取后退距离 $b = 3 \sim 4m$（图 4.3-1）。

（5）相邻过街横道间的原始部分（参见图 4.3-1 的 c 区段），其长度应不小于一辆小汽车的长度即 6m，并应设置护栏等隔离设施。

（6）当设置行人过街中央驻足区时，应在满足各转向轨迹的条件下设置驻足区保护岛，其顶端至横道线距离宜为 $1 \sim 2m$（参见图 4.3-1 的 d 区段）。

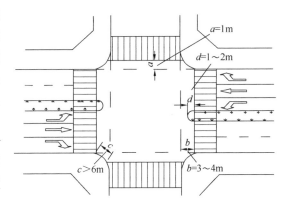

图 4.3-1　行人过街横道设计示例

（7）人行横道及与之衔接的人行道和交通岛等连接处，皆应设置平缓的无障碍坡道，且不得有任何阻碍行人通行的障碍物。

2. 交叉口人行横道宽度设计

通常，人行横道宽度根据其高峰小时设计行人流量确定，若设计宽度为 0.75m，每小时通行能力一般可取 1800 人。

（1）人行横道宽度阈值

人行横道的最小宽度不应低于 2m，一般最小取到 $2.5 \sim 3m$。顺延干路的人行横道宽度不宜小于 5m，顺延支路的人行横道不宜小于 3m，宜以 1m 为单位增减。

（2）人行横道宽度计算模型

$$W_p = \frac{M(q_i + q_o)}{v_p g_p} \tag{4.3-1}$$

式中　q_i——进入人行横道的过街行人流率（人/s）；

　　　q_o——离开人行横道的过街行人流率（人/s）；

　　　W_p——人行横道宽度（m）；

　　　g_p——行人信号绿灯时间，包括绿灯闪烁时间（s）；

　　　v_p——行人步行速度（m/s）；

　　　M——平均面积模量，即每个行人的通行面积（m²/人）。

对应不同服务水平的人行横道最小宽度计算见表 4.3-1。

不同服务水平的人行横道最小宽度计算表

表 4.3-1

服务水平	A	B	C	D
人行横道最小宽度（m）	$\dfrac{3(q_i + q_o)}{v_p g_p}$	$\dfrac{2(q_i + q_o)}{v_p g_p}$	$\dfrac{1.2(q_i + q_o)}{v_p g_p}$	$\dfrac{0.5(q_i + q_o)}{v_p g_p}$

3. 二次过街适用条件

"二次过街"人行横道，在多车道的大型交叉口中增加行人安全性的作用体现明显，适用性较好。当交叉口机动车道超过双向六车道时，须设置中央安全岛，行人二次过街。在小型交叉口（如双向四车道），当交叉口空间足够时，设计行人过街安全岛对行人过街的安全性也有好处。具体适用条件如下：

（1）平面一次过街设施

1）行人横穿道路步行距离小于 15m 时，宜设置平面一次过街设施。

2）在信号控制交叉口设置平面一次过街设施时，应按机动车信号控制方式配置相应的信号控制人行横道。

3）在干路与支路相交的停车让行或减速让行标志管制的交叉口设置人行过街设施时，在干路和支路上应设置无信号控制的一次性通过人行过街设施。

4）在支路与支路相交的非信号控制交叉口上，可设置一次通过无信号控制人行横道。

（2）平面二次过街设施

1）行人横穿道路的步行距离大于或等于 15m。

2）不满足设置行人立体过街设施条件的双向六车道及以上的道路。

3）双向四条车道以上，机动车及行人交通流量较大的路段或交叉口。

4）老人、残疾人和儿童过街需求大的街道。

5）当路段上单向交通量达到 300 pcu/h 时的双向四车道道路。

4. 过街安全岛交通设计

要完成"二次过街"，必须在合适的位置设计过街安全岛，安全岛的尺寸大小与信号配时、行人数量大小有关。

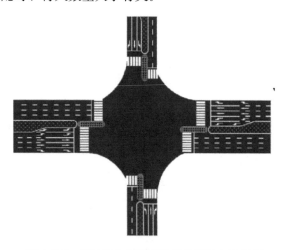

行人过街安全岛分为实体安全岛和标线安全岛两种形式。

人行横道线错位设置应保证过街行人在安全岛内迎着第二次过街时车辆的方向走，以便及时发现对向来车。在信号控制交叉口，应尽量避免人行横道线错位设置，如必须错位设置，则须按图 4.3-2、图 4.3-3 所示设置。

常见的交叉口过街人行横道基本形式如图 4.3-4 所示。

图 4.3-2　交叉口人行横道线错位设置方法示例

5. 二次过街的行人信号控制

设置行人过街安全岛的信号控制人行横道宜采用行人"二次过街"信号控制，具体的控制方式包括同步控制、协调控制、独立控制及半独立控制。

（1）"同步二次过街"控制

"同步二次过街"控制是指人行横道两端以及过街安全岛上的行人信号灯始终具有相同的灯色显示。安全岛上无信号灯的情况也属于同步二次过街控制。"同步二次过街"控制可以保证人行横道两端等待区的大部分行人在一次绿灯显示时间内完成过街，绿灯末期

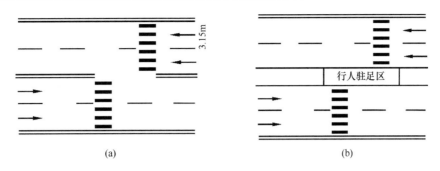

图 4.3-3　路段行人二次过街设计模式

（a）无中央分隔带驻足区；（b）有中央分隔带驻足区

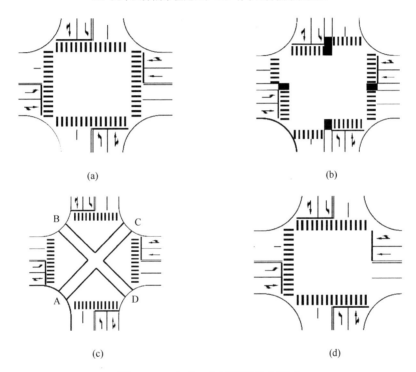

图 4.3-4　交叉口人行横道基本形式

（a）一次过街人行横道；（b）二次过街人行横道；（c）十字交叉人行横道；（d）单侧人行横道

进入人行横道或步速较慢者到达过街安全岛等待下一周期绿灯。适用于行人相位红灯时间不太长的交叉口。但是这种过街模式对安全岛面积有一定要求，安全岛面积主要取决于绿灯末期过街和步速较慢的行人数，"同步二次过街"控制设计见图 4.3-5。

（2）"协调二次过街"控制

"协调二次过街"控制是指人行横道两端以及过街安全岛上的行人信号灯具有不同的灯色显示。"协调二次过街"控制通过早断安全岛上的绿灯信号，仅保证红灯期间等待的行人进入安全岛，并顺利完成后半段过街，来控制过街安全岛上的等待行人量。"协调二次过街"控制适用于过街行人量不大、过街安全岛面积较小的信号控制人行横道。

但是，当过街安全岛上的行人灯色为红色、人行横道两端的行人灯色为绿色时，人行横道两端的部分行人看到对向行人通行，会下意识地进入人行横道，同时，部分驾驶人看

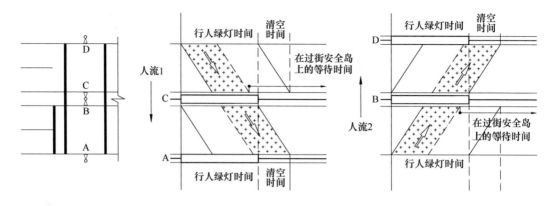

A，D—行人过街的起点（终点）位置；B，C—行人过街的中途位置

图 4.3-5 "同步二次过街"控制设计

到人行横道两端的行人灯色为红色时，也会下意识地启动车辆，这都将引发安全隐患，因此一般不建议采用"协调二次过街"控制。特殊情况下不得不采用时，至少需在安全岛上补充设置提醒驾驶人减速慢行的黄闪信号，"协调二次过街"控制设计见图 4.3-6。

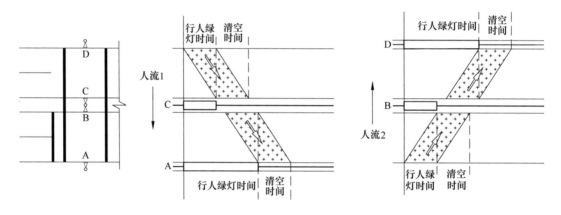

A，D—行人过街的起点（终点）位置；B，C—行人过街的中途位置

图 4.3-6 "协调二次过街"控制设计

（3）"独立二次过街"控制

"独立二次过街"控制是指以行人过街安全岛为界，安全岛的任意一侧始终具有相同的灯色显示。"独立二次过街"控制不仅能够跟随直行机动车绿灯时间放行行人，还能够充分利用左转机动车绿灯时间放行与其不冲突的一侧行人，适用于过街行人量较大、左转机动车绿灯时间较长的信号控制人行横道，但是，它对于过街安全岛的面积有一定要求，"独立二次过街"控制行人和机动车相位组合设计方案见图 4.3-7、图 4.3-8。

（4）"半独立二次过街"控制

"半独立二次过街"控制类似于"独立二次过街"控制和"同步二次过街"控制，以行人过街安全岛为界，安全岛的任意一侧始终具有相同的灯色显示。

除了跟随直行机动车绿灯时间放行行人外，并不是完全利用左转机动车相位绿灯时间放行与之不冲突的一侧行人，而是在左转机动车相位绿灯结束前，提早启动与之不冲突的

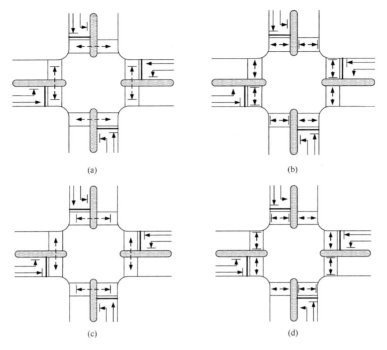

图 4.3-7 "独立二次过街"控制行人和机动车相位组合设计方案 1

(a) 相位 1；(b) 相位 2；(c) 相位 3；(d) 相位 4

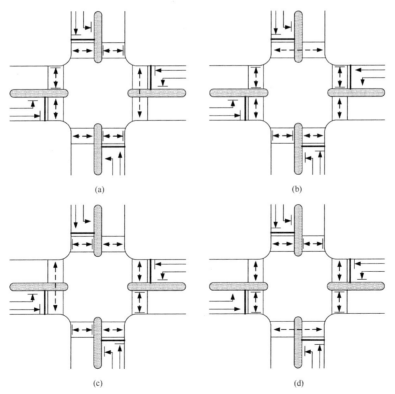

图 4.3-8 "独立二次过街"控制行人和机动车相位组合设计方案 2

(a) 相位 1；(b) 相位 2；(c) 相位 3；(d) 相位 4

一侧行人绿灯，使等待行人完成该侧过街到达安全岛时，左转机动车恰好切换至红灯相位，行人不需要在安全岛上停留即可进行后半段过街。这种过街模式适用于过街行人量较大、左转机动车绿灯时间较长且安全岛面积较小的信号控制人行横道，"半独立二次过街"控制设计见图 4.3-9。

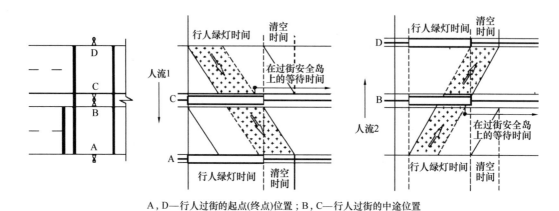

A，D—行人过街的起点(终点)位置；B，C—行人过街的中途位置

图 4.3-9 "半独立二次过街"控制设计

4.3.2 实验材料

（1）AutoCAD 软件 2024（学生电脑安装）。
（2）VISSIM 软件 8.0（学生电脑安装）。
（3）实训平台，地面道路场景。

4.3.3 实验目标

在道路交叉口，行人交通组织不合理将导致行人与机动车之间发生冲突。在道路中央设置安全岛供行人二次过街，可减少冲突点，提高交叉口通行效率。本次实验有以下目标：

（1）掌握交叉口行人二次过街横道的设计方法。
（2）学会使用 AutoCAD 对交叉口行人二次过街横道进行设计绘图。
（3）学会对交叉口行人二次过街的信号控制方案进行设计。
（4）学会使用 VISSIM 对交叉口行人二次过街设施进行建模、仿真、评价。

4.3.4 实验内容

（1）通过实训平台了解行人过街设置形式。
（2）通过实训平台了解北海路—衡山路交叉口南北进出口道处行人过街交通设施的设计及运行情况，分析行人过街横道线设计中存在的问题。
（3）基于北海路—衡山路交叉口南北进出口道现状情况，对行人二次过街相关要素进行设计，绘制 AutoCAD 图纸。
（4）对北海路—衡山路交叉口南北进口道行人二次过街信号相序及配时进行优化

设计。

（5）基于 VISSIM 对所设计的行人二次过街交通设计及信号控制方案进行评价，并与现状方案对比。

4.3.5　实验步骤

1. 了解行人过街形式及行人过街设施设计

通过实训平台了解行人一次过街、二次过街（标线安全岛、实体安全岛）不同的过街形式，了解北海路—衡山路交叉口南北进出口道处行人过街设施设计，实训平台整体图纸见图 4.3-10，北海路—衡山路交叉口位置示意图见图 4.3-11，该实训平台目前的行人过街形式皆为一次过街设施。

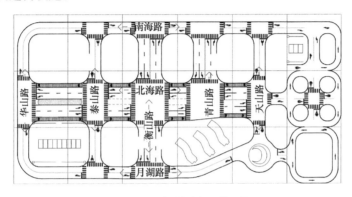

图 4.3-10　实训平台整体图纸

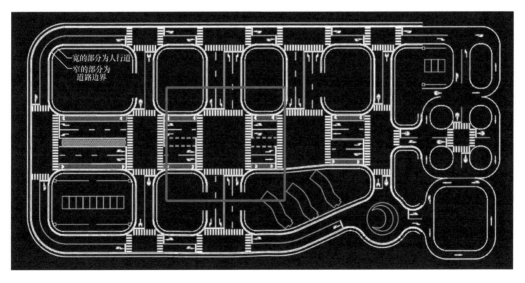

图 4.3-11　北海路—衡山路交叉口位置示意图

2. 评估交通运行状况

对北海路—衡山路交叉口以及过街设施交通运行状况进行评估。

（1）使用 AutoCAD 截取北海路—衡山路交叉口平面设计图，见图 4.3-12。

（2）打开 VISSIM，选择"路网对象"中的"背景图片"，在"路网编辑器"中点击右键，

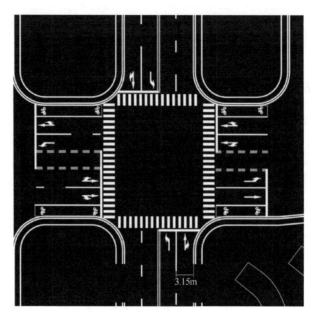

图 4.3-12　北海路—衡山路交叉口平面设计图

找到要打开的 AutoCAD 文件（交叉口行人二次过街设计实验 .dwg，比例尺为 1：200）。

（3）更改比例尺，将鼠标放在"路网编辑器"中，按住"Ctrl"点击鼠标右键，选择设置比例，按住左键在底图中画出一个车道宽度的长度，根据实际宽度填写。

（4）点击"路段"，按住"Ctrl"绘制路段，注意修改路段宽度、车道数以及行驶方向。同时要注意路段接近交叉口方向两条车道为不可换道的实线，因此需要使用连接段链接可换道路段与不可换道路段。

（5）绘制交叉口进口道与出口道的连接段，注意车道对应准确，同时注意在绘制转弯的连接段时，可以选择多添加一些中间点（建议 10 个），见图 4.3-13。

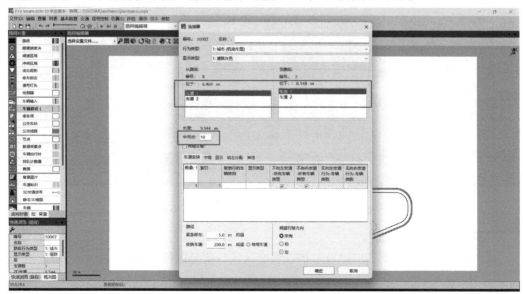

图 4.3-13　绘制道路连接段

（6）选择"路网对象"中的"面域"，在行人过街的等待区域按住右键绘出一块面域，并点击"确定"，见图 4.3-14。

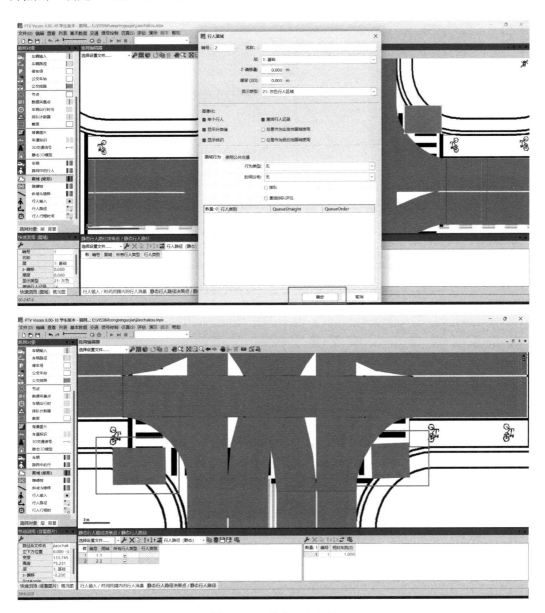

图 4.3-14　绘制行人面域

（7）选择"路网对象"中的"路段"，连接两个面域：1）注意需要绘制两个路段，东向西的连接路段和西向东的连接路段；2）注意绘制的路段必须要和两个行人过街等待区域的面域有相交的区域。在路段设置中，要勾选"作为行人面域使用"，同时要注意更改人行通道的宽度，图 4.3-15。

（8）选择"路网对象"中的"车辆输入"，在路段末端点击右键添加车辆生成线，并在"路网编辑器"中设置机动车交通量，见图 4.3-16，机动车交通量见表 4.3-2。

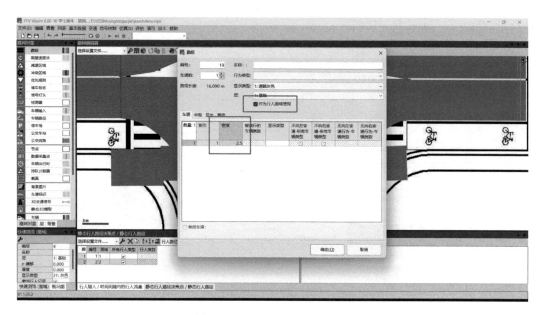

图 4.3-15　设置面域连接路段

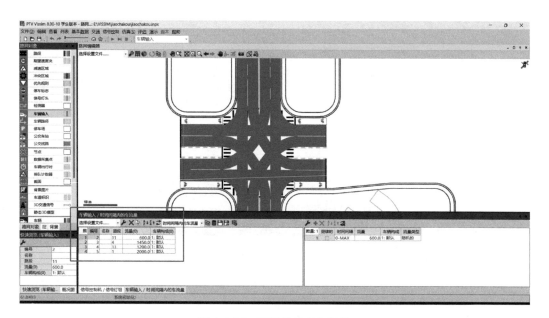

图 4.3-16　配置机动车交通量

<table>
<tr><td colspan="5" align="center">北海路—衡山路交叉口交通量</td><td align="right">表 4.3-2</td></tr>
</table>

转向	北进口交通量		南进口交通量	
	机动车（veh/h）	行人（直行）（ped/h）	机动车（veh/h）	行人（直行）（ped/h）
右转	400	600	200	400
直行	500		200	
左转	300		200	

转向	东进口交通量		西进口交通量	
	机动车（veh/h）	行人（直行）（ped/h）	机动车（veh/h）	行人（直行）（ped/h）
右转	400		200	
直行	1000	500	900	400
左转	600		350	

（9）选择"路网对象"中的"行人输入"，在行人等待区域的面域中分别点击右键添加，然后配置相对应的行人流量，见图 4.3-17，行人交通量见表 4.3-2（行人交通量分别被两条同样方向的人行横道均分）。

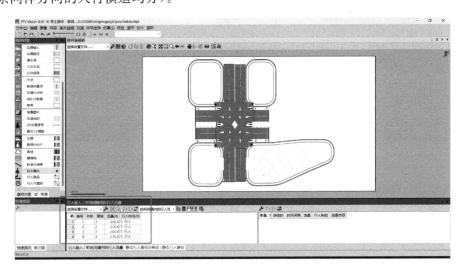

图 4.3-17　配置行人交通量

（10）选择"路网对象"中的"车辆路径"，在交叉口入口道起点处点击左键，然后分别在其他三个交叉口出口道终点处点击左键，见图 4.3-18。

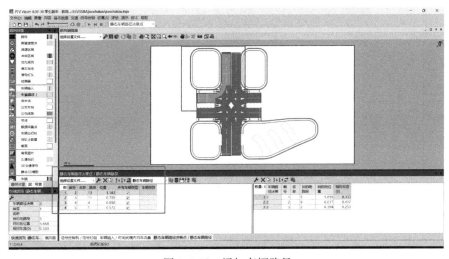

图 4.3-18　添加车辆路径

（11）在"静态车辆路径决策点/静态车辆路径"的右侧栏中，按照直行、左转、右转占比配置相对应车流，见图 4.3-19。

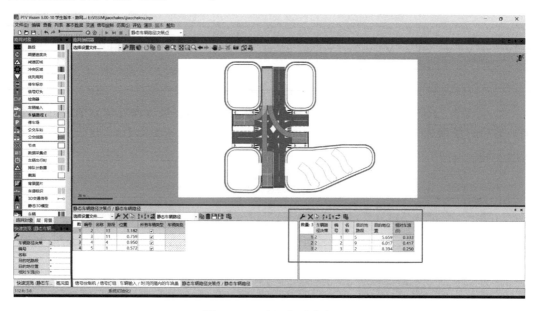

图 4.3-19　配置相对车流

（12）选择"路网对象"中的"行人路径"，在一个行人等待区域的面域中点击右键，然后连接到另一个行人等待区域的面域中（注意一个行人过街要绘制两个方向，即两条行人路径），见图 4.3-20。

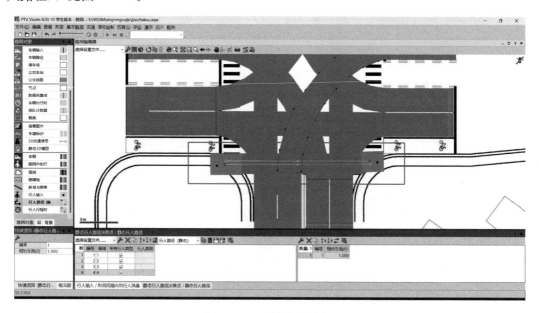

图 4.3-20　添加行人路径

（13）点击"信号控制"→"信号控制机"，右键点击"新建"，选择"编辑信号控制机"，见图 4.3-21。

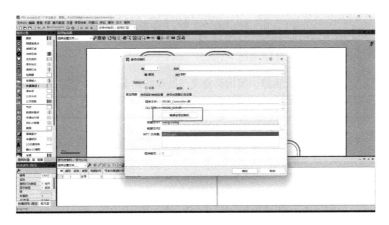

图 4.3-21　打开编辑信号控制机

（14）选择"Signal group"，点击"添加"，并添加相位名称，见图 4.3-22。

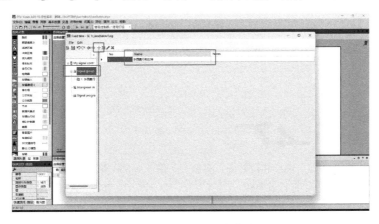

图 4.3-22　添加相位名称

（15）进入新建的相位中，选择"Default sequence"，选择红灯、绿灯、黄灯的相位，见图 4.3-23。

图 4.3-23　选择相应的信号相位

（16）在"Minimum durations"中，填写各种信号灯的持续时间，北海路—衡山路交叉口改建前信号配时见表 4.3-3、交叉口现状配时及第一、二相位转向见图 4.3-24～图 4.3-26，信号配时设置见图 4.3-27。

北海路—衡山路交叉口改建前信号配时　　　　　　　　表 4.3-3

信号相位	方向	绿灯时间（s）
相位一	东西进口直行和左转	50
相位二	南北进口直行和左转	30

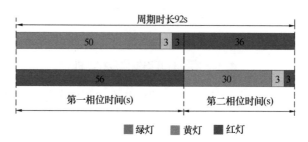

图 4.3-24　交叉口现状配时

图 4.3-25　第一相位转向：东西　　　图 4.3-26　第二相位转向：南北
　　　　直行及左转　　　　　　　　　　　　直行及左转

图 4.3-27　设置信号配时

（17）用同样的操作添加南北直行与左转的相位。

（18）选择"Signal program"，然后新建，见图 4.3-28。

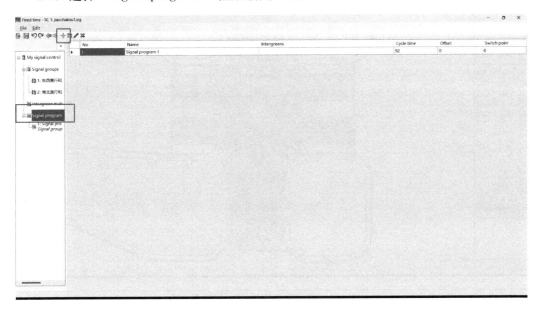

图 4.3-28 在"Signal program"中新建

（19）选择"Signal program"下新建的文件，点击左键拖动相位以使两个相位交错，见图 4.3-29。

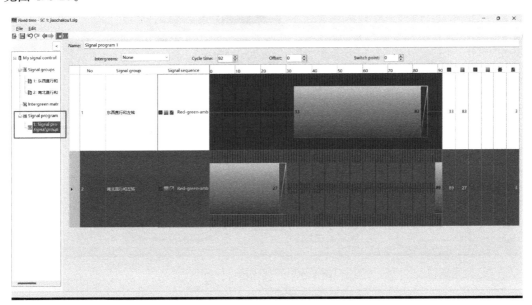

图 4.3-29 拖动相位以使两个相位交错

（20）选择"路网对象"中的"信号灯头"，在交叉口进口道停车线处点击左键加入信号灯头，见图 4.3-30。

（21）在跳转出的"信号灯"中，选择相对应的信号灯组，见图 4.3-31。

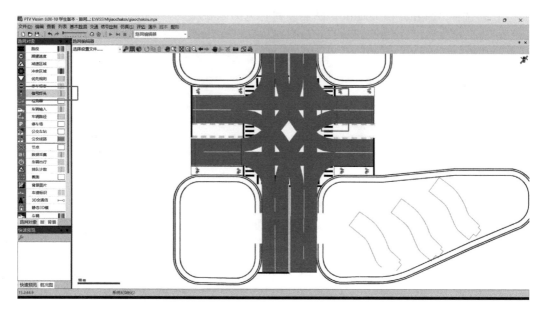

图 4.3-30　路段中添加信号灯头

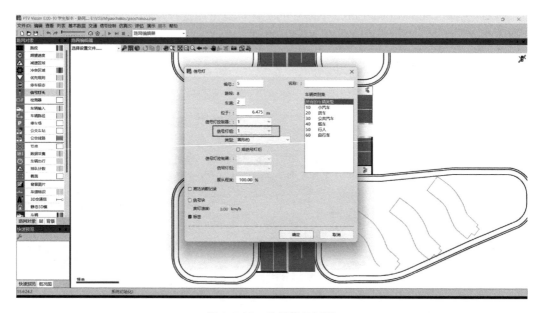

图 4.3-31　选择信号灯组

（22）选择"路网对象"中的"信号灯头"，分别在两个不同的道路面域起点处放置信号灯头，并选择相应的信号相位，见图 4.3-32。

（23）选择"路网对象"中的"数据采集"，在交叉口入口道中间位置点击右键添加数据采集设施，见图 4.3-33。

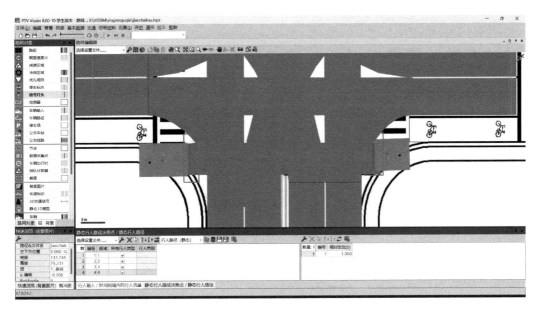

图 4.3-32　行人路段中添加信号灯头

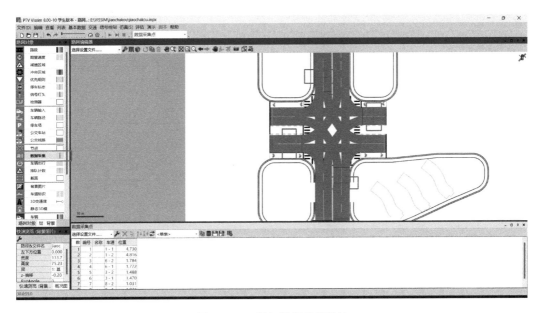

图 4.3-33　添加数据采集设施

（24）在"评估"→"测量定义"→"评估采集设施"中，在"截面数据采集"中点击右键新建，选择"数据采集点"，勾选所有的数据采集点，见图 4.3-34。

（25）选择"路网对象"中的"行人行程时间"，在交叉口过街设置中的一个行人过街等待面域中点击右键，再在与其相连的另一个行人过街等待面域中点击右键（注意要绘制双向），见图 4.3-35。

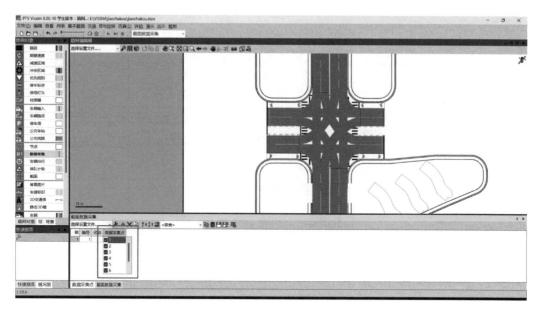

图 4.3-34　勾选数据采集点

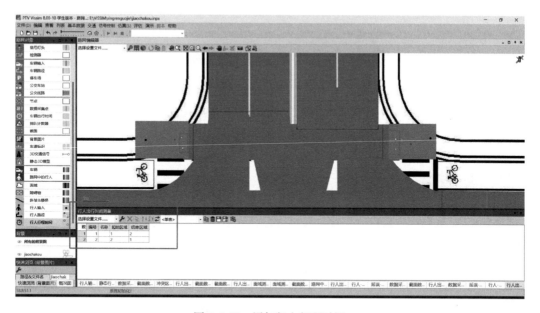

图 4.3-35　添加行人行程时间

（26）点击"评估"→"配置"，勾选"车辆路网评估""数据采集""行人出行时间"以及"延误时间"，选择 600s 的时间间隔，见图 4.3-36。

（27）点击"评估"→"结果列表"→"路网效果（车辆）指标结果""数据搜集结果"，可以在仿真过程中查看延误数据；在"行人出行时间结果"中，可以查看行人出行时间数据，见图 4.3-37。

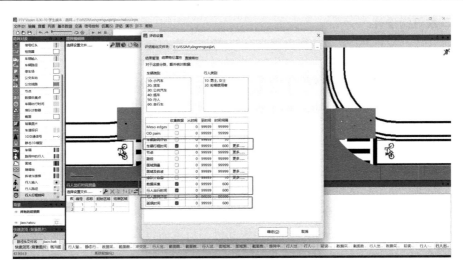

图 4.3-36　选择时间间隔

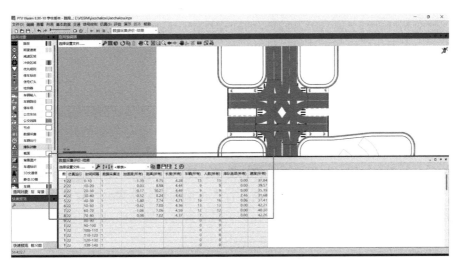

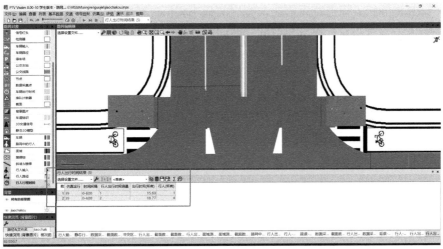

图 4.3-37　查看延误以及行人行程时间结果

3. 二次过街设计

使用 AutoCAD 对北海路—衡山路交叉口南北进出口道二次过街交通设施进行设计，具体步骤如下：

（1）基于北海路—衡山路交叉口中南北进口道道路红线（40m）及行人横道设计规范，确定人行横道后退距离、相邻两个进口道过街横道线的相对距离。

（2）基于人行横道宽度的计算模型与阈值，确定北海路—衡山路南北进口道的人行横道宽度。

（3）确定交叉口南北进出口道是否需要设置行人二次过街设施，如果需要，选择合适的形式（实体安全岛、标线安全岛）以及行人驻足区安全岛位置。

（4）在北海路—衡山路现状交叉口中绘制南北进出口道处的人行横道线及安全岛。

（5）确定是否需要对北海路—衡山路南北进出口道的行人二次过街信号相序和信号配时进行设计。

4. 交通运行状况评价

使用 VISSIM 对二次过街设计后交叉口的交通运行情况进行评价，打开 VISSIM 对渠化设计后的交叉口进行上述（2）～（27）的同样操作，最后得到两组车辆延误及行人行程时间数据，要求渠化后的两个评价指标数据优于渠化前。

4.3.6 实验效果

在交叉口行人二次过街设计实验中，学生使用 AutoCAD 软件绘制了北海路—衡山路交叉口的行人二次过街设计图，包含行人过街横道、中央安全岛的位置及尺寸。通过 VISSIM 软件进行仿真，分析了该设计在实际交通环境中的表现。实验结果显示，设置中央安全岛后，行人在过街时能够安全地停留并等待下一次绿灯，有效减少了行人与机动车的冲突。仿真结果表明，该设计显著提高了行人过街的安全性和通行效率，特别是在高峰时段，降低了交通事故的风险，为行人提供了更加安全、便捷的过街环境。

4.3.7 注意事项

（1）计算出的行人横道宽度需要与宽度的最小阈值进行校核。

（2）行人二次过街设计要求对空间和时间两个维度进行优化。

4.3.8 思考题

（1）有转角交通岛交叉口的行人横道应如何设计？

（2）在多车道交叉口设计行人二次过街设施时，如何确定安全岛的最佳位置和大小，以确保行人在高峰时段安全通过？

4.4 公交专用道设计实验

4.4.1 实验原理

公交专用道是专门为公交车设置的具有独立路权的车道，属于城市交通网络建设配套基础设施。设置公交专用道是公交优先政策的重要手段。公交车载客量大，人均占用道路面积小，可充分地利用道路资源，故采用公交专用道来提高公交系统的运行效率和服务水平，以达到减少城市小汽车交通量的目的，使整个城市的交通服务质量得到改善，带来较大的社会效益和经济效益。

1. 公交专用道设置条件

根据《公交专用车道设置》GA/T 507—2004，公交专用道的设置条件需要综合考虑机动车道数量、公交车客运量和公交车流量等因素。

（1）城市主干道满足下列全部条件时应设置公交专用车道：

1）路段单向机动车道为三车道以上（含三车道），或单向机动车道路幅总宽度不小于 11m；

2）路段单向公交客运量大于 6000 人次/高峰小时，或公交车流量大于 150 辆/高峰小时；

3）路段平均每车道断面流量大于 500 辆/高峰小时。

（2）城市主干道满足下列条件之一时宜设置公交专用车道：

1）路段单向机动车道为四车道以上（含四车道），断面单向公交车流量大于 90 辆/高峰小时；

2）路段单向机动车道为三车道，单向公交车客运量大于 4000 人次/高峰小时，且公交车流量大于 100 辆/高峰小时；

3）路段单向机动车道为两车道，单向公交客运量大于 6000 人次/高峰小时，且公交车流量大于 150 辆/高峰小时。

2. 公交专用道设计要素

根据《城市道路交通组织设计规范》GB/T 36670—2018、《道路交通标志和标线　第 2 部分：道路交通标志》GB 5768.2—2022、《道路交通标志和标线　第 3 部分：道路交通标线》GB 5768.3—2009 等标准的规定，公交专用道主要包括路侧式和路中式两种形式，一般主干道或沿线公交站点密集、间距较短时宜选择路侧式，当中央隔离带的空间满足设置公交站台时可选择路中式，BRT 专用车道或路段沿线开口较多时宜选择路中式。两种形式的公交专用道应配套设置相应的交通标志、标线等交通设施：

（1）路侧式公交专用道：路侧式公交专用道应设置于最外侧机动车道，行车道采用红色，并设置"公交专用道"字符标识。两侧车道线采用黄色虚线，线段长度及间隔均为 400cm，线宽为 20cm 或 25cm；

（2）路中式公交专用道：路侧式公交专用道应设置于最内侧机动车道，车道宽度 3.5m，行车道采用红色，并设置"公交专用道"字符标识。两侧车道线采用黄色虚线，线段长度及间隔均为 400cm，线宽为 20cm 或 25cm；

（3）公交专用道标志应设置于公交专用道起点及各交叉口的入口上方，用于提醒车辆。

4.4.2　实验材料

（1）AutoCAD 软件 2020（学生电脑安装）。

（2）VISSIM 软件 2021（测试版本 SP00）（学生电脑安装）。

（3）Synchro 软件 7.0（学生电脑安装）。

（4）实训平台，地面道路场景。

4.4.3 实验目标

（1）了解公交专用道的功能与设置条件，掌握公交专用道的设计方法。

（2）通过交通仿真实验，掌握公交专用道方案实施效果的评价方法，分析公交专用道设置前后交通流运行效果的差异，从而对公交专用道在提升城市公交系统运行效率方面的重要作用有深刻的认识。

4.4.4 实验内容

（1）公交专用道的认知：了解公交专用道的功能、优缺点、设置条件与设计要素。

（2）公交专用道适用性的判断：结合示例演示及公交专用道设置条件，分析不同形式公交专用道的适用性，确定更为适宜的公交专用道形式。

（3）公交专用道方案的设计：基于确定的公交专用道形式，利用 AutoCAD 软件，在现状道路网图纸的基础上，完成公交专用道各要素的设计。

（4）公交专用道方案效果仿真实验：利用 VISSIM 仿真软件，完成公交专用道方案的交通仿真模型构建与运行操作。

（5）公交专用道方案效果评价：了解公交专用道方案效果评价指标，提取仿真结果数据并进行统计分析，对公交专用道方案对交通运行状态的改善效果进行评价。

4.4.5 实验步骤

实验采用人工设计与计算机仿真相结合的方法。实验步骤包括：

1. 学习并了解公交专用道实验原理

结合本书第 4.4.1 节及相关标准规范，学习并了解公交专用道的设置条件、类型及设计要素。

2. 获取现状道路交通条件信息

本实验选择北海路（华山路—衡山路）路段及北海路—泰山路交叉口为对象，具体位置如图 4.4-1 中粗线框所示。其中，北海路（华山路—泰山路）路段为本实验拟设置公交专用道的路段。

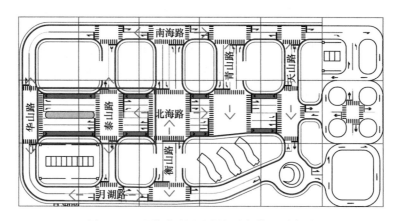

图 4.4-1　现状道路网及研究对象位置示意图

（1）获取现状道路条件信息：通过实训平台观察地面道路场景，了解现状道路网基本结构，从"公交专用道实验-现状路网.dwg"文件中获取现状道路网图纸，明确现状路网中北海路（华山路—衡山路）路段的车道数、横断面形式、车道宽度以及北海路—泰山路交叉口进出口车道数量、车道宽度等信息。现状道路网交通渠化设计示意图如图4.4-2所示。

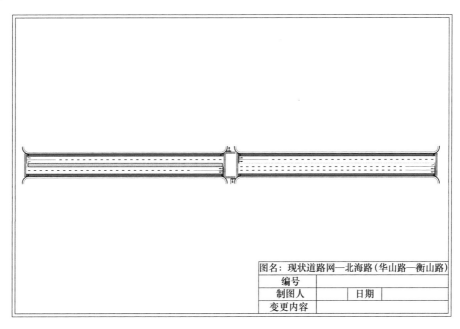

图名：现状道路网—北海路（华山路—衡山路）		
编号		
制图人	日期	
变更内容		

图4.4-2　现状道路网交通渠化设计示意图

（2）获取现状交通条件信息：包括北海路（华山路—衡山路）路段及北海路—泰山路交叉口的交通流量和现状交叉口信号配时方案。本实验给出北海路—泰山路交叉口各进口的转向流量，如表4.4-1所示，各路段流量可根据北海路—泰山路交叉口对应的转向流量计算得到。

北海路—泰山路交叉口各进口的转向流量　　　　　　　　　　　　　表4.4-1

车辆类型	西进口流量（veh/h）			东进口流量（veh/h）			北进口流量（veh/h）			南进口流量（veh/h）		
	左转	直行	右转	左转	直行	右转	左转	直行	右转	左转	直行	右转
小汽车	220	770	110	150	800	50	120	40	240	250	150	100
非机动车	22	77	11	15	80	5	12	4	24	25	15	10
公交车	30	100	30	30	100	30	30	15	30	30	15	30

现状信号配时包含两个相位，相位一为东西向直行左转，相位二为南北向直行左转，具体信号配时方案如图4.4-3所示。公交专用道设计方案的信号配时需根据表4.4-1中交叉口各进口的转向流量和设计方案中交叉口车道导向方向的设计情况进行调整。

3. 公交专用道适用性判断

根据现状道路交通条件信息及公交专用道设置条件，分析不同形式公交专用道的适用性，确定更为适宜的公交专用道形式。

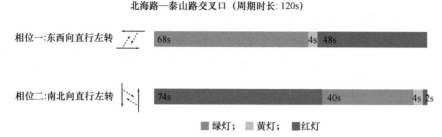

图 4.4-3 现状信号配时方案

4. 公交专用道方案设计

（1）查询《城市道路交通组织设计规范》GB/T 36670—2018、《公交专用车道设置》GA/T 507—2004、《城市道路工程设计规范（2016 年版）》CJJ 37—2012、《公交专用道设置规范》DB11/T 1163—2022 等标准规范，明确公交专用道各设计要素（包括公交专用道标志、标线及公交停靠站）的设计标准。

（2）基于确定的公交专用道形式，根据现状道路交通条件，选择适宜的车道进行公交专用道改造，并按照设计标准完成各设计要素的绘制，下面给出各要素设计示例：

1）如图 4.4-4 所示为路侧式公交专用道，设置于最外侧机动车道，根据《城市道路交通组织设计规范》GB/T 36670—2018，公交专用车道宽度宜为 3.5m，行车道采用红色铺装，并于路段中间位置设置"公交专用"文字标线。车道线采用黄色虚线，线宽 20cm，线段间隔和长度均为 400cm。

2）如图 4.4-5 所示为路中式公交专用道，根据《城市道路交通组织设计规范》GB/T 36670—2018，路中式公交专用道应设置于最内侧机动车道，车道宽度宜为 3.5m，行车道采用红色铺装，并设置"公交专用"文字标线。两侧车道线采用黄色虚线，线宽 20cm，线段间隔和长度均为 400cm。

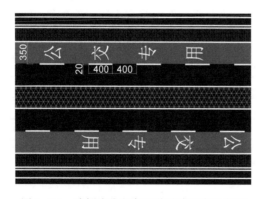

图 4.4-4 路侧式公交专用道设计要素示意图
（单位：cm）

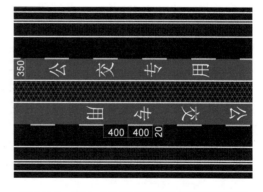

图 4.4-5 路中式公交专用道设计要素示意图
（单位：cm）

（3）针对北海路（华山路—衡山路）路段关联交叉口进出口道，根据公交专用道设置位置及现状交叉口交通流量，合理设计车道导向方向，并完成车道导向标志与标线的绘制。

路侧式公交专用道、路中式公交专用道方案设计示意图如图 4.4-6 和图 4.4-7 所示。

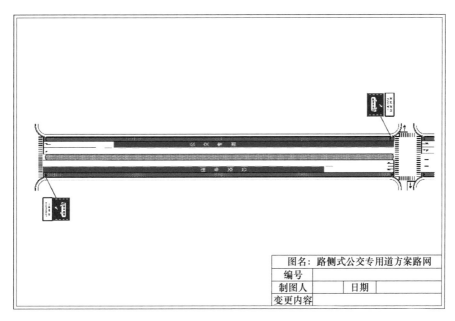

图 4.4-6　路侧式公交专用道方案设计示意图

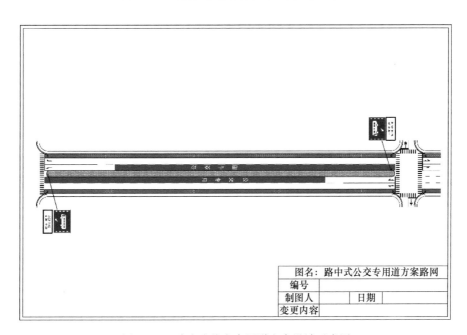

图 4.4-7　路中式公交专用道方案设计示意图

5. 公交专用道方案效果仿真实验

为了评估公交专用道方案的实施效果，需要基于公交专用道方案进行仿真实验，包括以下步骤：

（1）模型构建：在 VISSIM 软件左侧路网对象栏中选择"背景图片"，在路段编辑器空白处右键点击"添加背景图片"，将公交专用道方案设计图纸导入 VISSIM 软件中；选中背景图片，右键点击"设置比例"，按住"Ctrl"同时按住左键画出一个车道的长度，输入该车道的宽度，完成比例尺设置；在路网对象栏中选择"路段"，按住"Ctrl"同时按住右键画出路段及交叉口连接段，完成交通仿真路网模型构建；双击左键设置公交专用道的路段，对设置公交专用道的车道，修改"被禁行的车辆类别"参数，勾选除大型客车外的所有类别，修改"显示类型"参数，添加新显示类型，命名为"公交专用道"，填充颜色为红色，并选择该显示类型，完成公交专用道的设置。

（2）优化信号配时：利用 Sychro 软件，根据公交专用道方案设计图纸，绘制交叉口各进出口车道，并设置各进口车道转向；根据现状交通流量数据，设置各进口道各转向上的机动车交通流量（图 4.4-8）；选中交叉口，点击"Optimize"→"Network Circle Lengths"优化周期时长，点击"Optimize"→"Network Offsets"优化相位差，完成北海路—泰山路交叉口新的信号配时方案设计。

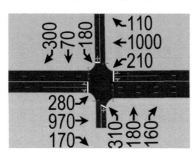

图 4.4-8 Sychro 软件设置交叉口进出口车道及转向流量示意图

注：图上数据代表转向流量（单位：pcu/h）

（3）设置交通仿真模型参数：在 VISSIM 软件路网对象栏中选择"车辆输入"，按住"Ctrl"同时右键点击交叉口各进口道路段，设置交叉口各进口道机动车和非机动车流量；在路网对象栏中选择"车辆路径"，按住"Ctrl"右击交叉口各进口道路段，再拖动至其他三个方向出口道路段，设置交叉口各进口道转向流量比例；在路网对象栏中选择"公交线路"，按住"Ctrl"同时右键点击交叉口各进口道路段，再拖动至其他三个方向出口道路段，设置公交线路，并通过设置发车时刻表输入公交车流量，通过设置"占有"参数设置公交车载客人数；

在路网对象栏中选择"冲突区域"→"显示列表"，在列表中逐一选择并右键点击每一个机动车道冲突区，设置冲突让行规则；在菜单栏中选择"信号控制"→"信号控制机"→鼠标右击后选择"添加"→"编辑信号控制机"，设置交叉口信号配时方案；在路网对象栏中选择"信号灯头"，按住"Ctrl"同时右键点击交叉口各转向方向对应的路段连接器，设置信号灯。

（4）设置交通仿真数据检测器：在 VISSIM 软件路网对象栏中选择"数据采集点"，按住"Ctrl"同时右键点击交叉口上游路段各车道，设置数据采集点，用于采集各车道上的交通流量、运行速度等信息；路网对象栏中选择"车辆出行时间"，按住"Ctrl"同时右键点击交叉口进口道路段，再拖动至其他三个出口道路段，设置交叉口各转向方向上的行程时间检测区间，用于采集各转向方向的车辆平均行程时间和延误等信息；在路网对象栏中选择"排队计数器"，按住"Ctrl"同时右键点击交叉口各进口道路段停车线位置，设置排队计数器，用于检测交叉口各进口道的排队车辆数、排队长度等信息。

（5）仿真参数和评价设置：在菜单栏中选择"仿真"→"参数"，配置仿真运行时间为 0~4200 仿真秒，其中前 600 仿真秒为预运行时间，后 3600 仿真秒为正式运行时间；在菜单栏中选择"评估"→"测量定义"，设置数据采集和延误采集的所有统计对象；在菜单栏中选择"评估"→"配置"，勾选用于公交专用道方案效果评价的采集数据项，并将采集时间设置为从第 600 仿真秒至第 4200 仿真秒；点击"连续仿真"完成公交专用道方案 VISSIM 模型的运行。

路侧式公交专用道、路中式公交专用道方案仿真模型示意图如图 4.4-9 和图 4.4-10 所示。

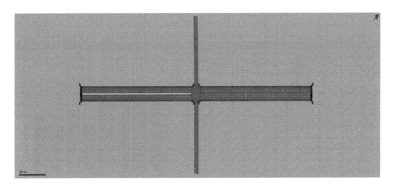

图 4.4-9　路侧式公交专用道方案仿真模型示意图

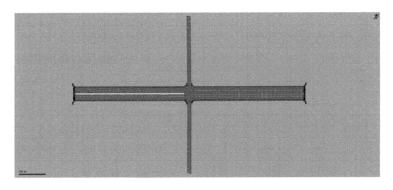

图 4.4-10　路中式公交专用道方案仿真模型示意图

6. 公交专用道方案效果评价

公交专用道方案效果评价主要从公交系统、其他社会车辆以及城市道路交通系统三个层面展开。公交系统的交通运行效率通过公交专用车道上的公交车平均运行速度来评价；其他社会车辆的交通运行效率通过除了公交专用车道的其他车道上机动车平均运行速度来评价；城市道路交通系统的交通运行效率通过路段上所有车辆的平均运行速度以及交叉口进口道的平均排队长度、排队停车次数和平均行驶延误等指标来评价。

公交专用道方案效果评价过程包括以下三个步骤：

（1）在 VISSIM 软件中，从"评估"→"结果列表"查看公交专用道方案的评价指标结果，以数据采集结果为例，各评价指标结果以表格形式显示，如图 4.4-11 所示。

计数：8 仿真运行	时间间隔	数据采集测量	加速度(所有)	距离(所有)	长度(所有)	车辆(所有)	人数(所有)	排队延误(所有)	速度的算数平均值(所有)	速度的调和平均值(所有)	占有率(所有)
1:4	600-4200	1: 西进口车道1	-0.53	127.46	11.54	151	12080	0.10	26.59	22.07	9.83 %
2:4	600-4200	2: 西进口车道2	-0.03	126.73	4.47	729	1519	56.90	25.15	14.27	56.15 %
3:4	600-4200	3: 西进口	-0.11	126.86	5.68	880	13599	47.15	25.40	15.19	59.19 %
4:4	600-4200	4: 东进口车道1	0.17	151.39	5.12	492	4679	105.62	21.27	14.89	72.41 %
5:4	600-4200	5: 东进口车道2	0.00	151.28	5.22	313	3236	153.70	14.12	6.36	67.13 %
6:4	600-4200	6: 东进口	0.10	151.35	5.16	805	7915	124.31	18.49	9.79	88.71 %
7:4	600-4200	7: 南进口	0.08	78.40	6.02	260	6422	107.61	13.65	8.90	70.05 %
8:4	600-4200	8: 北进口	0.14	73.65	5.57	368	6372	66.45	16.56	9.03	69.29 %

图 4.4-11　公交专用道方案仿真模型数据采集结果

（2）在评价指标结果表格中选择一个指标的各数据项（以平均运行速度为例），右键点击"创建图表"→"针对所选的特征属性"，可将评价结果转化为柱状图的形式进行展示，如图 4.4-12 所示。

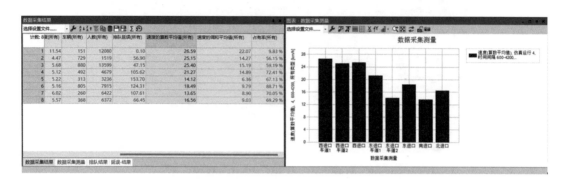

图 4.4-12 公交专用道方案仿真模型平均运行速度统计图

（3）将公交专用道方案路网评价结果和现状路网评价结果粘贴至 Excel 表格中，绘制柱状图（以平均运行速度为例，如图 4.4-13 所示），对比分析现状路网和路侧式、路中式公交专用道方案路网的交通运行状态，进而评估公交专用道方案对交通运行状态的改善效果。

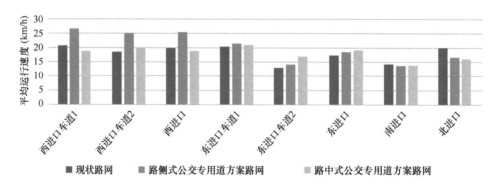

图 4.4-13 路侧式、路中式公交专用道方案路网与现状路网平均运行速度对比图

4.4.6 实验效果

在公交专用道设计实验中，学生利用 AutoCAD 软件对北海路（华山路—衡山路）路段及北海路—泰山路交叉口进行了公交专用道方案设计，绘制了该路段及交叉口的平面设计图。设计内容包括路侧式与路中式两种形式的公交专用道车道线、公交专用道铺装以及交叉口导向方向。通过 VISSIM 软件对设计方案进行了仿真分析，结果显示：设置适宜形式的公交专用道能够有效提升所在路段的平均运行速度，降低了交叉口排队长度、排队停车次数和车均延误，提升了路段及交叉口的运行效率。实验结果表明，当公交线网达到适宜规模时，合理设置公交专用道是提升公交系统及路网运行效率、缓解交通拥堵的有效手段。

4.4.7 注意事项

（1）开展公交专用道设计之前，需根据实际情况分析公交专用道的适用性。

（2）VISSIM 仿真软件需要根据研究对象进行仿真参数的标定，以使得仿真对象更加接近实际情况。

4.4.8 思考题

（1）请思考不同形式公交专用道的适用性是什么？

（2）在实际工程应用中设置公交专用道有哪些需要注意的事项？

4.5 潮汐车道设计实验

4.5.1 实验原理

潮汐车道是指在道路路段上，根据交通流需求可改变车辆行驶方向的车道。城市道路交通经常出现"潮汐现象"，即早晨进城方向交通流量大，出城方向交通流量小；而晚上出城方向交通流量大，进城方向交通流量小。"潮汐现象"会使得大流量方向的道路超负荷运行，加剧交通拥堵。潮汐车道是缓解"潮汐现象"所造成交通拥堵的重要交通组织方法，其优点是合理使用道路，充分提高道路的利用率，有效解决交通流方向和各种类型交通流在时间分布上的不均匀性所带来的矛盾；但潮汐车道也存在增加交通管制的工作量和相应设施的缺点，且要求驾驶人有较好的素质，注意力集中，特别是在过渡地段。

1. 潮汐车道的设置条件

根据《城市道路交通组织设计规范》GB/T 36670—2018 的规定，符合以下全部条件的路段，可利用道路中间的一条或多条车道设置潮汐车道：

（1）机动车双向车道数不少于 3 条，流量较大的主干路的双向车道数不少于 5 条。

（2）主要方向与对向交通在不同时段出现显著的流量变化，主要方向与对向交通的流向比不小于 1.5。

（3）设置潮汐车道后，对向的道路通行能力能够满足交通需求。

2. 潮汐车道的设计要素

根据《城市道路交通组织设计规范》GB/T 36670—2018、《道路交通标志和标线　第 3 部分：道路交通标线》GB 5768.3—2009、《城市道路交通标志和标线设置规范》GB 51038—2015 等标准的规定，潮汐车道应配套设置相应的标线、标志、车道行车方向信号灯，并在潮汐车道运行期间提供一致的交通信息，能够明确告知潮汐车道的通行方向。其中：

（1）潮汐车道线应设置于潮汐车道两侧，采用双黄虚线。

（2）潮汐车道线在交叉口出入端应设置停止线，应采用白色虚实线，虚线应设置在靠近交叉口中心的一侧。

（3）潮汐车道线应配合设置车道行车方向信号灯或可变的车道行驶方向标志，根据潮汐时间提供相应的车道行驶方向信息。

（4）潮汐车道在交叉口处应结合进出口车道设置，合理设计车道导向方向，并用可变标志明确指示。

（5）与潮汐车道相交的横向道路上应设置警告标志，告知驾驶人注意潮汐车道。

（6）潮汐车道线可配合设置相应的物理隔离设施。

4.5.2　实验材料

（1）AutoCAD 软件 2020（学生电脑安装）。

（2）VISSIM 软件 2021（测试版本 SP00）（学生电脑安装）。

（3）Synchro 软件 7.0（学生电脑安装）。

（4）实训平台，地面道路场景。

4.5.3　实验目标

（1）了解潮汐车道的功能与设置条件，掌握潮汐车道的设计方法。

（2）通过交通仿真实验，掌握潮汐车道方案实施效果的评价方法，分析潮汐车道设置前后交通运行效果变化，从而对潮汐车道在缓解城市交通拥堵方面的重要作用有深刻的认识。

4.5.4　实验内容

（1）潮汐车道的认知：了解潮汐车道的功能、优缺点、设置条件与设计要素。

（2）潮汐车道适用性的判断：结合潮汐车道设置条件与现状道路交通条件，判断路段是否需要设置潮汐车道。

（3）潮汐车道方案的设计：利用 AutoCAD 软件，在现状道路网图纸的基础上，完成潮汐车道各要素的设计。

（4）潮汐车道方案效果仿真实验：利用 VISSIM 仿真软件，完成潮汐车道方案的交通仿真模型构建与运行操作。

（5）潮汐车道方案效果评价：了解潮汐车道方案效果评价指标，提取仿真结果数据并进行统计分析，评价潮汐车道方案对交通运行状态的改善效果。

4.5.5　实验步骤

实验采用人工设计与计算机仿真相结合的方法。实验步骤如下：

1. 了解潮汐车道实验原理

结合本书第 4.5.1 节及相关标准规范，学习并了解潮汐车道的定义、作用、设置条件和设计要素。

2. 获取现状道路交通条件信息

本实验选择北海路（华山路—衡山路）路段及北海路—泰山路交叉口为对象，具体位置如图 4.5-1 中粗线框所示。其中，北海路（泰山路—衡山路）路段为本实验拟设置潮汐车道的路段。

（1）获取现状道路条件信息：通过实训平台观察地面道路场景，了解现状道路网基本结构，从"潮汐车道实验—现状路网.dwg"文件中获取现状道路网图纸，明确现状路网中北海路（华山路—衡山路）路段的车道数、横断面形式、车道宽度以及北海路—泰山路交叉口进出口车道数量、车道宽度、车道行驶方向等信息。现状道路网交通渠化设计示意图如图 4.5-2 所示。

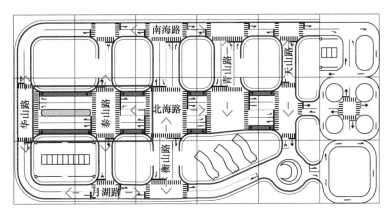

图 4.5-1　现状道路网及研究对象位置示意图

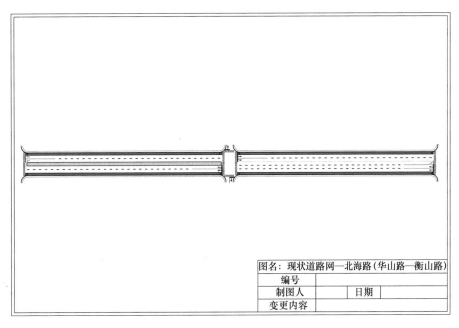

图 4.5-2　现状道路网交通渠化设计示意图

（2）获取现状交通条件信息：包括北海路（华山路—衡山路）路段及北海路—泰山路交叉口的交通流量和现状交叉口信号配时方案。本实验给出北海路—泰山路交叉口早高峰各进口转向流量数据，如表 4.5-1 所示，各路段的流量可根据北海路—泰山路交叉口对应转向流量计算得到。

北海路—泰山路交叉口早高峰各进口转向流量　　　　　　　表 4.5-1

车辆类型	西进口流量（veh/h）			东进口流量（veh/h）			北进口流量（veh/h）			南进口流量（veh/h）		
	左转	直行	右转	左转	直行	右转	左转	直行	右转	左转	直行	右转
小汽车	220	770	110	240	1280	80	150	50	300	300	180	120
非机动车	22	77	11	24	128	8	15	5	30	30	18	12
公交车	20	30	20	20	30	20	12	10	12	12	10	12

现状信号配时包含两个相位，相位一为东西向直行左转，相位二为南北向直行左转，具体信号配时方案如图 4.5-3 所示。潮汐车道设计方案的信号配时需根据表 4.5-1 中的交叉口转向流量和设计方案中交叉口车道导向方向设计情况进行调整。

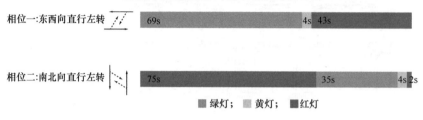

图 4.5-3　现状信号配时方案（早高峰）

3. 判断潮汐车道适用性

依据潮汐车道的设置条件，结合现状道路交通条件信息，判断北海路（泰山路—衡山路）路段是否需要设置潮汐车道。

4. 潮汐车道方案设计

（1）查询《城市道路交通组织设计规范》GB/T 36670—2018、《道路交通标志和标线　第 3 部分：道路交通标线》GB 5768.3—2009、《道路交通标志和标线　第 2 部分：道路交通标志》GB 5768.2—2022、《城市道路交通标志和标线设置规范》GB 51038—2015 等标准规范，明确潮汐车道各设计要素（包括潮汐车道线、潮汐车道的停止线、车道行车方向信号灯或可变的车道行驶方向标志、交叉口车道导向标志与标线）的设计标准。

（2）利用 AutoCAD 软件，在现状道路网图纸的基础上，根据现状道路交通条件，在北海路（泰山路—衡山路）路段上选择适宜的车道进行潮汐车道改造，并按照各设计要素的设计标准完成各设计要素的绘制，下面给出各设计要素示例：

1）潮汐车道线：潮汐车道线设计示意图如图 4.5-4 所示，潮汐车道线为双黄虚线，线段长度和间距与可跨越同向车道分界线相同，本示例选取线段长度和间距分别为 200cm 和 400cm，线宽为 15cm；两条黄线的间距为 10～15cm，本示例选取 15cm。

2）潮汐车道停止线：潮汐车道停止线设计示意图如图 4.5-5 所示。潮汐车道上位于交叉口的停止线采用白色虚实线，虚线和实线线宽均为 15cm，线间距为 10～15cm，本示例选取 15cm，虚线的线段及间隔长度均为 50cm，虚线应设置在靠近交叉口的一侧。

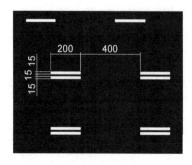

图 4.5-4　潮汐车道线设计示意图
（单位：cm）

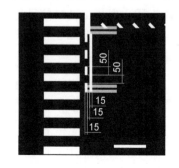

图 4.5-5　潮汐车道停止线设计示意图
（单位：cm）

　　3）车道行车方向信号灯：本示例采用车道行车方向信号灯对车道行驶方向进行指示，设计示意图如图 4.5-6 所示。信号灯采用门架式结构设置，每条车道上方的双方向均设置一个信号灯，信号灯内显示对应车道行驶方向的箭头符号，该方向禁止行驶时用红色叉号表示；当潮汐车道方向改变时，信号灯内符号随之变化。

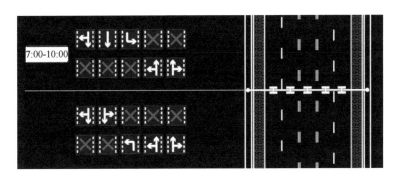

图 4.5-6　车道行车方向信号灯设计示意图

　　4）交叉口导向方向设计：北海路—泰山路交叉口导向方向设计示意图如图 4.5-7 所示。该交叉口东出口最内侧车道被更改为潮汐车道，需要重新设计东进口道导向方向。将该潮汐车道设置为左转专用车道，原东进口左转直行车道更改为可变车道，在早高峰时段设置为直行专用车道，在平峰时段恢复为直行左转共用车道。可变车道的行驶方向利用车道行车方向信号灯进行指示。

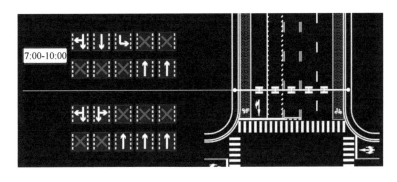

图 4.5-7　交叉口导向方向设计示意图

　　（3）综合上述潮汐车道各要素设计，完成潮汐车道方案设计图。潮汐车道方案设计示意图如图 4.5-8 所示。

5. 潮汐车道方案效果仿真实验

　　为了评估潮汐车道方案的实施效果，需要基于潮汐车道方案进行仿真实验，步骤：

　　（1）模型构建：在 VISSIM 软件左侧路网对象栏中选择"背景图片"，在路段编辑器空白处右键点击"添加背景图片"，将潮汐车道方案设计图纸导入 VISSIM 软件中；选中背景图片，右键点击"设置比例"，按住"Ctrl"同时按住左键画出一个车道的长度，输入该车道的宽度，完成比例尺设置；在路网对象栏中选择"路段"，按住"Ctrl"同时按住右键画出路段及交叉口连接段，完成交通仿真路网模型构建。

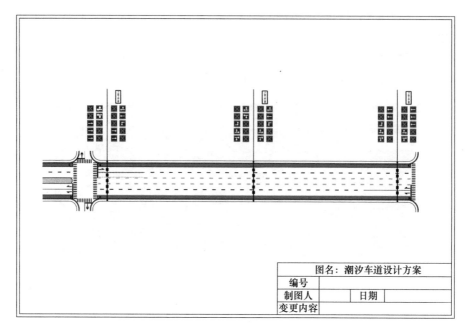

图 4.5-8 潮汐车道方案设计示意图

（2）优化信号配时：利用 Sychro 软件，根据潮汐车道方案设计图纸，绘制交叉口各进出口车道，并设置各进口车道转向方向；根据现状交通流量数据，设置各进口道各转向方向上的机动车交通流量（图 4.5-9）；选中交叉口，点击"Optimize"→"Network Circle Lengths"优化周期时长，点击"Optimize"→"Network Offsets"优化相位差，完成北海路—泰山路交叉口新的信号配时方案设计。

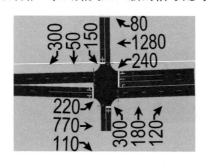

图 4.5-9 Sychro 软件设置交叉口进出口车道及转向流量示意图

注：图上数据代表转向流量（单位：pcu/h）

（3）设置交通仿真模型参数：在 VISSIM 软件路网对象栏中选择"车辆输入"，按住"Ctrl"同时右键点击交叉口各进口道路段，设置交叉口各进口道机动车和非机动车流量；在路网对象栏中选择"车辆路径"，按住"Ctrl"同时右键点击交叉口各进口道路段，再拖动至其他三个方向出口道路段，设置交叉口各进口道转向流量比例；路网对象栏中选择"公交线路"，按住"Ctrl"同时右键点击交叉口各进口道路段，再拖动至其他三个方向出口道路段，设置公交线路，并通过设置发车时刻表完成公交车流量输入，通过设置"占有"参数设置公交车载客人数；在路网对象栏中选择"冲突区域"→"显示列表"，在列表中逐一选择并右键点击每一个机动车道冲突区，设置冲突让行规则；菜单栏中选择"信号控制"→"信号控制机"→右键点击后选择"添加"→"编辑信号控制机"，设置交叉口信号配时方案；路网对象栏中选择"信号灯头"，按住"Ctrl"同时右键点击交叉口各转向方向对应的路段连接器，设置信号灯。

（4）设置交通仿真数据检测器：在 VISSIM 软件路网对象栏中选择"数据采集点"，

按住“Ctrl”同时右键点击交叉口上游路段各车道，设置数据采集点，用于采集各车道上的交通流量、运行速度等信息；在路网对象栏中选择“车辆出行时间”，按住“Ctrl”同时右键点击交叉口进口道路段，再拖动至其他三个出口道路段，设置交叉口各转向方向上的行程时间检测区间，用于采集各转向方向的车辆平均行程时间和延误等信息；在路网对象栏中选择“排队计数器”，按住“Ctrl”同时右键点击交叉口各进口道路段停车线位置，设置排队计数器，用于检测交叉口各进口道的排队车辆数、排队长度等信息；

（5）仿真参数和评价设置：菜单栏中选择“仿真”→“参数”，配置仿真运行时间为 0～4200 仿真秒，其中前 600 仿真秒为预运行时间，后 3600 仿真秒为正式运行时间；菜单栏中选择“评估”→“测量定义”，设置数据采集和延误采集的所有统计对象；菜单栏中选择“评估”→“配置”，勾选用于潮汐车道方案效果评价的采集数据项，并将采集时间设置为从第 600 仿真秒至第 4200 仿真秒；点击连续仿真完成潮汐车道方案 VISSIM 模型的运行。

潮汐车道方案仿真模型示意图如图 4.5-10 所示。

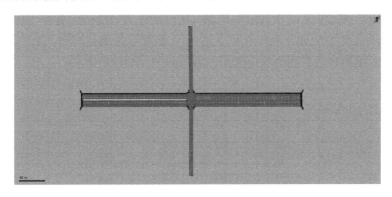

图 4.5-10　潮汐车道方案仿真模型示意图

6. 潮汐车道方案效果评价

潮汐车道方案效果评价包括路段运行状态评价和交叉口运行状态评价两个部分。路段运行状态通过路段平均运行速度这一指标来评价，反映北海路（华山路—衡山路）路段交通运行是否畅通；交叉口运行状态评价通过进口道平均排队长度、排队停车次数和平均行驶延误等指标来评价，反映北海路与泰山路交叉口的通行效率。

潮汐车道方案效果评价过程包括以下三个步骤：

（1）在 VISSIM 软件中，从“评估”→“结果列表”中查看潮汐车道方案的评价指标结果，以数据采集结果为例，各评价指标结果以表格的形式显示，如图 4.5-11 所示。

数据采集结果

选择设置文件……

计数: 8	仿真运行	时间间隔	数据采集测量	加速度(所有)	距离(所有)	长度(所有)	车辆(所有)	人数(所有)	排队延误(所有)	速度的算数平均值(所有)	速度的调和平均值(所有)	占有率(所有)
1	4	600-4200	1: 西进口车道1	-0.53	127.46	11.54	151	12080	0.10	26.59	22.07	9.83 %
2	4	600-4200	2: 西进口车道2	-0.03	126.73	4.47	729	1519	56.90	25.15	14.27	56.15 %
3	4	600-4200	3: 西进口	-0.11	126.86	5.68	880	13599	47.15	25.40	15.19	59.19 %
4	4	600-4200	4: 东进口车道1	0.17	151.39	5.12	492	4679	105.62	21.27	14.89	72.41 %
5	4	600-4200	5: 东进口车道2	0.00	151.28	5.22	313	3236	153.70	14.12	6.36	67.13 %
6	4	600-4200	6: 东进口	0.10	151.35	5.16	805	7915	124.31	18.49	9.79	88.71 %
7	4	600-4200	7: 南进口	0.08	78.40	6.02	260	6422	107.61	13.65	8.90	70.05 %
8	4	600-4200	8: 北进口	0.14	73.65	5.57	368	6372	66.45	16.56	9.03	69.29 %

图 4.5-11　潮汐车道方案仿真模型数据采集结果

（2）在评价指标结果表格中选择一个指标的各数据项（以平均运行速度为例），右键后点击"创建图表"→"针对所选的特征属性"，可将评价结果转化为条形图的形式进行展示，如图 4.5-12 所示。

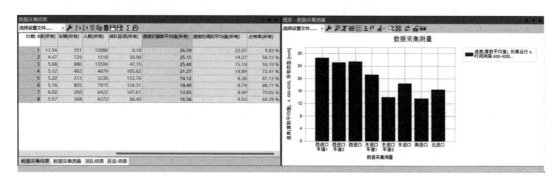

图 4.5-12　潮汐车道方案仿真模型平均运行速度统计图

（3）将潮汐车道方案路网评价结果和现状路网评价结果粘贴至 Excel 表格中，绘制条形图（以平均运行速度为例，如图 4.5-13 所示），对比分析现状路网和潮汐车道方案路网交通运行状态，进而评估潮汐车道方案对交通运行状态的改善效果。

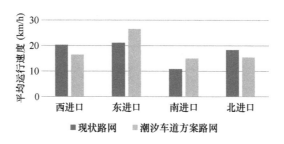

图 4.5-13　潮汐车道方案路网与现状路网平均运行速度对比图

4.5.6　实验效果

在潮汐车道设计实验中，学生利用 AutoCAD 软件对北海路（华山路—衡山路）路段及北海路与泰山路交叉口进行了潮汐车道方案设计，绘制了该路段及交叉口的平面设计图。设计内容包括潮汐车道线、潮汐车道停止线、车道行车方向信号灯和交叉口导向方向。通过 VISSIM 软件对设计方案进行了仿真分析，结果显示，设置潮汐车道提升了高峰时段潮汐车道所在路段的平均车速，降低了交叉口排队长度和车均延误，提升了高峰时段该路段和交叉口的运行效率。实验结果表明，潮汐车道能够充分利用道路通行能力，减少道路及交叉口拥堵，为城市交通管理提供了有力的参考和支持。

4.5.7　注意事项

（1）开展潮汐车道设计之前，需根据实际情况分析潮汐车道的适用性。

（2）VISSIM 仿真软件需要根据研究对象进行仿真参数的标定，以使得仿真对象更加接近实际情况。

4.5.8　思考题

（1）潮汐车道与可变车道的作用分别是什么，两者有哪些相同点和不同点？

（2）在实际工程应用中设置潮汐车道有哪些需要注意的事项？

4.6　施工区交通组织实验

4.6.1　实验原理

城市道路修建与养护、轨道交通系统建设、道路地下管线铺设等工程通常需要占用道路空间，严重影响城市道路交通运行和交通安全。科学、合理、有效的施工区交通组织措施能够减少交通冲突，提高道路的通行能力和服务水平，降低交通事故率，保证道路在施工期间正常施工和运营，控制道路改扩建及养护施工在交通方面带来的社会影响。

1. 施工作业区的组成

施工作业区由警告区、上游过渡区、缓冲区、工作区、下游过渡区和终止区六个区域组成，如图 4.6-1 所示。作业区限速值根据道路设计速度确定，限速过渡的差不宜超过 20km/h，可按每 200m 降低 20km/h 设置。作业区限速值及作业区各部分长度参照标准《道路交通标志和标线　第 4 部分：作业区》GB 5768.4—2017 中的规定设置。

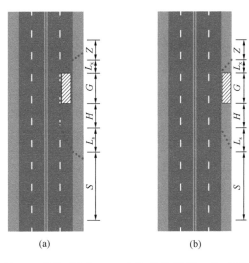

注：S—警告区长度；L_s—上游过渡区长度；H—缓冲区长度；G—工作区长度；L_x—下游过渡区长度；Z—终止区长度

图 4.6-1　施工作业区组成示意图

（a）占用车行道的作业区；（b）占用路肩的作业区

2. 作业区布置要求（详见《道路交通标志和标线　第 4 部分：作业区》GB 5768.4—2017）

（1）城市道路上与作业区相邻的机动车道宽度不应小于 2.75m，否则应封闭该车道。

（2）除移动作业外，必须设置渠化设施分隔作业区域和交通流，渠化设施的设置范围包括上游过渡区、缓冲区、工作区及下游过渡区。

（3）上游过渡区起点位置应设置限速标志，在缓冲区和工作区可根据需要重复设置；终止区末端对作业区的速度限制应予以解除；原路段限速值与作业区限速值差值较大时，宜进行限速过渡。

3. 作业区道路交通标志

在警告区起点、中点、封闭路段前方交叉口、缓冲区起点、终止区之后、作业区隔离设施等关键位置需要设置施工标志、车道数变少标志、改道标志、绕行标志、线形诱导标等交通标志，具体设置要求见标准《道路交通标志和标线　第 4 部分：作业区》GB

5768.4—2017，其中交通标志尺寸、颜色、图符等要素的设计要求见《道路交通标志和标线　第 2 部分：道路交通标志》GB 5768.2—2022。

4. 作业区道路交通标线

用于管制和引导施工作业期间的交通流，为临时性标线，应根据交通组织需要，按照标准《道路交通标志和标线　第 3 部分：道路交通标线》GB 5768.3—2009 的相应规定选用，标线颜色为橙色。

5. 施工区交通组织方法

常用的施工区交通组织方法包括增加车道数量、借用对向车道、借用非机动车道等渠化设计方法以及分离不同类别交通流、错时通行、单向控制、可变车道、左转禁行、绕行等区域交通流组织方法。

4.6.2　实验材料

（1）AutoCAD 软件 2020（学生电脑安装）。

（2）VISSIM 软件 2021（测试版本 SP00）（学生电脑安装）。

（3）Synchro 软件 7.0（学生电脑安装）。

（4）实训平台，地面道路场景。

4.6.3　实验目标

（1）认识施工区对道路交通运行产生的影响，了解施工区交通组织的重要性，掌握施工区交通组织方法。

（2）通过交通仿真实验，掌握施工区交通组织方案实施效果的评价方法，分析施工区交通组织方案实施前后交通运行效果变化，从而对施工区交通组织在缓解施工区交通拥堵方面的重要作用有深刻的认识。

4.6.4　实验内容

（1）施工区交通组织的认知：了解施工区交通组织的作用、施工作业区的组成、施工作业区布置要求、施工作业区标志标线及施工区交通组织方法。

（2）施工区交通组织方案设计：根据现状道路交通条件和给定施工作业区中工作区的位置，合理布置施工作业区，选择适宜的交通组织方法，利用 AutoCAD 软件，完成施工区周边道路渠化设计与交通标志标线等设施设计。

（3）施工区交通组织方案效果仿真实验：利用 VISSIM 软件，完成施工作业区布置方案和施工区交通组织方案的交通仿真模型构建与运行操作。

（4）施工区交通组织方案效果评价：了解施工区交通组织方案效果评价指标，提取仿真结果数据并进行统计分析，评价施工区交通组织方案对交通运行状态的改善效果。

4.6.5　实验步骤

实验采用人工设计与计算机仿真相结合的方法。实验步骤包括：

1. 了解施工区交通组织实验原理

结合 4.6.1 节及相关标准规范，学习并了解施工作业区的组成、布置要求、相关交通标志标线和常见的施工区交通组织方法。

2. 获取现状道路交通条件信息

本实验选择北海路（华山路—衡山路）路段及北海路—泰山路交叉口为对象，具体位置如图 4.6-2 中粗线框所示。其中，本实验拟定在北海路（华山路—泰山路）路段（东向西方向）最外侧机动车道设置施工工作区，具体位置如图 4.6-2 灰色阴影位置。

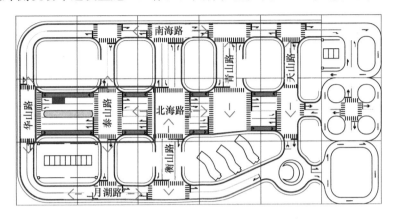

图 4.6-2　现状道路网及研究对象位置示意图

（1）获取现状道路条件信息：通过实训平台观察地面道路场景，了解现状道路网基本结构，从"施工区交通组织实验-现状路网.dwg"文件中获取现状道路网图纸，明确现状路网中北海路（华山路—衡山路）路段的车道数、横断面形式、车道宽度以及北海路与泰山路交叉口进出口车道数量、车道宽度、车道行驶方向等信息。现状道路网交通渠化设计示意图如图 4.6-3 所示。

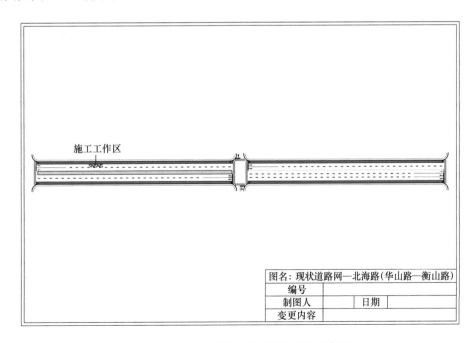

图 4.6-3　现状道路网交通渠化设计示意图

（2）获取现状交通条件信息：包括北海路（华山路—衡山路）路段及北海路—泰山路交叉口的交通流量和现状交叉口信号配时方案。本实验给出北海路—泰山路交叉口施工期间早高峰各进口转向流量，如表 4.6-1 所示，各路段的流量可根据北海路—泰山路交叉口对应转向流量计算得到。

北海路—泰山路交叉口施工期间早高峰各进口转向流量　　　　　表 4.6-1

车辆类型	西进口流量（veh/h）			东进口流量（veh/h）			北进口流量（veh/h）			南进口流量（veh/h）		
	左转	直行	右转	左转	直行	右转	左转	直行	右转	左转	直行	右转
小汽车	260	910	130	180	960	60	150	50	300	300	180	120
非机动车	26	91	13	18	96	6	15	5	30	30	18	12
公交车	20	30	20	20	30	20	12	10	12	12	10	12

现状信号配时包含两个相位，相位一为东西向直行左转，相位二为南北向直行左转，具体信号配时方案如图 4.6-4 所示。施工区交通组织方案的信号配时需根据表 4.6-1 中交叉口转向流量和设计方案中交叉口车道导向方向设计情况进行调整。

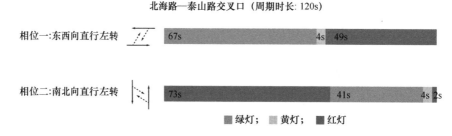

图 4.6-4　现状信号配时方案

3. 开展施工作业区布置方案设计

根据给定的施工作业区位置，开展施工作业区布置方案的设计。

（1）查询《城市道路交通组织设计规范》GB/T 36670—2018、《道路交通标志和标线　第 4 部分：作业区》GB 5768.4—2017、《道路交通标志和标线　第 3 部分：道路交通标线》GB 5768.3—2009、《道路交通标志和标线　第 2 部分：道路交通标志》GB 5768.2—2022、《城市道路交通标志和标线设置规范》GB 51038—2015 等标准规范，明确施工作业区布置及相关道路交通标志标线设置要求。

（2）根据施工作业区组成及布置要求，结合现状道路条件及给定的施工作业区中工作区位置信息，确定施工作业区范围，并利用 AutoCAD 软件，在现状道路网图纸的基础上，设计施工作业区布置方案，完成相应标志标线的绘制，各要素设计示例如下：

1）施工作业区的布置

根据《道路交通标志和标线　第 4 部分：作业区》GB 5768.4—2017 的要求及工作区的位置，首先确定施工作业区占用车道的情况，由于与工作区相邻的车道宽度为 3.5m，大于封闭车道宽度阈值 2.75m，因此施工作业区仅需占用工作区所在车道即可；其次确定各部分的长度：警告区 40m，上游过渡区 40m，缓冲区 40m，工作区 14m，下游过渡区 10m，终止区 10m；最后，工作区采用活动护栏的形式进行隔离，在图纸中进行标注（本示例中用圆点沿施工作业区边缘布置进行表示）。施工作业区组成示意图如图 4.6-5 所示。

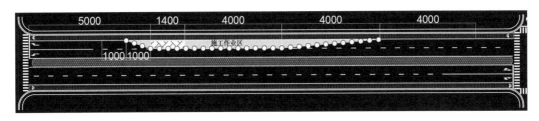

图 4.6-5　施工作业区布置示意图（单位：cm）

2）施工作业区交通标志的设置

施工作业区交通标志布置示意图如图 4.6-6 所示，其中交通标志包括：

① 施工区预告标志：设置于警告区起点（见图 4.6-6 ②号位置），并通过辅助标志注明到达上游缓冲区的距离。

② 车道数变少标志：设置于警告区中点（见图 4.6-6 ③号位置），提示前方道路车道数由三条减少为两条；在施工作业区所在路段的上游路段还需要设置车道数变少标志的预告标志（见图 4.6-6 ①号位置），在辅助标志中放置相应的车道数变少标志，并在下方用文字注明施工作业区所在路段名称。

③ 限速标志与解除限速标志：限速标志设置于上游过渡区起点（见图 4.6-6 ④号位置），本示例中施工作业区限速值设置为 30km/h；解除限速标志设置于终止区终点（见图 4.6-6 ⑦号位置）。

④ 线形诱导标：沿上游缓冲区隔离设施设置（见图 4.6-6 ⑤号位置），采用向右行驶的线形诱导标，引导车辆从施工作业区所在车道向右侧车道汇入。

⑤ 施工区结束标志：设置于终止区终点（见图 4.6-6 ⑥号位置），并通过辅助标志注明结束字样，指示车辆离开施工作业区路段。

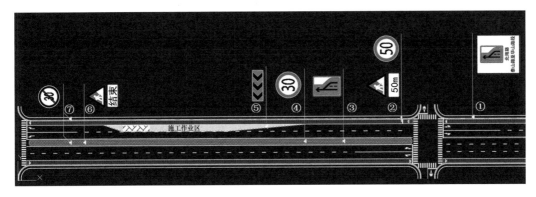

图 4.6-6　施工作业区交通标志布置示意图

施工作业区布置方案设计示意图如图 4.6-7 所示。

4. 施工作业区影响仿真实验

为了评估施工作业区对道路及交叉口运行状态的影响，需要基于施工作业区布置方案进行仿真实验，具体步骤如下：

（1）模型构建：在 VISSIM 软件左侧路网对象栏中选择"背景图片"，在路段编辑器空白处右键点击"添加背景图片"，将施工作业区布置方案设计图纸导入 VISSIM 软件中；

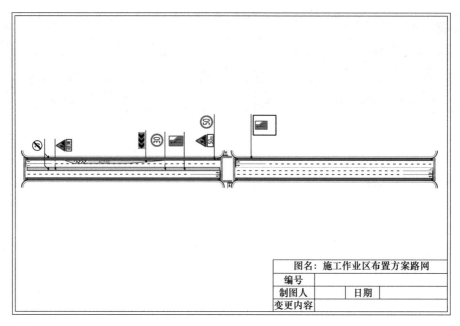

图 4.6-7 施工作业区布置方案设计示意图

选中背景图片，鼠标右键点击"设置比例"，按住"Ctrl"同时按住左键画出一个车道的长度，输入一条车道宽度的长度，完成比例尺设置；在路网对象栏中选择"障碍物"，按住"Ctrl"同时按住右键画出施工作业区范围；在路网对象栏中选择"路段"，按住"Ctrl"同时按住右键画出路段及交叉口连接段，完成交通仿真路网模型构建。

（2）设置交通仿真模型参数：在 VISSIM 软件中，路网对象栏中选择"车辆输入"，按住"Ctrl"同时右键点击交叉口各进口道路段，设置交叉口各进口道机动车和非机动车流量；在路网对象栏中选择"车辆路径"，按住"Ctrl"同时右键点击交叉口各进口道路段，再拖动至其他三个方向出口道路段，设置交叉口各进口道转向流量比例；在路网对象栏中选择"公交线路"，按住"Ctrl"同时右键点击交叉口各进口道路段，再拖动至其他三个方向出口道路段，设置公交线路，并通过设置发车时刻表完成公交车流量输入，通过设置"占有"参数设置公交车载客人数；在路网对象栏中选择"冲突区域"→"显示列表"，在列表中逐一选择并右键点击每一个机动车道冲突区，设置冲突让行规则；菜单栏中选择"信号控制"→"信号控制机"→鼠标右击后选择"添加"→"编辑信号控制机"，设置交叉口信号配时方案；在路网对象栏中选择"信号灯头"，按住"Ctrl"同时右键点击交叉口各转向方向对应的路段连接器，设置信号灯。

（3）设置交通仿真数据检测器：在 VISSIM 软件路网对象栏中选择"数据采集点"，按住"Ctrl"同时右键点击交叉口上游路段各车道和施工作业区所在路段各车道，设置数据采集点，用于采集各车道上的交通流量、运行速度等信息；在路网对象栏中选择"车辆出行时间"，按住"Ctrl"同时右键点击交叉口进口道路段，再拖动至其他三个出口道路段，设置交叉口各转向方向上的行程时间检测区间，用于采集各转向方向的车辆平均行程时间和延误等信息；在路网对象栏中选择"排队计数器"，按住"Ctrl"同时右键点击交叉口各进口道路段停车线位置，设置排队计数器，用于检测交叉口各进口道的排队车辆数、排队长度等信息。

（4）仿真参数和评价设置：在菜单栏中选择"仿真"→"参数"，配置仿真运行时间为 0～4200 仿真秒，其中前 600 仿真秒为预运行时间，后 3600 仿真秒为正式运行时间；在菜单栏中选择"评估"→"测量定义"，设置数据采集和延误采集的所有统计对象；在菜单栏中选择"评估"→"配置"，勾选用于施工作业区布置方案影响评价的采集数据项，并将采集时间设置为从第 600 仿真秒至第 4200 仿真秒；点击连续仿真完成施工作业区布置方案 VISSIM 模型的运行。

施工作业区布置方案仿真模型示意图如图 4.6-8 所示。

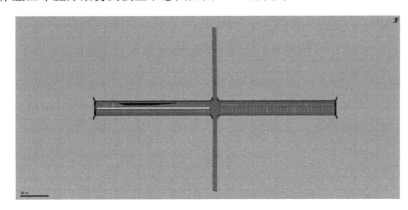

图 4.6-8　施工作业区布置方案仿真模型示意图

5. 施工作业区布置方案影响评价

施工作业区布置方案影响评价包括路段运行状态评价和交叉口运行状态评价两个部分。路段运行状态通过路段平均运行速度来评价，包括施工区路段和邻近路段的平均运行速度，反映北海路（华山路—衡山路）路段交通运行是否畅通；交叉口运行状态评价通过进口道平均排队长度、排队停车次数和平均行驶延误等指标来评价，反映北海路—泰山路交叉口的通行效率。

施工作业区布置方案影响评价过程包括以下三个步骤：

（1）在 VISSIM 软件中，从"评估"→"结果列表"中查看施工作业区布置方案的评价指标结果，以数据采集结果为例，各评价指标结果以表格的形式显示，如图 4.6-9 所示。

计数: 9 仿真运行	时间间隔	数据采集测量	加速度(所有)	距离(所有)	长度(所有)	车辆(所有)	人数(所有)	排队延误(所有)	速度的算数平均值(所有)	速度的调和平均值(所有)	占有率(所有)
1 19	600-4200	1: 西进口车道1	0.28	150.54	4.87	566	526	90.68	21.66	10.62	55.83 %
2 19	600-4200	2: 西进口车道2	0.04	150.45	4.75	369	350	142.27	17.15	8.69	62.35 %
3 19	600-4200	3: 西进口	0.18	150.50	4.82	935	876	111.04	19.88	9.76	84.82 %
4 19	600-4200	4: 东进口车道1	0.09	151.40	4.82	465	436	109.39	20.23	13.97	69.07 %
5 19	600-4200	5: 东进口车道2	0.13	151.31	4.78	467	440	115.58	16.15	8.18	62.56 %
6 19	600-4200	6: 东进口	0.11	151.35	4.80	932	876	112.49	18.18	10.31	85.75 %
7 19	600-4200	7: 南进口	0.09	78.39	4.60	300	268	113.62	14.16	7.93	68.68 %
8 19	600-4200	8: 北进口	0.10	73.64	4.62	460	462	54.65	16.94	10.63	60.12 %
9 19	600-4200	9: 施工车道	0.65	310.73	4.64	1087	1045	146.11	31.13	29.78	16.59 %

图 4.6-9　施工作业区布置方案仿真模型数据采集结果

（2）在评价指标结果表格中选择一个指标的各数据项（以平均运行速度为例），右键点击"创建图表"→"针对所选的特征属性"，可将评价结果转化为柱状图的形式进行展示，如图 4.6-10 所示。

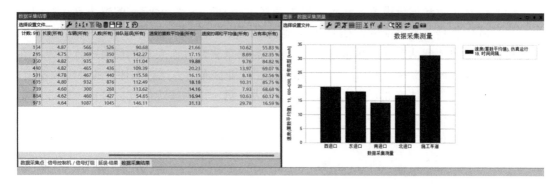

图 4.6-10　施工作业区布置方案仿真模型平均车速统计图

（3）将施工作业区布置方案路网评价结果和现状路网评价结果粘贴至 Excel 表格中，绘制柱状图（以平均运行速度为例，如图 4.6-11 所示），对比分析现状路网和施工作业区布置方案路网交通运行状态，进而评估施工作业区对交通运行状态的影响。

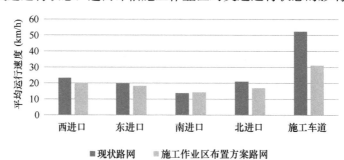

图 4.6-11　施工作业区布置方案路网与现状路网平均运行速度对比图

6. 开展施工区交通组织方案设计

针对施工作业区的影响，选择适宜的施工区交通组织方法，利用 AutoCAD 软件，设计施工区交通组织方案，完成相应渠化设施及标志标线的绘制，施工区交通组织设计示例如下：

为缓解施工作业区路段车道数量减少对交通运行带来的压力，本示例对施工作业区路段进行渠化设计，通过拆除机非隔离带、增加车道的方式，提升该路段道路通行能力，进而缓解增加的交通负荷。施工作业区渠化设计示意图如图 4.6-12 所示。在上游过渡区前，道路渠化保持不变，为两条车道，车道宽度均为 3.5m；上游过渡区后，拆除机非隔离带，

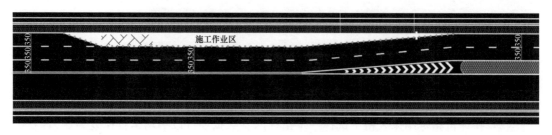

图 4.6-12　施工作业区渠化设计示意图

增加的空间用于增设一条车道，使道路保持三条车道，车道宽度均为 3.5m；下游过渡区后，施工作业区占用的车道恢复通行，车道数量变为三条，其中车道宽度均为 3.5m。

之后参照步骤 3→（2）→2）中要求完成施工作业区交通标志的设置。施工区交通组织方案设计示意图如图 4.6-13 所示。

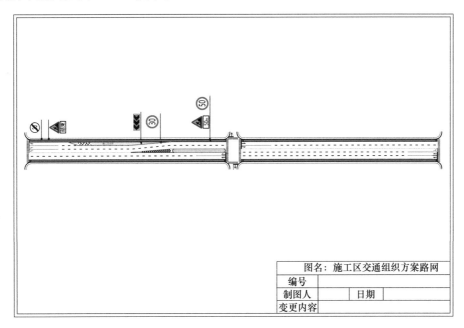

图 4.6-13　施工区交通组织方案设计示意图

7. 施工区交通组织方案效果仿真实验

参照步骤 4，完成施工区交通组织方案仿真模型构建和运行。如施工区交通组织方案涉及交叉口导向方向变化，需要重新设计信号配时方案时，可参照实验 4.5 中步骤 5 中（2）的方法完成新的信号配时方案设计。

施工区交通组织方案仿真模型示意图如图 4.6-14 所示。

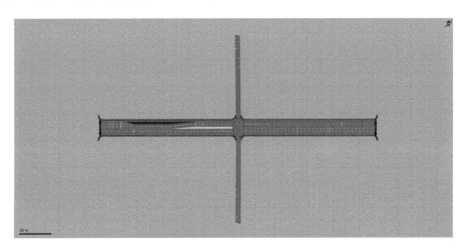

图 4.6-14　施工区交通组织方案仿真模型示意图

8. 施工区交通组织方案效果评价

参照步骤5，对比分析施工区交通组织方案路网、施工作业区布置方案路网与现状路网的交通运行状态，进而评估施工区交通组织方案对道路网交通运行状态的改善效果。

4.6.6 实验效果

在施工区交通组织实验中，学生利用 AutoCAD 软件对北海路（华山路—衡山路）路段及北海路—泰山路交叉口进行了施工作业区布置方案和施工区交通组织方案设计，绘制了该路段及交叉口的平面设计图。设计内容包括施工作业区布置、施工作业区标志标线设计、施工区路网渠化设计以及信号配时方案优化等交通组织方案设计。通过 VISSIM 软件对设计方案进行了仿真分析，结果显示：施工作业区的设置不仅会显著降低该施工作业区所在路段的平均运行速度，同时也会对周边路段及交叉口的运行效率产生不利影响；对施工作业区进行合理的交通组织，如交通渠化、信号配时优化等，可以有效缓解施工作业区对周边道路及交叉口的影响，改善施工期间路网交通运行状态。

4.6.7 注意事项

（1）施工区交通组织涉及较为系统的相关标准规范，需详细查阅后再开展相关方案设计。

（2）VISSIM 仿真软件需要根据研究对象进行仿真参数的标定，以使得仿真对象更加接近实际情况。

4.6.8 思考题

（1）在实际工程应用中，布置施工作业区有哪些需要注意的事项？

（2）施工区周边道路交通组织优化的原则是什么？

第 5 章　交通信息采集类实验

5.1　线圈检测器交通流检测实验

5.1.1　实验原理

1. 环形线圈工作原理

环形线圈工作的本质是线圈中总电感的变化，包括线圈自感和线圈与车辆间互感两部分。

线圈自感：环形线圈自感的大小取决于线圈的周长、环绕面积、匝数及周围介质情况。当车辆进入环形线圈时，改变了线圈周围的介质情况，铁磁车体使导磁率增加，从而自感量增大。

线圈与车辆间互感：环形线圈加上交变电流，在其周围产生了交变电磁场。当铁磁性的车体进入环形线圈时，车体内就会产生涡流。此涡流会损耗环形线圈产生的电磁能，即此涡流产生的磁场与原磁场方向相反，对环形线圈的磁场具有去磁作用，因此，会使环形线圈的电感量减少。在检测时，车辆可以被等效地看成是具有一定电路参数的电路，它与环形线圈之间存在一定的互感。

2. 基于环形线圈的车流量统计工作原理

如图 5.1-1 所示，电流通过环形线圈时，在其附近形成一个电磁场，当车辆通过环形地埋线圈或停在环形地埋线圈中时，车辆自身铁质切割磁通线，引起线圈回路电感量的变化，检测器通过检测该电感变化量就可以推断是否有车辆通过，通过计数器便可统计车流量。

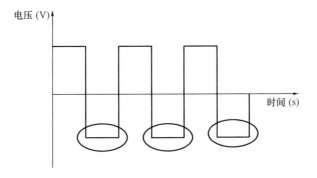

图 5.1-1　环形线圈检测数据样例

5.1.2　实验材料

本实验所需要的材料如下：

（1）微缩智能车，4 辆。

（2）环形线圈，2 个。

5.1.3 实验目标

（1）了解线圈检测器的工作原理。

（2）掌握基于线圈检测数据的车流量检测方法。

5.1.4 实验内容

（1）环形线圈检测器的基本工作原理。

（2）基于检测线圈反馈的高低电平数据，进行绘图，捕获车辆在通过线圈的整个过程中电平的变化规律。

（3）根据捕获的电平变化规律，统计车流量。

5.1.5 实验步骤

实验准备（由实验老师完成）：图 5.1-2 为微缩智能车路线图（虚线为路径），首先考虑到放置小车的便捷性，在路径适当位置放置 4 辆微缩智能车于行驶路线上，并使车辆保持一定的距离；然后，手持小车，贴近路面，来回移动几次，使得微缩智能车被实训平台路面上的 RFID 感应到；最后，打开中控系统界面。

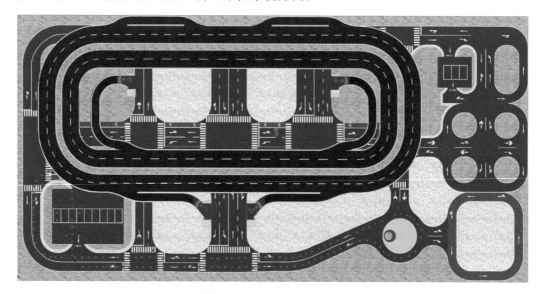

图 5.1-2　微缩智能车路线图

后续实验步骤如下：

（1）图 5.1-3 为中控系统界面，在左上方的"在线小车"栏中可以看到识别到的微缩智能车 ID，鼠标点击选中后，点击"≫"，表示本次实验用的车辆信息选择完成。

（2）在"已有路径"选项中，选择"感应控制线路"，表明车辆的行驶路径选择，然后点击"上传"，把路径信息下发给微缩智能车。

（3）在"指令"选择框中选择"开始演示"，并点击"下发"按钮，把开始演示的指令传送给微缩智能车，小车开始按路径行驶。待车辆至少行驶一圈，选择"停止演示"，则车辆停止。

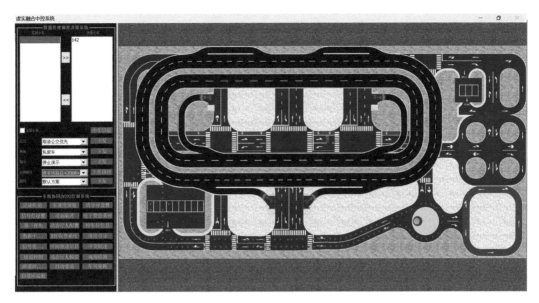

图 5.1-3　中控系统界面

（4）点击图 5.1-3 左下方的"交通检测"，进入交通流实时统计界面，如图 5.1-4 所示。

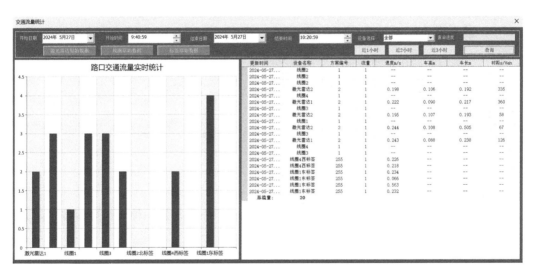

图 5.1-4　交通流实时统计界面

5.1.6　实验效果

基于环形线圈的交通流检测结果进行可视化展示，如图 5.1-5 所示，可灵活选择实验时间段内的数据结果，通过"查询"可以看到哪个检测器在何时检测到有车辆通过。通过"导出"可以把原始数据保存至本地电脑中，自行进行数据处理工作。

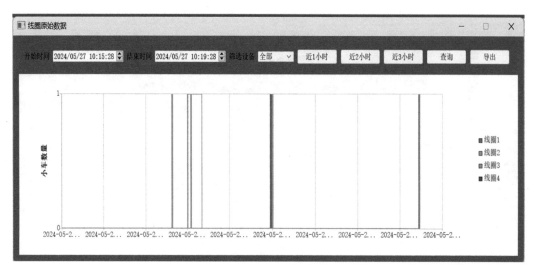

图 5.1-5　基于环形线圈的交通流检测结果可视化展示

5.1.7　注意事项

（1）在"在线小车"栏中查看车辆 ID，确保所有实验车辆被实训平台成功识别。

（2）摆放小车时应注意保持车辆距离，避免车辆跟车过近，造成误检。

5.1.8　思考题

（1）线圈检测器在检测过程中会出现哪些类型的检测误差？

（2）何种情况会影响线圈检测器的检测精度？

5.2　RFID 定位与信息采集实验

5.2.1　实验原理

1. RFID 工作原理

无线射频识别（Radio Frequency Identification，RFID）是一种无线通信技术，其检测工作原理如下：

（1）标签（Tag）：每个微缩智能车都附有一个 RFID 标签，标签中包含一个芯片和一个天线。芯片存储着物品的唯一识别码和其他相关信息，而天线用于接收和发送无线电信号。

（2）读写器（Reader）：读写器通过无线电信号与 RFID 标签进行通信。读写器发送一个特定的 RFID 信号，当该信号与附近的标签相遇时，标签接收信号并返回存储在芯片中的信息。

（3）识别过程：当 RFID 标签与读写器通信时，读写器会发送一个特定的信号，激活附近的标签。标签接收到信号后，会回传存储在芯片中的信息，如车辆的唯一识别码。读写器接收到这些信息后，可以将其传输到后端系统进行处理。

2. 基于 RFID 的车流量统计工作原理

当车辆经过 RFID 时，后端系统接收到读写器传来的信息后，可以根据车辆的唯一识别码来识别、追踪车辆位置。通过对这些数据进行处理和分析，便可实现车辆计数。

5.2.2　实验材料

本实验所需要的材料如下：

（1）微缩智能车，4 辆。

（2）RFID，1 个。

5.2.3　实验目标

（1）了解 RFID 的检测原理。

（2）掌握基于 RFID 的车流量检测方法。

5.2.4　实验内容

（1）RFID 车辆检测的基本工作原理。

（2）基于 RFID 反馈的电流脉冲数据，进行绘图，捕获车辆在通过 RFID 的整个过程中电流的变化规律。

（3）根据捕获的电流变化规律，统计车流量。

5.2.5　实验步骤

实验准备（由实验老师完成）：本实验的微缩智能车路线图与 5.1 节的实验线路一致。首先，考虑到放置小车的便捷性，在路径适当位置放置 4 辆微缩智能车于行驶路线上，并确保 4 辆车辆保持一定的距离；然后，手持小车，贴近路面，来回移动几次，使得微缩智能车被实训平台路面上的 RFID 感应到；最后，打开中控系统界面。

后续实验步骤如下：

（1）同 5.1 节实验步骤（1）。

（2）在"已有路径"选项中，选择"感应控制线路"，表明车辆的行驶路径选择，然后点击"上传"按钮，把路径信息下发给微缩智能车。

（3）在"指令"选择框中选择"开始演示"，并点击"下发"，把开始演示的指令传送给微缩智能车，小车开始按路径行驶；待车辆至少行驶一圈后，选择"停止演示"，则车辆停止。

（4）点击中控界面左下方的"交通检测"，进入数据获取界面获取检测数据（本地数据导出形式）。

（5）点击"标签原始数据"，查看并导出数据。

5.2.6　实验效果

基于不同 RFID 的检测结果进行可视化展示，如图 5.2-1 所示，可灵活选择实验时间段内的数据结果，通过"查询"可以看到哪个检测器在何时检测到有车辆通过；通过"导出"可以把原始数据保存至本地电脑中，自行进行数据处理工作。

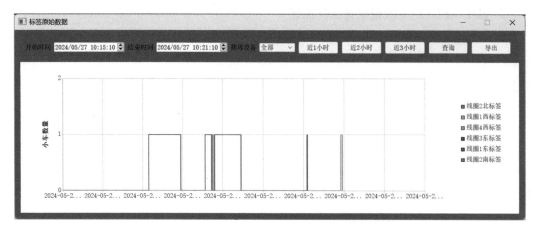

图 5.2-1　基于不同 RFID 的检测结果可视化展示

5.2.7　注意事项

（1）在"在线小车"栏中查看车辆 ID，确保所有实验车辆被实训平台成功识别。

（2）摆放小车时应注意保持车辆距离，避免车辆跟车过近，触发避撞急刹功能，造成走走停停的现象。

5.2.8　思考题

（1）简述 RFID 相较于线圈检测器在交通流量检测上的异同点。

（2）简述在哪些交通环境中适合采用 RFID 信息采集技术。

（3）车辆跟车过近是否会影响 RFID 的检测结果？

5.3　激光雷达检测技术实验

5.3.1　实验原理

以单目标检测为例，分别介绍激光雷达测距的基本原理和基于雷达数据的车流量统计原理。

1. 激光雷达测距的基本原理

如图 5.3-1 所示，雷达发射信号，经过时间 τ 后，接收天线收到目标反射回来的信号，其频率差为 $S \cdot \tau$，其中 S 为信号的斜率，τ 为延时，即中频信号的频率 $f_0 = S \cdot \tau$。

由于延时 τ 与目标距离的关系见式（5.3-1）：

$$\tau = 2d/c \qquad (5.3\text{-}1)$$

式中　d——雷达与目标之间的径向距离（m）；

　　　c——光速（m/s）。

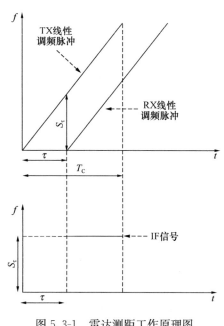

图 5.3-1　雷达测距工作原理图

因此，可得 $d = \frac{\tau c}{2} = \frac{f_0 c}{2S}$。

2. 基于雷达数据的车流量统计原理

当车辆经过雷达下方路段时，雷达的检测距离将会减小；当车辆驶离雷达下方时，雷达的检测距离则会返回原始状态。根据距离曲线的变化判别车辆到达情况，进而实现车流量统计。

5.3.2　实验材料

本实验所需要的材料如下：

（1）微缩智能车，3 辆。

（2）雷达检测器，2 个。

5.3.3　实验目标

（1）掌握雷达测距的计算方法。

（2）了解基于雷达数据的车流量统计方法。

5.3.4　实验内容

（1）了解雷达测距的原理。

（2）获取雷达测距的实验数据。

（3）分析数据，获取车流量。

5.3.5　实验步骤

实验准备（由实验老师完成）：本实验的微缩智能车路线图与 5.1 节的实验路线一致，首先，考虑到放置小车的便捷性，在路径适当位置放置 3 辆微缩智能车于行驶路线上，并确保 3 辆车辆保持一定的距离；然后，手持小车，贴近路面，来回移动几次，使得微缩智能车被实训平台路面上的 RFID 感应到；最后，打开中控系统界面。

实验后续的具体步骤如下：

（1）同 5.1 节实验步骤（1）。

（2）在"已有路径"选项中，选择"感应控制线路"，表明车辆的行驶路径选择，然后点击"上传"，把路径信息下发给微缩智能车。

（3）在"指令"选择框中选择"开始演示"，并点击"下发"，把开始演示的指令传送给微缩智能车，小车开始按路径行驶。待车辆至少行驶一圈后，选择"停止演示"，则车辆停止。

（4）点击中控界面左下方的"交通检测"，进入数据获取界面获取检测数据（本地数据导出形式）。

（5）点击"激光雷达原始数据"，查看并导出数据。

5.3.6　实验效果

点击"原始数据"弹出原始检测数据界面，如图 5.3-2 所示，填写始末时间后，点击

"查询"，便可得到采样距离信息。点击"导出"，将原始数据以 EXCEL 格式保存到本地电脑中（自选文件保存路径）。

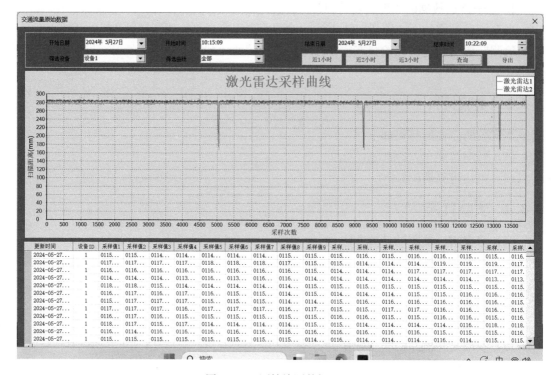

图 5.3-2 原始检测数据界面

图 5.3-2 中的每个采样值为十六进制数据，以"010B0109"为例，其前四位"010B"为雷达 1 反馈数据，后四位"0109"为雷达 2 反馈数据，把十六进制转换为十进制数值，获得距离值。如 $010B = 11 \times 16^0 + 0 \times 16^1 + 1 \times 16^2 + 0 \times 16^3 = 267$（此处不与真实距离进行单位换算）。同理，其他采样点的距离计算亦是如此。

5.3.7 注意事项

（1）在"在线小车"栏中查看车辆 ID，确保所有实验车辆被实训平台成功识别。

（2）摆放小车时应注意保持车辆距离，避免车辆跟车过近，造成误检。

5.3.8 思考题

（1）当前基于雷达检测的车流量统计方法有哪些缺陷？有没有提升的办法？

（2）简述雷达安装（侧装或顶装）的适用场景？

5.4 视频检测技术实验

5.4.1 实验原理

视频检测技术的实验原理如图 5.4-1 所示，其主要包含以下五个步骤：

1. 目标检测

首先，使用预训练的深度学习目标检测模型（如 YOLO 或 SSD）检测视频帧中的目标物体，并获取它们的边界框。

2. 特征提取

对于每个检测到的目标，使用深度学习模型（如卷积神经网络）提取特征向量。这些特征向量可以捕捉到目标的特征属性，用于后续的目标关联。

3. 目标关联

使用 SORT 算法进行目标关联。SORT 算法通过计算目标之间的相似度（通常使用特征向量之间的欧氏距离），将当前帧的目标与上一帧的目标进行匹配。匹配过程中考虑目标位置、速度和特征相似度等因素。

4. 标识管理

为每个目标分配唯一的标识符，并对其进行跟踪。如果目标在连续的帧中消失，Deep SORT 可以通过历史信息进行重新关联。

5. 车型车流统计

使用大量的车辆类型图片数据训练模型，实现对视频中车辆车型的辨识和计数。

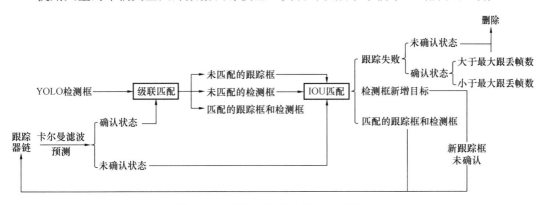

图 5.4-1　视频检测技术的实验原理图

5.4.2　实验材料

本实验所需要的材料如下：

（1）微缩智能车，4 辆。

（2）路侧摄像头，1 个。

5.4.3　实验目标

（1）了解视频中移动物体的标定原理。

（2）了解基于视频的车流量统计原理。

5.4.4　实验内容

（1）基于视频图像的移动目标辨识实验。

（2）基于视频的车流量监测实验。

5.4.5 实验步骤

实验准备（由实验老师完成）：图 5.4-2 为确保微缩智能车路线图，由匝道入口进入高架。首先，在匝道入口依次放置车辆，并确保 3 辆车保持一定的距离。然后，手持小车，贴近路面，来回移动几次，使得微缩智能车被实训平台路面上的 RFID 感应到。最后，打开中控系统界面。

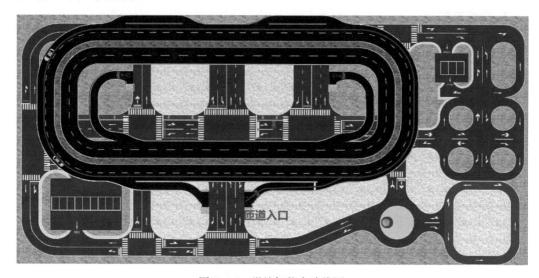

图 5.4-2　微缩智能车路线图

后续实验步骤如下：

（1）点击中控系统界面右下角按钮框中的"车流统计"，弹出基于视频的车流统计信息窗，如图 5.4-3 所示。

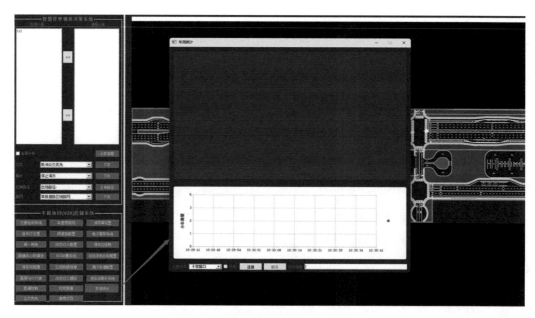

图 5.4-3　基于视频的车流统计信息窗

（2）点击图 5.4-3 中的"连接"，则会接入对应的视频数据，显示在信息窗中，当有车辆出现在视频界面中，图像上会出现移动目标的检测框，检测框上方显示车辆车型和该车型对应的车流量统计结果，如图 5.4-4 所示。

图 5.4-4　车辆车型辨识和该车型对应的车流量统计结果

（3）点击"断开"，则结束视频检测，并停止录制视频。

（4）获取原始视频数据（视频存放在中控目录下的 Video 文件夹中）。

（5）视频数据处理与分析。

5.4.6　实验效果

当小车出现在摄像头视野范围内时，则出现辨识标记；当小车进入检测框中便开始计数，统计结果以检测框内的车辆数为准。

5.4.7　注意事项

（1）在"在线小车"栏中查看车辆 ID，确保所有实验车辆被实训平台成功识别。

（2）视频处理会占用较大的内存和空间，所以应避免视频录制时间过长。

5.4.8 思考题

（1）什么情况下会影响基于视频的车流量检测精度？

（2）视频检测有什么缺陷？是否可以和其他检测器结合使用？

5.5 路段区间测速实验

5.5.1 实验原理

如图 5.5-1 所示，同一路段设两个相邻的测速点，通过测验同一辆车经过两个测速点的时间差计算车辆在此期间的区间速度。其中，本实验采用 RFID 进行车辆标识，用以识别通行车辆，其工作原理可参考 5.2.1 节。

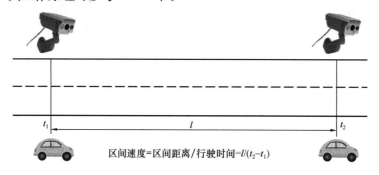

区间速度=区间距离/行驶时间=$l/(t_2-t_1)$

图 5.5-1　区间测速原理图

5.5.2 实验材料

本实验所需要的材料如下：

（1）微缩智能车，3 辆。

（2）路侧摄像系统，2 套。

5.5.3 实验目标

（1）了解区间测速的原理。

（2）掌握区间测速的计算方法。

5.5.4 实验内容

（1）获取区间测速的实验数据。

（2）通过数据分析，实现车速计算和超速识别。

5.5.5 实验步骤

实验准备（由实验老师完成）：首先，在匝道入口依次放置 3 辆车，并确保 3 辆车保持一定的距离。然后，手持小车，贴近路面，来回移动几次，使得微缩智能车被实训平台路面上的 RFID 感应到。最后，打开中控系统界面。

后续步骤如下：

（1）打开中控系统界面，在左上方的"在线小车"栏中可以看到识别到的微缩智能车ID，点击"选择"后，表示本次实验用的车辆信息选择完成。

（2）在"已有路径"选项中，选择"感应控制线路"，表明车辆的行驶路径选择，然后点击"上传"，把路径信息下发给微缩智能车。

（3）在"指令"选择框中选择"开始演示"，并点击"下发"，把开始演示的指令传送给微缩智能车，微缩智能车开始按路径行驶。

（4）待车辆至少行驶一圈，选择"停止演示"，则车辆停止。

（5）点击中控界面的"区间测速信息"，弹出窗口，选择填写实验始末时间，随后点击"查询"，便可看到区间测速曲线图及其他信息（如检测器ID、进出测速区间时间点、平均速度等）。

（6）保存数据到本地路径。

5.5.6　实验效果

基于所得原始数据，开展如下工作：

（1）计算微缩智能车行驶过程的平均行驶速度。

（2）与限速进行比对，判定是否超速或低速行驶。

（3）根据提供的瞬时速度值，画出速度时序图，分析其波动情况。

区间测速数据查询界面如图 5.5-2 所示。

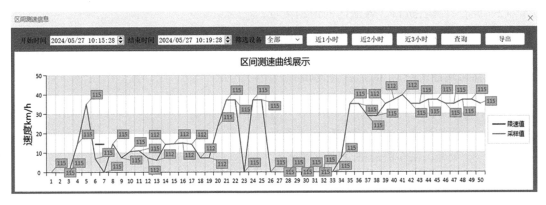

图 5.5-2　区间测速数据查询界面

5.5.7　注意事项

（1）在"在线小车"栏中查看车辆ID，确保所有实验车辆被实训平台成功识别。

（2）摆放微缩智能车时应注意保持车辆距离，避免车辆跟车过近，触发避撞急刹功能，造成走走停停的现象。

5.5.8　思考题

（1）在区间测速段，忽慢忽快是否可行？

（2）简述高速公路上区间测速的测速段如何选择？

第6章 交通信号控制类实验

6.1 单点交叉口信号控制配时设计实验

6.1.1 实验原理

信号控制只按照单个交叉口的交通情况独立运行，不与其邻近交叉口的控制信号有任何关联的，称为单点交叉口信号控制，也称单点信号控制，俗称"点控制"。这是交叉口交通信号控制的最基本形式。单点交叉口信号控制方式的优点是灵活、简单。由于与相邻交叉口的信号配时没有关联，控制参数主要有周期长度和绿信比。单点交叉口定时信号配时设计主要包括：时段划分、设计交通量的确定、确定信号相位方案、配时参数的计算、性能评估。单点交叉口定时信号配时设计流程图如图6.1-1所示。在信号配时设计过程中，不断对设计方案进行论证、对信号配时方案进行修改和完善。

主要计算过程如下：

（1）调查交叉口高峰小时各方向的交通流量；

（2）调查计算各进口、各流向的饱和流量；

（3）计算各进口的交通流量比、信号损失时间；

（4）计算周期时长、绿信比等配时参数。

韦氏信号周期时长 C_0 的计算公式如下：

$$C_0 = \frac{1.5L + 5}{1 - Y} \tag{6.1-1}$$

式中 L——全部关键车流总的损失时间（s）；

Y——全部关键车流总的交通流量比。

总有效绿灯时间 G_e：

$$G_e = C_0 - L \tag{6.1-2}$$

各相位的有效绿灯时间 g_{ei}：

$$g_{ei} = G_e \cdot \frac{\max(y_{i1}, y_{i2}, \cdots, y_{ij})}{Y} \tag{6.1-3}$$

式中 y_{ij}——第 i 个相位第 j 个交通流向的流量比。

各相位绿信比 λ_i：

$$\lambda_i = \frac{g_{ei}}{C_0} \tag{6.1-4}$$

6.1.2 实验材料

（1）微缩智能车，2辆。

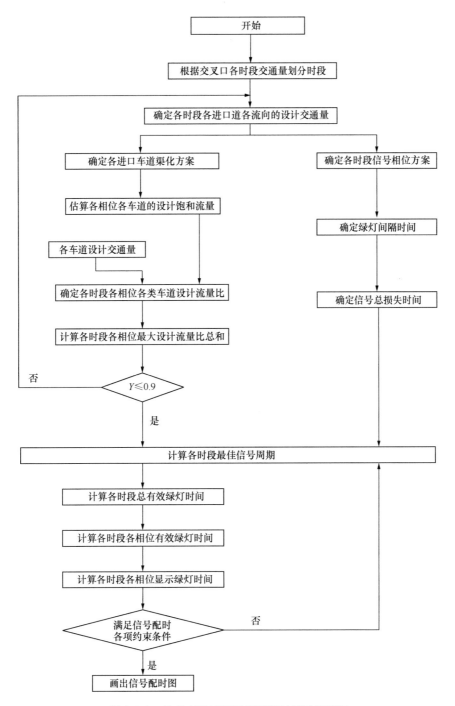

图 6.1-1　单点交叉口定时信号配时设计流程图

（2）中控系统，1 套。

（3）交通信号机及信号灯，1 套。

（4）交通信号配时系统，1 套。

（5）实训平台，交叉口场景。

6.1.3 实验目标

（1）掌握单点交叉口定时信号配时的原理与流程。

（2）熟悉交通信号机的操作方法、掌握交通信号机的单点信号配时操作。

（3）熟练使用微观交通仿真相关软件进行单点交叉口定时控制仿真与评价分析。

6.1.4 实验内容

（1）根据实训平台 9 号交叉口的道路交通条件，进行交通信号配时方案计算，确定周期、绿灯时长、黄灯时长和红灯时长等参数。

（2）对 9 号交叉口的交通信号机进行操作，将上述配时方案输入信号机中，在实训平台进行效果展示。

（3）通过上位机中控系统对 9 号交叉口的配时进行操作，将配时方案输入信号机，在实训平台进行效果展示。

（4）使用交通仿真软件进行单点交叉口定时控制仿真实验，评价配时方案的交通运行效率。

6.1.5 实验步骤

（1）调查 9 号交叉口的渠化状况、交通流量等信息，交通流量示例如表 6.1-1 所示。

<table>
<tr><td colspan="4" align="center">交通流量示例</td><td align="right">表 6.1-1</td></tr>
<tr><td align="center">进口</td><td align="center">右转车辆数（veh/h）</td><td colspan="2" align="center">直行车辆数（veh/h）</td><td align="center">左转车辆数（veh/h）</td></tr>
<tr><td align="center">东进口</td><td align="center">330</td><td colspan="2" align="center">1500</td><td align="center">425</td></tr>
<tr><td align="center" rowspan="2">南进口</td><td align="center" rowspan="2">350</td><td align="center">车道 1</td><td align="center">550</td><td align="center" rowspan="2">450</td></tr>
<tr><td align="center">车道 2</td><td align="center">600</td></tr>
<tr><td align="center">西进口</td><td align="center">250</td><td colspan="2" align="center">1100</td><td align="center">480</td></tr>
<tr><td align="center" rowspan="2">北进口</td><td align="center" rowspan="2">300</td><td align="center">车道 1</td><td align="center">700</td><td align="center" rowspan="2">420</td></tr>
<tr><td align="center">车道 2</td><td align="center">650</td></tr>
</table>

（2）按照单点交叉口定时信号配时原理与流程进行信号配时设计，相位图和配时图如图 6.1-2 和图 6.1-3 所示。

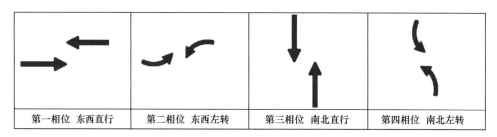

图 6.1-2　相位图

（3）学生操作信号机，配置上述相位并输入相应配时，具体步骤如下：

1）相位设置：从主菜单选择"7）相位排列"进入"相位排列组合表"（图 6.1-4）

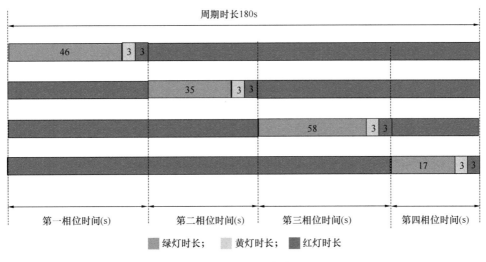

图 6.1-3　配时图

设定相位控制编号（如"12"）。按照图 6.1-2 所示的四个相位（东西直行、东西左转、南北直行、南北左转）设置相位数"04"与每一相位各方向的灯态组合，保存退出。

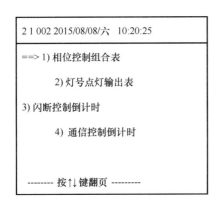

图 6.1-4　相位控制组合

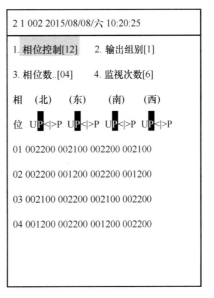

注：设定"0"表示该灯组熄灭；设定"1"表示该灯组输出绿灯；设定"2"表示该灯组输出红灯；设定"3"表示该灯组输出黄闪。

图 6.1-5　相位设置

　　2）信号配时设置：从主菜单选择"4）配时方案"，首先给定一个"配时方案编号"如"003"，进行"黄灯 3s、全红 3s"等配时方案参数设置；然后按照图 6.1-3 配时图进行相位绿灯时间设置，如图 6.1-5～图 6.1-8 所示，保存退出。

```
2 1 002 2015/08/08/六  10:20:25

  ==>  1) 配时方案参数

  2) 配时方案资料






  --------按⏎键执行---------
```

图 6.1-6　配时方案子菜单

```
2 1 002 2015/08/08/六  10:20:25

配时方案编号:[003] (1-255)

相  黄 红 行 行 绿 最短 最长

位  灯 灯 闪 红 闪 绿灯 绿灯

01: 03 03 00 00 00 [10] [080]

02: 03 03 00 00 00 [10] [080]

03: 03 03 00 00 00 [10] [080]

04: 03 03 00 00 00 [10] [080]

------- 按↑↓键翻页 --------
```

图 6.1-7　配时方案参数设置 1

3）配置日时方案：从主菜单选择"3）日时方案"，首先进入"3-3）日时方案排程"子菜单，给定一个"日时方案型态"编号，如"05"，按照时段配置第二步"2）信号配时设置"，输入"配时方案编号"，如图 6.1-9 所示；然后进入"3-1）周时方案型态"子菜单，输入设定的"日时方案型态"编号，配置周时方案，如图 6.1-10 所示，保存退出。

4）上述步骤完成后，保存退出。等待 3～4 个周期后，观察信号配时是否与刚才的设置一致，如不一致按照上述步骤逐一检查。

（4）通过上位机中控系统进行配时操作。在操作界面中，点击"信号灯设置"，同时在弹窗中选择 9 号交叉口的信号灯并设置相位信息，如图 6.1-11 所示，具体步骤如下：

```
2 1 002 2015/08/08/六  10:20:25

配时方案编号:[003] (1-255)

1. 相位控制[12]    2. 周期..[0179]

3. 基本方向[北]    4. 相位差[0000]

5. 绿信比(秒)------------

A. 相位 01[050]    B. 相位 02[030]

C. 相位 03[045]    D. 相位 04[030]

E. 相位 05[000]    F. 相位 06[000]

G. 相位 07[000]    H. 相位 08[000]

I. 相位 09[000]    J. 相位 10[000]

------- 按↑↓键翻页 --------
```

图 6.1-8　配时方案参数设置 2

1）如图 6.1-12 所示，设置计算好的信号配时时长，首先点击"配时方案"，然后设置各相位的时间，最后点击"召唤设备"配时成功。

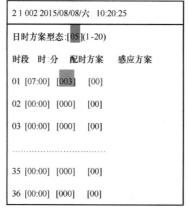

图 6.1-9　日时方案配置

图 6.1-10　周时方案配置

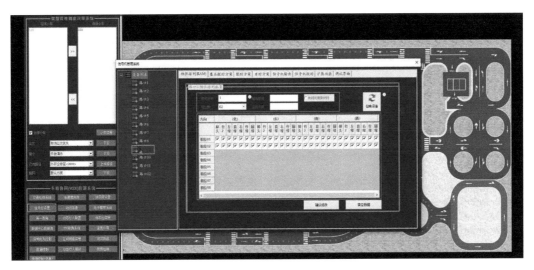

图 6.1-11 交叉口选择和相位设置示意图

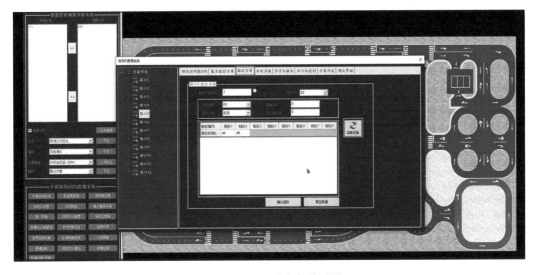

图 6.1-12 配时方案设置图

2）最后将多时段的不同配时方案输入信号机，点击"召唤设备"，完成配时设置。等待 3～4 个周期后，观察信号配时是否与刚才的设置一致，如不一致按照设置步骤逐一检查。

（5）使用交通仿真软件进行单点交叉口定时控制仿真实验，根据仿真结果进行定时控制效果评价。另外，学生也可按照该步骤进行多时段方案配置。

6.1.6 实验效果

（1）学生将对单点交叉口信号配时的原理、设计和实施有深入理解。

（2）通过实验，学生将掌握设置单点交叉口信号配时的实际操作技能。

（3）实验效果图如图 6.1-13 所示。

图 6.1-13　实验效果图

6.1.7　注意事项

（1）交叉口的选择：优先选择典型的十字交叉口，也可根据需要选择其他类型。

（2）仿真模型的参数标定。

6.1.8　思考题

（1）单点交叉口定时信号 Webster 法、ARRB 法等配时方法有什么区别？

（2）什么情况下需要设置左转相位？

6.2　单点感应信号控制实验

6.2.1　实验原理

1. 单点交叉口感应信号控制原理

感应控制是根据车辆检测器检测到的交叉口交通流状况，使交叉口各个方向的信号绿灯时间适应于交通需求的控制方式。绿灯启亮时，先给定最小绿灯时间，在这段时间结束前，如果检测到车辆到达，则延长单位绿灯时间，依次类推，直到当绿灯时间达到最大绿灯时间，如图 6.2-1 所示，或没有车辆到达，切换到下一相位。

2. 半感应控制原理

半感应控制是在交叉口部分入口处设置车辆检测器的感应控制方式。半感应控制根据车辆检测器的埋设位置不同又可以分为：次路检测半感应控制和主路检测半感应控制两种。对于次路检测半感应控制，次路通行的信号相位称为感应相，主路通行的信号相位称

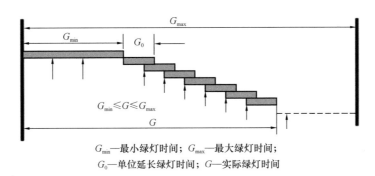

G_{min}—最小绿灯时间；G_{max}—最大绿灯时间；

G_0—单位延长绿灯时间；G—实际绿灯时间

图 6.2-1　感应控制原理示意图

为非感应相，次路通行绿灯时间由次路上车辆的到达情况决定，其余绿灯时间将分配给主路通行。次路检测半感应控制实质上是次路优先，只要次路有车辆到达就会打断主路车流；对于主路检测半感应控制，主路通行的信号相位称为感应相，而次路通行的信号相位称为非感应相，主路通行绿灯时间由主路上车辆的到达情况决定。

3. 全感应控制原理

全感应控制是在交叉口全部入口处设置车辆检测器的感应控制方式。全感应控制需要确定所有信号相位的初始绿灯时间、单位延续绿灯时间和最大绿灯时间。

本实验以全感应控制为例，其流程图如图 6.2-2 所示。

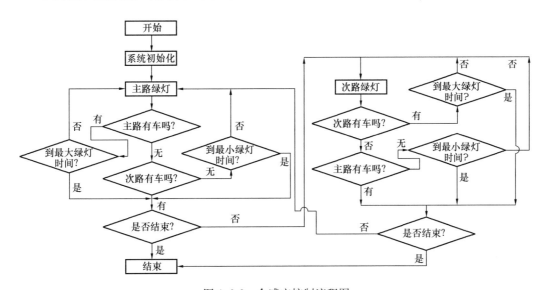

图 6.2-2　全感应控制流程图

最小绿灯时间（初期绿灯时间）g_{min} 可由式（6.2-1）确定：

$$g_{min} = h \times n + L_s \tag{6.2-1}$$

式中　h——平均车头时距，一般可取 2s；

　　　n——检测器与停车线之间可停放的车辆数（辆）；

　　　L_s——启动损失时间（s），一般可取 3s。

单位绿灯延长时间 G_0 由式（6.2-2）确定：

$$G_0 = 3.6L/v \qquad (6.2-2)$$

式中 L——检测器与停车线之间的距离（m）；

v——车辆平均速度（km/h）。

最大绿灯时间可由韦氏法得到的绿灯时间乘以 1.25~1.50 得到，一般可取 30~60s。

6.2.2 实验材料

（1）微缩智能车，2 辆。

（2）中控系统，1 套。

（3）交通信号机及信号灯，1 套。

（4）交通信号配时系统，1 套。

（5）实训平台，交叉口场景。

6.2.3 实验目标

（1）掌握单点交叉口感应信号配时的原理与流程。

（2）掌握交通信号机的单点感应信号配时操作。

（3）熟练使用微观交通仿真软件进行单点交叉口感应控制仿真与评价分析。

6.2.4 实验内容

（1）根据实训平台 10 号交叉口的道路交通条件，进行单点交叉口信号感应控制配时计算。

（2）对 10 号交叉口的交通信号机进行操作，将上述配时方案输入信号机，在实训平台进行效果展示。

（3）使用交通仿真软件进行单点交叉口感应控制仿真实验，评价配时方案的交通运行效果。

6.2.5 实验步骤

（1）调查 10 号交叉口的渠化状况、交通流量等信息，该交叉口的现状渠化示意图如图 6.2-3 所示，交通流量示例如表 6.2-1 所示。

交通流量示例 表 6.2-1

进口	右转车辆数（veh/h）	直行车辆数（veh/h）		左转车辆数（veh/h）
东进口	230	1500		400
南进口	300	车道 1	500	500
		车道 2	600	
西进口	200	1000		480
北进口	300	车道 1	700	400
		车道 2	600	

（2）按照单点交叉口定时信号配时原理与流程进行信号配时设计，相位图如图 6.2-4 所示。

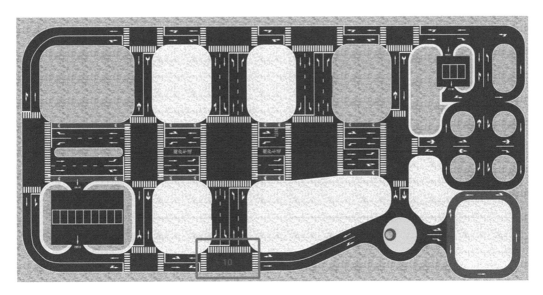

图 6.2-3　现状渠化示意图

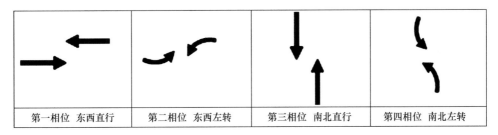

图 6.2-4　相位图

（3）进行全感应控制方案设计，计算选取最小绿灯时间（初期绿灯时间）、单位绿灯延长时间、最大绿灯时间。如最小绿灯时间 15s、单位绿灯延长时间 3s、最大绿灯时间 60s。

（4）学生操作信号机，设置全感应控制、配置上述参数，具体如下：

1）首先按照单点交叉口定时控制的方法进行交叉口四相位配时设计；

2）从主菜单选择"4）配时方案"，进入配时方案参数设置，给定一个"配时方案编号"如"003"，进行"最短绿灯、最长绿灯"参数设置，按照最小绿灯时间 15s、最大绿灯时间 60s 设置，如图 6.2-5 所示，保存退出。

3）从主菜单选择"5）感应方案"，进入感应方案参数设置，给定一个"感应方案编号"如"09"，设定每一感应控制灯组、感应延伸单位时间、车辆申请有效时间，设置单位绿灯延长时间为 3s，如图 6.2-6 所示，保存退出。

① 延伸：感应控制时绿灯延伸单位时间（范围：00～99s），若车辆经过检测区，此延伸计数将归零直至车辆离开后开始计数。

② 延迟：车辆存在检测区的时间大于设定门限值判断为有效车辆的申请时间（范围：00～99s）。

121

```
2 1 002 2015/08/08/六 10:20:25

配时方案编号:[003] (1-255)

相  黄 红 行 行 绿 最短 最长
位  灯 灯 闪 红 闪 绿灯 绿灯

01: 03 03 00 00 00   [15] [060]

02: 03 03 00 00 00   [15] [060]

03: 03 03 00 00 00   [15] [060]

04: 03 03 00 00 00   [15] [060]

-------- 按↑↓键翻页 --------
```

图 6.2-5 配时方案参数

```
2 1 002 2015/08/08/六 10:20:25

感应方案编号:[09](1-16,33-48)

北 南 东 西 南 北 西 东
左 直 左 直 左 直 左 直

灯组-S1-S2-S3-S4-S5-S6-S7-S8

延伸   03 03 03 03 03 03 03 03

延迟   03 03 03 03 03 03 03 03
```

图 6.2-6 感应控制灯组

4) 设定检测器组态。从主菜单选择"2) 基本资料",进入"3) 设定检测器组态"。根据图 6.2-7 线圈检测器组态和图 6.2-8 灯组组态对应位置,设定车辆检测器对应要执行的感应车道灯组及车辆检测功能。

5) 从主菜单选择"5) 感应方案",进入感应方案功能设定,给定一个"感应方案编号"如"09",设定全感应控制功能,如图 6.2-9、表 6.2-2 所示,保存退出。

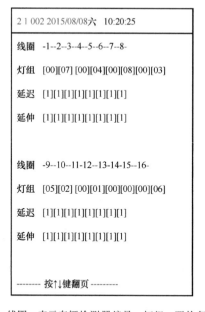

注:线圈:表示车辆检测器编号;灯组:要执行车辆感应控制车道灯组编号,灯组组态对应位置如图 6.2-8 所示;延迟:车辆须存在检测区一定时间后才算有效车辆感应申请,"1"表示执行该功能,"0"表示不执行该功能;延伸:车辆检测器在感应控制时,须执行延伸单位绿灯时间功能,"1"表示执行该功能,"0"表示不执行该功能;灯组〔〕设定"0"表示该灯组不安装车辆检测器。

图 6.2-7 线圈检测器组态

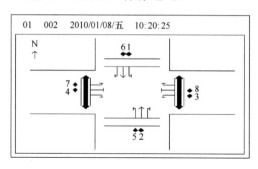

图 6.2-8 灯组组态对应位置

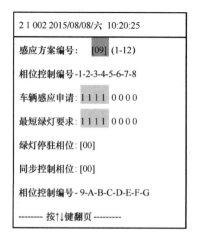

图 6.2-9 全感应控制功能设置

全感应控制的设置方法

表 6.2-2

相位	1	2	3	4	5	6	7	8	说明
车辆感应申请	1	1	1	1	0	0	0	0	相位一至四均执行感应控制
最短绿灯要求	1	1	1	1	0	0	0	0	四个相位均设定最短绿灯要求

6）配置日时方案：从主菜单选择"3）日时方案"，首先进入"3-3）日时方案排程"子菜单，给定一个"日时方案型态"编号，如"05"，按照时段配置第二步"2）信号配时设置"。输入"配时方案编号003"，再输入"感应方案编号09"，如图 6.2-10 所示；然后进入"3-1）周时方案型态"子菜单，输入设定的"日时方案型态"编号，配置周时方案，如图 6.2-11 所示，保存退出。

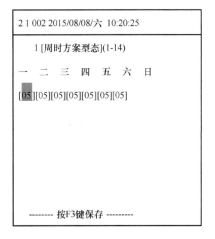

图 6.2-10　日时方案配置　　　　图 6.2-11　周时方案配置

7）在中控系统中点击"已有路径"，选择感应控制线路"南北"路径、感应控制线路"东西"路径，下发给实验中选择的微缩智能车。等待 3～4 个信号周期，观察是否实现感应控制，如没有，按照上述步骤逐一检查。

（5）使用交通仿真软件对单点交叉口感应控制进行仿真实验，根据仿真结果进行感应控制效果评价，平台演示图如图 6.2-12 所示。

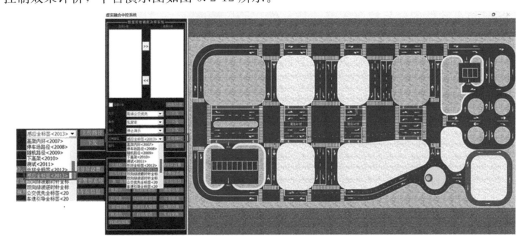

图 6.2-12　平台演示图

6.2.6 实验效果

（1）能够进行感应控制配时计算。

（2）通过信号机进行感应控制参数设置。

（3）能够根据车辆检测器检测交叉口的交通流状况，使交叉口各个方向的信号绿灯时间按照车流量的变化而变化。绿灯启亮时先给最小绿灯时间，在这段时间结束前，如果检测到车辆到达，则延长单位绿灯时间。

6.2.7 注意事项

（1）交叉口的选择。优先选择典型的十字交叉口，也可根据需要选择其他类型。

（2）在感应控制参数设置中，最小绿灯时间要考虑行人过街的时间。

6.2.8 思考题

（1）全感应控制与半感应控制分别适用于什么交通情况？

（2）线圈检测器的位置如何影响感应控制的效果？

6.3 硬件在环交通信号控制实验

6.3.1 实验原理

硬件在环（Hardware-in-the-Loop，HiL）是以实时处理器运行仿真模型来模拟受控对象的运行状态，以一种高效低成本的方式对控制器进行全面测试。它是一种采用复杂设备控制器的开发与测试技术，通过接入真实的控制器，采用或者部分采用实时仿真模型来模拟被控对象和系统运行环境，实现整个系统的仿真测试，硬件在环示意图如图6.3-1所示。

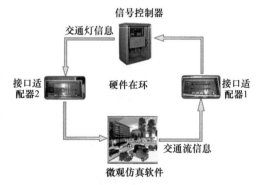

图 6.3-1　硬件在环示意图

PTS是一款基于HST-3000信号机及VISSIM仿真软件的信号控制策略评估及优化的软件（下文称PTS软件），通过连接真实信号控制机和虚拟交通仿真环境，对信号机中不同的信号控制策略进行仿真评价。

PTS软件能够控制信号机中控制策略的编写，利用仿真软件评价HST-3000信号机中信号控制策略的优劣。主要功能有：

（1）上端控制信号控制机中控制策略的编写、修改和执行。

（2）控制对信号控制机中现行控制策略的仿真评价。

（3）输出评价结果，并进行初步分析。

PTS软件利用VISSIM仿真软件提供的COM接口以及HST-3000信号机协议，建立两者之间的信号映射关系，实现信号控制机与仿真软件的通信，从而实现对信号控制机中控制策略的仿真评价。

6.3.2　实验材料

（1）PTS 软件，1 套。

（2）HST-3000 交通信号机，1 套。

（3）VISSIM　5.30 交通仿真软件，1 套。

6.3.3　实验目标

（1）通过操作 PTS 软件，建立实体信号机与仿真交通环境之间的联系，了解硬件在环的工作原理和优势。

（2）根据交通仿真环境的交通情况，学习设计编写可行的交叉口相位控制方案。

（3）借助实际信号机和交通仿真环境，对相位方案进行仿真测试与评价，根据评价结果，提出优化相位控制方案的方法。

6.3.4　实验内容

（1）通过串口通信，建立上位机和信号控制机的通信，了解信号控制机与上位机的通信方式和信号控制机的工作原理。

（2）借助 PTS 软件，编写固定配时和感应配时相位方案，将编写的相位方案下发至信号机。

（3）借助 PTS 软件，连接实体信号机和交通仿真环境，实现信号机和虚拟环境之间的通信，测试相位方案的运行效果。

（4）对交通仿真环境的运行情况进行评价，比选各相位方案的优劣。

6.3.5　实验步骤

（1）阅读 PTS 软件的使用说明，了解 PTS 软件的基本操作和功能。

（2）根据 PTS 软件的使用说明，准备 VISSIM 路网文件，并在 VISSIM 中正确设置检测器、信号灯、路径等仿真环境。

（3）连接上位机和信号控制机，正确设置与信号机的串口通信，如图 6.3-2 所示。

图 6.3-2　接口设置图

（4）选择要仿真的路段和路口，并选择合适的交通信号机，如图 6.3-3 所示。

图 6.3-3　设置信号机类型图

（5）设置信号机相序。在 PTS 软件中设置合适的相序后，下发至信号机，如图 6.3-4 所示。

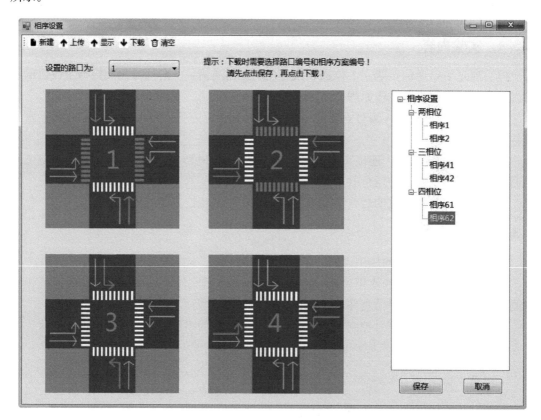

图 6.3-4　相序设置图

（6）设计合适的固定配时和感应配时方案，下发至信号机，如图 6.3-5、图 6.3-6 所示。

（7）设置合适的日时方案，如图 6.3-7 所示。

（8）为交通仿真环境设置车辆构成和车流量，如图 6.3-8、图 6.3-9 所示。

（9）设置仿真评价选项和仿真事件等参数，如图 6.3-10 所示。

（10）运行仿真，观察实体信号机与交通仿真环境中的信号机同步运行状况，如

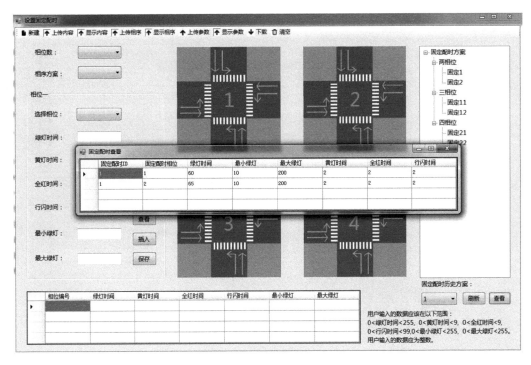

图 6.3-5　固定配时设置图

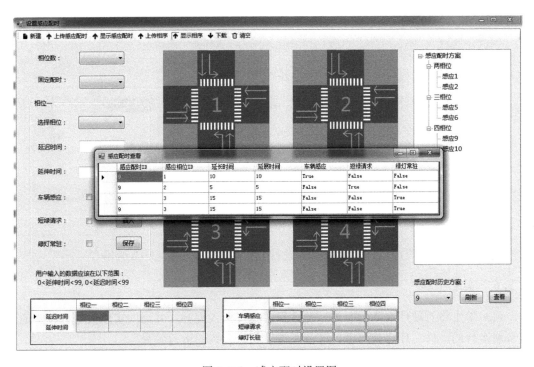

图 6.3-6　感应配时设置图

图 6.3-11所示。

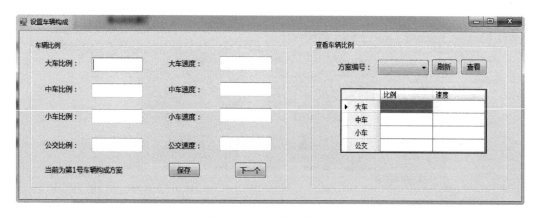

图 6.3-7　设置日时方案

图 6.3-8　设置车辆构成图

（11）仿真运行完成后，对运行结果进行分析评价，如图 6.3-12 所示。

6.3.6　实验效果

（1）学生将对硬件在环的原理、设计和实施有深入理解，并借助实体信号机和交通仿真环境运行的硬件在环实验环境，评价所设计相位方案的运营效果。

（2）通过实验，学生将掌握通过上位机控制交通实体信号机。通过实验设计，对比优化不同相位方案的运行效果和参数，学会设计适应不同交通环境的相位方案。

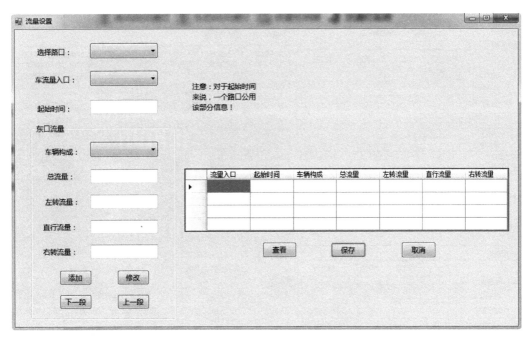

图 6.3-9　设置流量图

图 6.3-10　设置评价参数图

6.3.7　注意事项

（1）注意交通信号机的通信串口和检测器脉冲串口的设置顺序（串口 1 为通信串口，串口 2 为检测器脉冲串口）。

（2）VISSIM 底图的检测器、信号机等仿真环境务必按说明书正确设置。

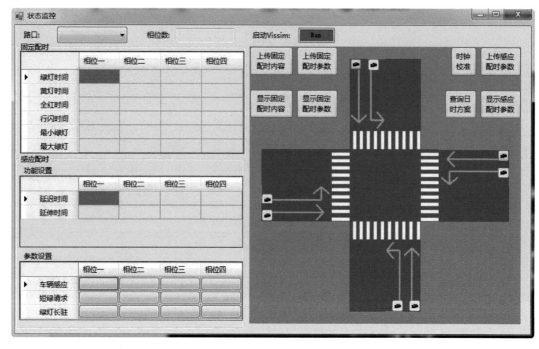

图 6.3-11　设置状态监控图

图 6.3-12　评价分析图

6.3.8　思考题

（1）硬件在环测试相较于实际部署，有哪些优点和缺点？

（2）根据仿真运行的实际情况，如何对相位方案进行优化？

6.4　单向干线信号协调控制实验（单向绿波）

6.4.1　实验原理

在城市交通中，由于交通流量大，使得各相邻交叉口往往相互关联，相互影响。把干道上若干连续交叉口的交通信号通过一定的方式联结起来，同时对各交叉口设计一种相互协调的配时方案，各交叉口的信号灯按此协调方案联合运行，使车辆通过这些交叉口时，不致经常遇上红灯，称为干线信号协调控制，俗称"线控"。单向绿波是线控的一种方式，其基本原理为：通过优化相位相序、相位差等，对各交叉口设计一种相互协调的配时方案，使车辆通过这些交叉口时，尽可能一路绿灯，俗称"绿波"，如图 6.4-1 所示。单向干线协调控制是以单方向交通流为优化对象的线控方式，只需顾及单方向的交通信号协调，所以以相位差容易确定。单向绿波的实验流程如下：

1. 确定关键交叉口与公共周期

在绿波系统中，为使各交叉口的交通信号能相互协调，各交通信号周期时长一般要一致。因此，需确定周期时长最大的交叉口为关键交叉口，以此周期时长为绿波的公共周期。

2. 调整非关键交叉口周期

当系统周期时长大于非关键交叉口所需周期时长时，非关键交叉口改用系统公共周期，其各相位绿灯时间均随着增长。为增加绿波的通过带宽，非关键交叉口次要道路方向的绿灯时间只需保持其最小绿灯时间即可，把因取系统周期时长后多出的绿灯时间全部加给主干道方向。

3. 确定绿波带速

绿波带速可选用协调路段的 85% 位车速或限速值。

4. 确定相位差

单向绿波相邻交叉口信号间的相位差可按式（6.4-1）确定：

$$Q_f = \frac{s}{v} \times 3600 \tag{6.4-1}$$

式中　Q_f——相邻信号间的时差（s）；

　　　s——相邻信号间的间距（km）；

　　　v——绿波带速（km/h）。

6.4.2　实验材料

（1）微缩智能车，2 辆。

（2）中控系统，1 套。

（3）交通信号机及信号灯，1 套。

（4）交通信号配时系统，1 套。

（5）TESS 交通仿真软件，1 套。

（6）实训平台，交叉口场景。

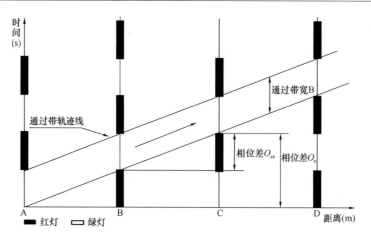

图 6.4-1 绿波图

6.4.3 实验目标

（1）掌握单向绿波协调控制的基本原理和设计方法。

（2）掌握交通信号机的单向绿波协调控制操作。

（3）熟练使用微观交通仿真软件进行单向绿波协调控制仿真与评价分析。

6.4.4 实验内容

（1）根据编号 6、8、9、11 四个交叉口的道路交通条件进行单向绿波协调控制配时计算。

（2）对编号 6、8、9、11 四个交通信号机进行操作，将上述配时输入对应信号机，在实训平台进行效果展示。

（3）使用交通仿真软件进行单向绿波协调控制仿真实验，评价单向绿波协调控制效果。

6.4.5 实验步骤

（1）在平台上选择编号 6、9、11 三个交叉口，将这三个交叉口作为本次绿波协调控制实验对象（图 6.4-2），测量它们的间距。

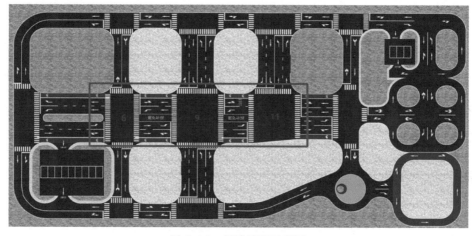

图 6.4-2 绿波路段示意图

（2）首先按照单点交叉口定时信号配时的原理与流程对编号 6、9、11 三个交叉口进行配时设计。然后进行单向绿波协调控制设计，确定公共周期、绿波带速、相位差。以 6 号交叉口为基准，协调方向为东向西，协调相位为第一相位，例如公共周期为 40s、微缩智能车速度为 0.3m/s。

6 号交叉口的相位与配时如图 6.4-3 所示。

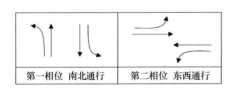

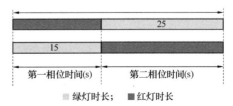

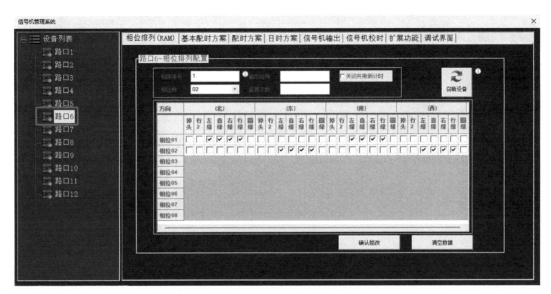

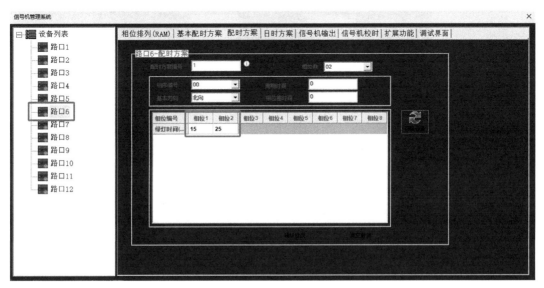

图 6.4-3 6 号交叉口的相位与配时

9 号交叉口的相位与配时如图 6.4-4 所示。

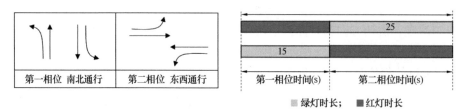

第一相位 南北通行　第二相位 东西通行　　第一相位时间(s)　第二相位时间(s)

■ 绿灯时长；　■ 红灯时长

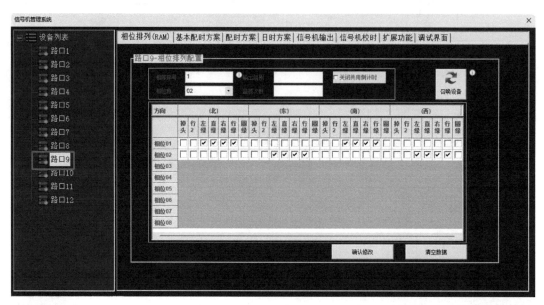

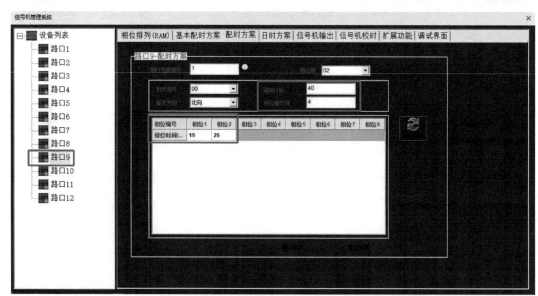

图 6.4-4　9 号交叉口的相位与配时

11 号交叉口的相位与配时如图 6.4-5 所示。

（3）等待 3～4 个周期后，从中控系统选择"单向绿波路径"，下发给实验中选择的微

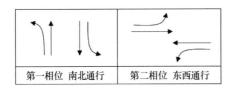 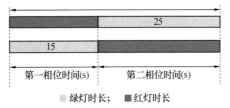

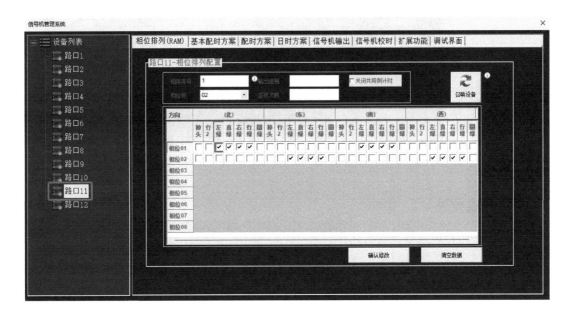

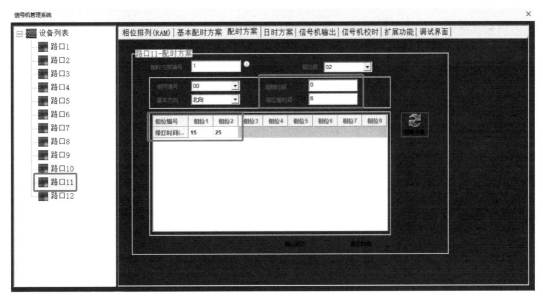

图 6.4-5　11 号交叉口的相位与配时

缩智能车，观测微缩智能车是否能一路绿灯通过各个交叉口，如果不能，按照上述步骤进行优化调整，中控平台操作图如图 6.4-6 所示。

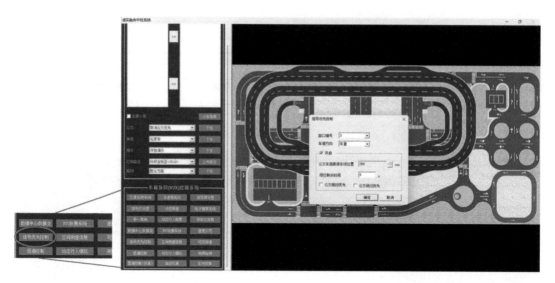

图 6.4-6　中控平台操作图

6.4.6　实验效果

（1）能够进行单向绿波配时计算。

（2）通过中控系统进行单向绿波参数设置。

（3）单向干线信号协调控制实验，车辆可以不停车连续通过三个交叉口。

6.4.7　注意事项

（1）涉及的信号机时钟要统一。

（2）注意交通信号机的基本方向和相位排列的顺序设置问题。

6.4.8　思考题

（1）影响绿波效果的因素有哪些？

（2）分析协调相位对非协调相位的影响？

6.5　双向干线信号协调控制实验（双向绿波）

6.5.1　实验原理

干线信号协调控制，即对多个交叉口组成的路段进行"绿波"控制，通过对某条道路上连续几个交叉口的信号灯进行联动控制，使车队的前几辆车到达其中每个交叉口时刚好遇上绿灯，不需要停车等待。双向干线信号协调控制的基本原理：通过优化相位相序、相位差等，对各交叉口设计一种相互协调的配时方案，使车辆通过这些交叉口时，尽可能一路绿灯，俗称"绿波"。相位差优化的主要方法有图解法和数解法。

1. 图解法

图解法是确定双向绿波相位差的一种传统方法，其基本思路是：通过几何作图的方法，利用反映交通流运动的时间—距离图，初步建立交互式或同步式协调系统。然后再对通过带的速度和周期时长进行反复调整，从而确定相位差，最终获得一条理想的绿波带，即通过带。图解法的流程如下：

（1）画出时空图坐标轴。

（2）确定各交叉口的协调方式：交互式协调或同步式协调。

（3）按配时方案调节绿信比。

（4）调节车速寻找合适的绿波带宽。

（5）求出相位差。

2. 数解法

数解法是按照一定的方法计算出理论上最宽或者最优的绿波带，其具体设计过程如下：

（1）确定公共周期及交叉口初始配时：根据交叉口流量数据，基本按照常规对称放行的相位结构，可以确定相位相序结构、计算出每个交叉口的最佳周期时长、相位绿灯时长等数据，选取周期时长最大的交叉口作为关键交叉口，以协调范围内关键交叉口的周期时长作为控制区域内所有交叉口的公共周期，并将非关键交叉口的周期时长调整为公共周期后的相位配时方案。信号周期时长可按式（6.1-1）计算：

（2）确定公共周期：设置干线绿波协调控制，首先要确定各交叉口的公共周期，周期过短会导致各方向车流在一个绿灯相位内无法清空，造成车辆排队，一般选取最大的周期时长作为公共周期，相应的交叉口即为关键交叉口。可利用式（6.5-1）计算公共周期：

$$C_{\mathrm{ml}} = \frac{2D}{MV} \tag{6.5-1}$$

式中　C_{ml} ——理想公共周期（s）；

　　　D ——相邻交叉口间的距离（m）；

　　　M ——整数倍；

　　　V ——干线车流通行速度（m/s）。

6.5.2　实验材料

（1）微缩智能车，2 辆。

（2）中控系统，1 套。

（3）交通信号机及信号灯，1 套。

（4）交通信号配时系统，1 套。

（5）TESS 交通仿真软件，1 套。

（6）实训平台，交叉口场景。

6.5.3　实验目标

（1）掌握双向绿波的基本原理和设计方法。

（2）掌握中控平台中双向绿波协调控制操作。

6.5.4 实验内容

（1）进行双向绿波协调控制配时计算。

（2）对中控平台进行操作，将配时方案输入平台中。

6.5.5 实验步骤

（1）在平台上选择编号6、9、11三个交叉口，将这三个交叉口作为本次绿波控制实验对象，绿波路段示意图如图6.5-1所示。

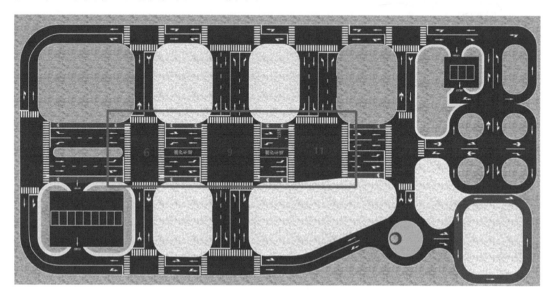

图 6.5-1　绿波路段示意图

（2）首先，按照单点交叉口定时信号配时原理与流程对编号6、9、11三个交叉口进行配时设计。然后进行双向绿波协调控制设计，确定公共周期、绿波带速、相位差。以6号交叉口为基准，协调方向为东西双向。

6号交叉口的相位与配时，如图6.5-2所示。

9号交叉口的相位与配时，如图6.5-3所示。

11号交叉口的相位与配时，如图6.5-4所示。

（3）等待3~4个周期后，在中控系统中选择"双向绿波路径"，如图6.5-5所示，下发给实验中选择的微缩智能车，观测微缩智能车是否能一路绿灯通过各个交叉口，如果不能，按照上述步骤进行优化调整。

6.5.6 实验效果

（1）能够进行双向绿波配时计算。

（2）通过中控系统进行双向绿波参数设置。

（3）双向绿波控制效果图如图6.5-6所示，车辆可以一路绿灯通过三个绿波控制的交叉口。

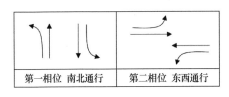

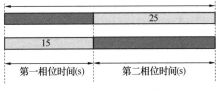

■ 绿灯时长；　■ 红灯时长

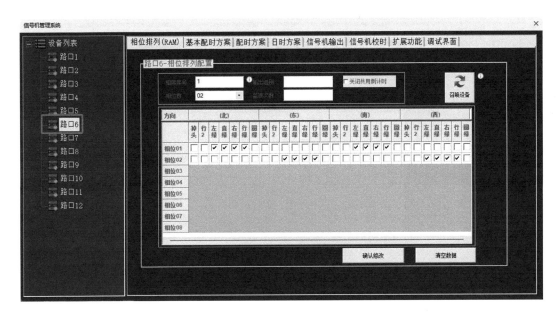

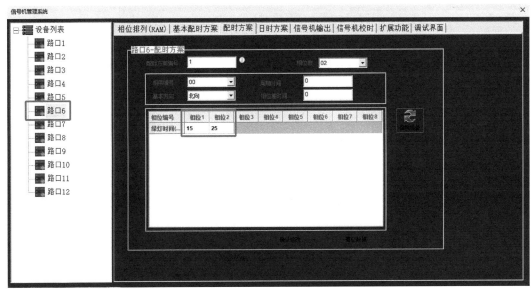

图 6.5-2　6号交叉口的相位与配时

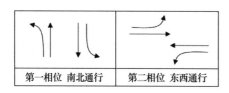

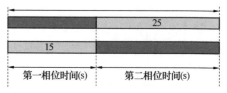

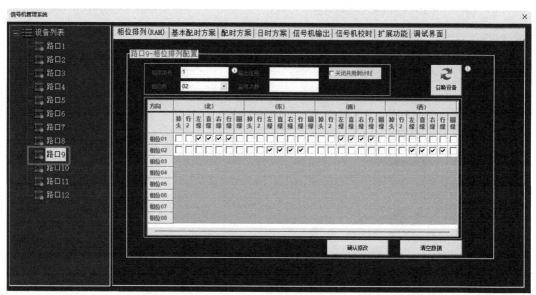

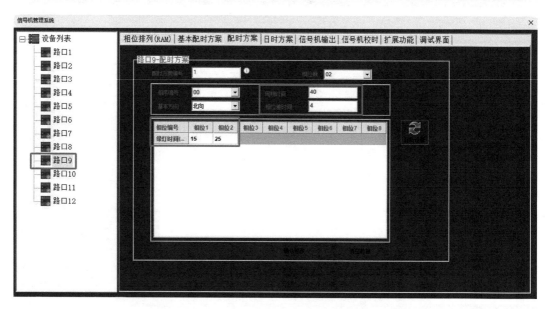

图 6.5-3　9号交叉口的相位与配时

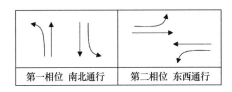

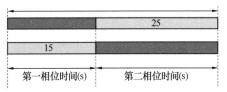

■ 绿灯时长；　■ 红灯时长

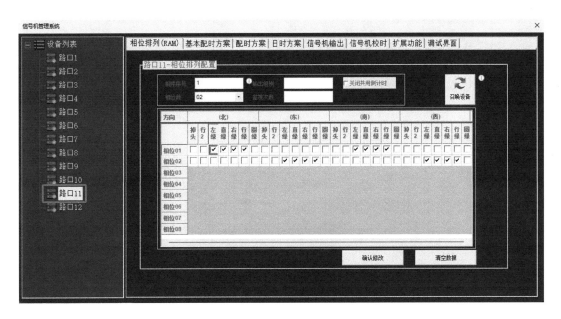

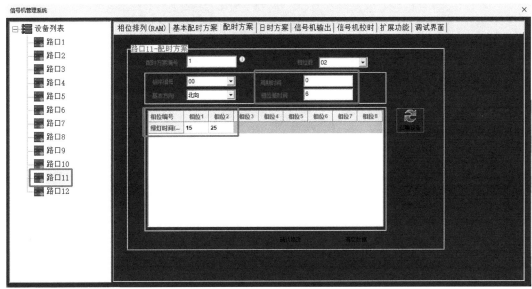

图 6.5-4　11 号交叉口的相位与配时

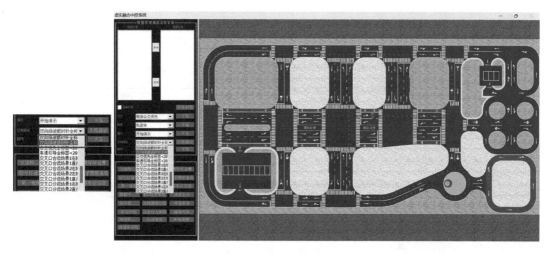

图 6.5-5　中控平台操作图

图 6.5-6　双向绿波控制效果图

6.5.7　注意事项

（1）优先选择典型的十字交叉口，也可根据需要选择其他类型。

（2）注意交通信号机开机时的基本方向和相位排列的顺序设置。

6.5.8 思考题

（1）相位排列顺序会影响双向绿波的带宽吗？

（2）当两个交叉口间距不同时，绿波参数如何优化？

6.6 公交优先信号控制实验

6.6.1 实验原理

公交优先信号控制方法主要有：被动公交信号优先、主动公交信号优先、实时公交信号优先。在这些方法中，被动公交信号优先主要依赖于预设的公交车辆到达时间，而不直接接收来自公交车辆的信号。实时公交信号优先则利用实时数据调整信号，以便公交车能够更快通过交叉口。

本节所讨论的主动公交信号优先方法更加灵活和即时，它通过安装在交叉口的公交检测器来实现。这些检测器能够感知公交车辆的到来，并向信号控制系统发送公交优先请求。该系统可以是有线的，也可以是无线的，这取决于具体的实施环境和技术要求。

在主动公交信号优先的控制方法中，有两种主要的信号调整策略：绿灯延长和红灯早断。

（1）绿灯延长：此策略应用于公交车在接近交叉口时遇到的绿灯时间不足、无法顺利通过交叉口的情况。此时，信号控制系统会接收到公交优先请求，并延长绿灯的持续时间，确保公交车可以安全、连续地通过各交叉口，从而减少乘客的旅行时间和公交车的延误（图6.6-1）。

（2）红灯早断：在公交车到达交叉口时遇到红灯的情况下，此策略会被启动。信号控制系统在接收到来自公交车的优先请求后，会缩短红灯的持续时间，并尽早切换到绿灯，允许公交车优先通过。这种方法同样旨在优化公交车的通行效率，减少其在交叉口的等待时间（图6.6-2）。

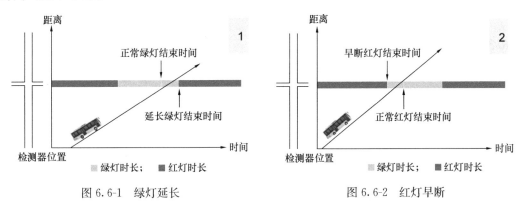

图6.6-1 绿灯延长　　　　　　　　图6.6-2 红灯早断

公交检测器用于检测公交车辆到达并触发公交优先请求。信号控制系统通过有线或无线的方式接收公交优先请求信号，并以此为依据进行绿灯延长或红灯早断的决策。

公交优先信号控制流程图如图6.6-3所示。

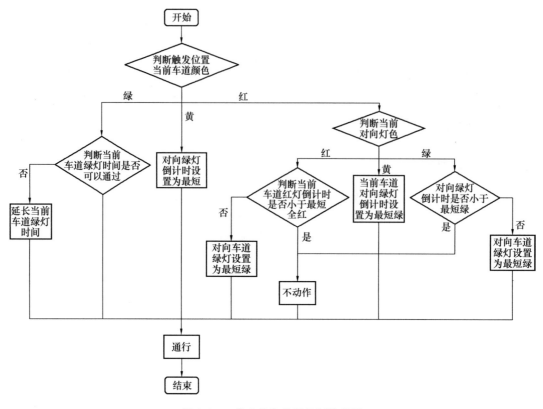

图 6.6-3　公交优先信号控制流程图

6.6.2　实验材料

（1）微缩智能车，3 辆（小型车 1 辆，公交车 2 辆）。

（2）中控系统，1 套。

（3）交通信号控制机及信号灯，1 套。

（4）实训平台，交叉口实验场景。

6.6.3　实验目标

（1）掌握公交优先信号控制的基本方法。

（2）掌握绿灯延长、红灯早断的信号优先控制方法。

6.6.4　实验内容

（1）进行公交优先信号控制配时计算。

（2）通过中控系统进行公交优先信号控制参数设置。

（3）测试验证是否实现公交优先控制，如没有实现，应进行公交优先信号控制参数调整。

6.6.5　实验步骤

（1）根据公交优先策略（绿灯延长、红灯早断）和信号配时原理，计算最小绿灯时间、绿灯延长时间、最大绿灯时间等参数。

（2）根据公交优先策略（绿灯延长、红灯早断）等，计算公交检测器的触发位置。

（3）通过中控平台点击"公交优先"，设置"绿灯延长时间、触发位置（公交车到停止线的距离）"等参数，如图 6.6-4 所示。

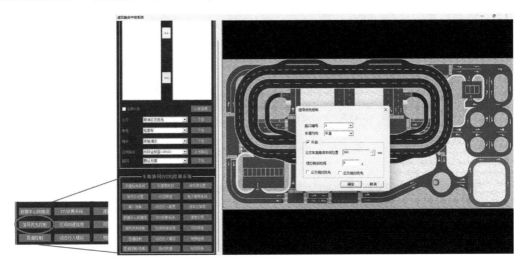

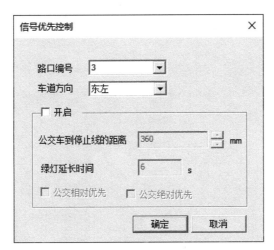

图 6.6-4　公交优先参数设置

（4）通过中控平台设置公交车的行驶路径并启动公交车，观测并对比公交优先运行前后公交车的运行情况，记录分析绿灯延长或红灯早断情况，公交车的行驶路径和行驶场景如图 6.6-5 和图 6.6-6 所示。

（5）在中控系统中点击"虚实融合、硬件在环实验"，选择"实验三　公交优先控制"，学生设计开发自己的公交优先算法，编制 python 代码，在 UI 界面将 python 代码嵌入，然后按照上述步骤进行公交优先算法评价。

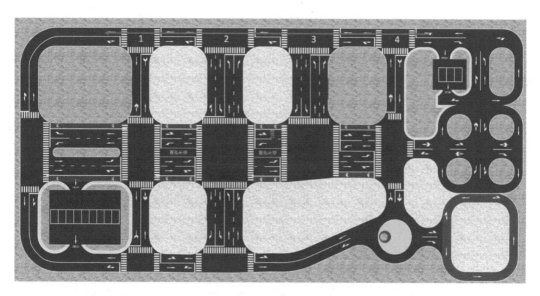

图 6.6-5　公交车的行驶路径

图 6.6-6　公交车的行驶场景

6.6.6　实验效果

（1）能够进行公交优先信号控制配时计算。

（2）通过中控系统进行公交优先信号控制参数设置。

（3）测试验证是否实现公交优先控制，如没有实现，应进行参数调整。

（4）设计开发自己的公交优先算法，并通过硬件在环实验进行评价。

6.6.7 注意事项

（1）交叉口的选择：实验时，应优先选择典型的十字交叉口进行公交优先信号控制实验，因为它们通常能提供标准的信号控制环境和较为复杂的交通流模式。如果需要，也可以根据实验的具体需求选择其他类型的交叉口，比如 T 形交叉口或环形交叉口，以探索公交优先控制在不同交通环境下的适用性和效果。

（2）绿灯延长时间的考虑：在设计公交优先信号控制策略时，绿灯延长时间的设置需要慎重。它不仅要满足公交车顺畅通过交叉口的需求，还要考虑后续相位的交通流需求和信号系统的整体协调。绿灯延长时间不应过长，以避免对其他方向的交通流产生过大影响，同时也要考虑后续相位的最大可压缩绿灯时间，以维持整个交叉口信号系统的高效运行。

（3）公交线路的设计：在实验中，公交线路的设计应确保公交车能有效触发公交优先信号请求，并通过交叉口。这涉及公交检测器的布设位置和触发机制的设置。公交线路设计应考虑实际城市交通布局，确保公交车在接近交叉口时能被及时检测到，并根据实验的公交优先策略（例如绿灯延长或红灯早断）合理规划公交车的行进路线和站点位置，以优化公交服务效率和信号控制系统的响应时间。

6.6.8 思考题

（1）公交优先的控制逻辑是什么？

（2）考虑一个交叉口，在高峰时段，公交车和社会车辆（私家车、货车等）的流量都很高。设计一个公交优先信号控制策略，既能保证公交车的流畅通过，又尽可能减少对社会车辆通行效率的影响。请描述你的策略，并讨论如何通过仿真实验来验证其有效性。

6.7 入口匝道控制实验

6.7.1 实验原理

匝道控制的目的是适当限制进入高速公路主路的车辆，使高速公路自身的需求不超过其通行能力，在高速公路上形成并保持无中断、无阻塞的交通流。需要声明的是，出口匝道控制在高速公路通道控制或路网的综合控制系统中也是需要的，但对一条高速公路而言，一般情况下出口匝道无需管控，所以这里介绍的匝道控制仅指入口匝道控制。

鉴于缩尺试验台对交通流的复现能力有限，这里仅介绍通行能力容差法。通行能力容差法是一种定时控制方法，其核心依据是：主线下游通行能力与上游交通需求之差。结合实验台场景，其控制原理图如图 6.7-1 所示。

通行能力容差法的控制流程可以描述为：

（1）当首次辨别 $q_{in} + r_{in} > q_c$ 时，计算匝道入口调节率 r：

$$r = q_c - q_{in}$$

（6.7-1）

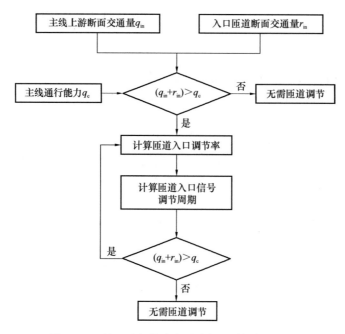

图 6.7-1　基于通行能力容差法的匝道控制原理图

式中　q_{in}——上游交通需求（veh/h）；

$\quad\quad q_c$——下游通行能力（veh/h）。

（2）得到调节率 r 后，便可计算匝道调节周期长度 C：

$$C = 3600n/r \tag{6.7-2}$$

式中　n——每个调节周期允许进入的车辆数，$n=1$，2，3，如果 $n=1$，则意味着每个周期只允许 1 辆车进入主线。

（3）如果 $q_{in}+r_{in}>q_c$ 一直成立，则保持步骤（2）所计算的调节周期长度；否则停止匝道控制。

6.7.2　实验材料

（1）智能小车，4 辆。

（2）路侧信号灯，1 个。

6.7.3　实验目标

（1）了解匝道控制的目的和意义。

（2）理解掌握基于通行能力容差的匝道控制方法。

6.7.4　实验内容

（1）实现通行能力容差法匝道控制。

（2）分析不同算法参数下的匝道控制效果。

6.7.5 实验步骤

（1）打开合中控系统，点击"菜单"—"教学"—"教学实验窗口"，车辆下发"高架外环"路径，并开始演示。匝道控制实验场景如图 6.7-2 所示。

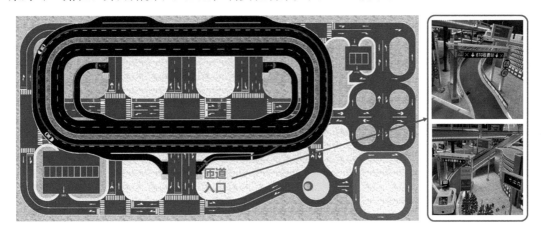

图 6.7-2 匝道控制实验场景

（2）放置智能小车在匝道入口处，智能小车已具备单车智能功能，能识别信号灯状态自主行驶。

（3）在沙盘中控端的匝道控制（通行能力容差法）界面，如图 6.7-3 所示，首先可以看到通行能力容差法的操控界面。基于路面检测器回传的参数，中控端通过检测和计算可获得主线上游交通量、匝道交通流（自动填入）。

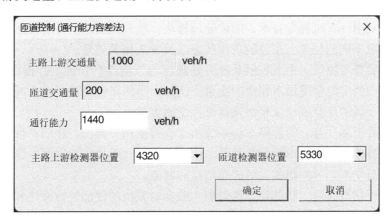

图 6.7-3 匝道控制（通行能力容差法）界面

（4）自行设置主线下游通行能力 q_c，点击"确定"，则开始执行匝道控制功能。

（5）观测并记录匝道绿灯调节周期，验证估计值与真实值之间的误差。

6.7.6 实验效果

当主线上游交通量与匝道交通量之和大于主线下游通行能力时，应进行匝道控制，匝道信号灯为红灯，反之则为绿灯通行状态。

6.7.7 注意事项

（1）微缩智能车能够正确判断信号灯状态，避免影响匝道控制效果。

（2）控制微缩智能车的车辆间距。

6.7.8 思考题

（1）通行能力容差法有什么缺陷？

（2）如何考虑控制周期内的绿灯时长问题？

6.8 智能停车场管控实验

6.8.1 实验原理

智能停车场管控实验是为了测试微缩智能车在正常交通环境下能否顺利驶入指定的停车位。该实验模拟了真实停车场景中智能停车管控的相关环节，旨在评估微缩智能车能否充分利用信息，如停车场信息、是否有空余停车位、已有路径信息选择等，从而将微缩智能车驶入指定的停车位。

智能停车场管控实验基于智能技术和传感器网络的应用，包括以下环节：

（1）传感器布置：在停车场内部布置各种类型的传感器，如车辆检测传感器、摄像头、激光雷达等。这些传感器可以用于检测车辆的到达和离开、车位的占用情况以及车辆的位置和行驶状态等信息。

（2）数据采集与处理：传感器采集到的数据将被传输到中央控制系统进行处理。中央控制系统可以利用计算机视觉技术、图像处理算法、模式识别算法等对传感器数据进行处理和分析，提取车辆的位置、车位的占用状态以及其他相关信息。

（3）数据管理与决策：中央控制系统将处理后的数据进行管理，并根据车辆的到达、离开和停车场内的实时情况做出相应的决策。例如，当停车位已满时，系统可以向用户提供其他可用停车场的信息或建议暂时选择其他交通方式。

（4）用户界面和交互：智能停车场系统通常会提供用户界面，让用户可以查询停车位的可用性、选择停车位或获取路径指引等。用户可以通过手机应用程序、终端设备或网页界面与系统进行交互，并获得相关的停车信息和服务。

（5）实验评估与改进：智能停车场管控实验会对系统的性能进行评估和改进。实验过程中，可以收集和分析用户的反馈意见、停车场的利用率、停车时长以及系统的响应时间等指标，从而不断优化系统的性能和用户体验。

智能停车场管控实验通过传感器网络和智能算法的应用，实现对停车场内车辆和停车位的实时监测、数据处理和决策。通过提供实时的停车位信息和导航指引，智能停车场系统可以提高停车场的利用率、减少停车时间和拥堵、提升用户的停车体验。

智能停车诱导系统由停车场数据采集系统、数据判断处理系统、数据传输系统和停车场数据综合发布系统（一级诱导、二级诱导、三级诱导）四部分组成，其中一级诱导主要作用在市区主要交通干线上，用于发布多个停车场（库）信息；二级诱导主要作用在停车场（库）周边区域的街道两旁，用于发布路径路线等信息；三级诱导则主要作用在停车场内部，用于发布场内车位和路径信息。鉴于实训平台场景，本实验聚焦于停车场内部，车辆在临近停车场时，根据场内车位信息，合理规划停车路径，实现停车诱导。其基本原理如图 6.8-1 所示，具体流程如下：

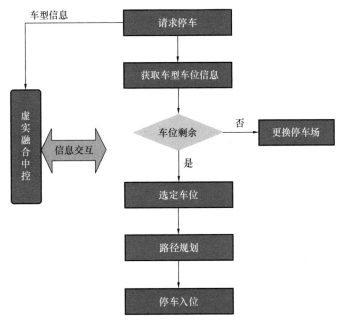

图 6.8-1　停车诱导原理图

1. 请求停车

微缩智能车发出停车请求，将车型信息传输给虚实融合中控系统，虚实融合中控系统进行信息采集及判断。

2. 获取场内车型车位信息、选定车位

当虚实融合中控系统接收到停车请求后，将获取场内车型车位信息，判断当前停车场是否有空余停车位，如果没有空余停车位，则请求更换停车场。如果该停车场有空余停车位，则选定可用停车位，进行路径规划。

3. 路径规划

当车辆选定停车位之后，将进行路径规划，选择已发布的路径信息，将车辆停到指定停车位。

4. 停车入位

确定停车位及路径信息之后，按照选定的路线将车停到相应停车位。

6.8.2　实验材料

（1）微缩智能车，3 辆。

（2）中控系统，1 套。

（3）实训平台，停车场场景。

6.8.3 实验目标

（1）了解停车诱导的原理和整体流程。

（2）掌握停车诱导最优路径选择的基本原则和方法，针对停车场内空余车位信息，进行场内最优路径规划。

6.8.4 实验内容

（1）了解停车诱导实验原理。

（2）实现基于实训平台的停车诱导路径规划算法。

6.8.5 实验步骤

实验准备（由实验老师完成）：粗线框内为进行智能停车场管控实验场景的相关部分，随机将微缩智能车放置于停车场附件车道上。放置车辆时手持微缩智能车，贴近（未接触）路面，来回移动几次，使得微缩智能车被实训平台路面上的 RFID 感应到。最后，打开中控系统界面。智能停车场管控实验场景图如图 6.8-2 所示，停车场实验场景如图 6.8-3 所示。

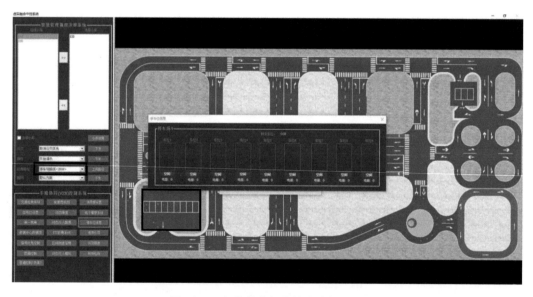

图 6.8-2　智能停车场管控实验场景图

后续具体实验步骤如下：

（1）打开停车诱导中控界面，如图 6.8-4 所示，在左上方的"在线小车"栏中可以看到识别到的微缩智能车 ID，点击选中后，再点击"＞＞"，表示本次实验用的车辆信息选择完成。同时，选择已有的停车场路线，并上传路径。

（2）点击左下方的"停车位信息"，弹出停车位信息中控界面（图 6.8-5）。从图上可看到可用停车位数量，并将当前的可用停车位数量反馈给中控系统，如当前 3 号车位被133 号车辆占用；中控界面还可将可用停车位的位置进行可视化展示。

图 6.8-3　停车场实验场景

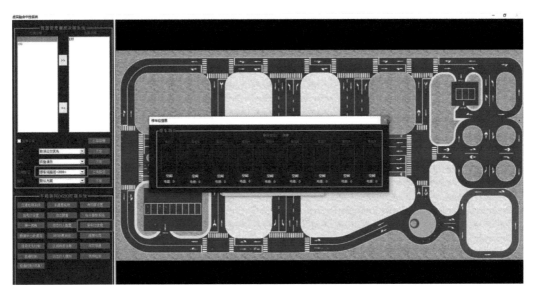

图 6.8-4　停车诱导中控界面

（3）点击左下方的"小车信息"，弹出小车信息中控界面（图 6.8-6）。可看到不同车辆信息，并将当前的车辆具体信息反馈给中控系统。

（4）点击"请求停车"，中控系统把步骤（1）中的路径下发给车辆，车辆逐步驶入分配的车位上；如果无法满足停车需求，中控界面则给予信息提示。当车辆停进停车位后（图 6.8-7），此时，原有的停车位指示牌显示停车位数量由原来的 9 变成 8，证明车辆已停入指定停车位，停车场内空车位数量相应减少。

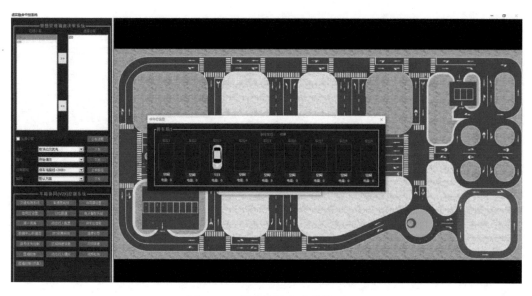

图 6.8-5　停车位信息中控界面

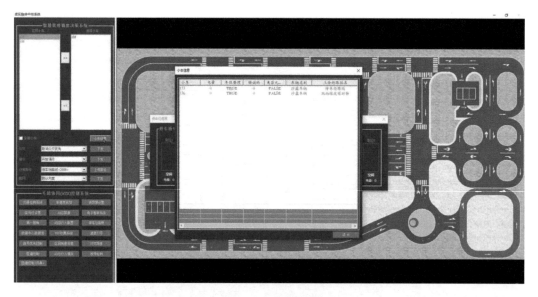

图 6.8-6　小车信息中控界面

6.8.6　实验效果

通过完成该实验,可以实现以下效果:

(1) 能够准确识别车牌并进行车辆计数。

(2) 能够对停车场内的车辆进行自动管理和记录。

(3) 实现系统的稳定运行和高效管理。

通过完成智能停车场管控实验,学生可以学到以下内容:

(1) 掌握实验设计和优化的方法。通过设计实验环境,选择合适的摄像头位置和图像

图 6.8-7 车辆停进停车位的效果图

处理工具，进行实验结果的记录和分析。通过观察实验效果和性能，学生可以提出改进和优化的策略，以提高车辆识别和管理系统的性能和效果。

（2）通过实践智能停车场管控实验，学生可以掌握智能停车场管控系统的基本原理和技术，熟练交通信息与智能控制实训平台的智能停车诱导实验操作，了解交通信息与控制领域的相关知识，并培养实验设计、问题解决和团队合作等能力。

6.8.7 注意事项

（1）在"在线小车"栏中查看车辆 ID，确保所有实验车辆被实训平台成功识别。

（2）实验参数的设定：确定实验中的参数和变量，例如停车位数量、交通流量、诱导策略等。确保这些参数应该合理并能够模拟实际场景，以便获得可靠的实验结果。

6.8.8 思考题

（1）当前停车诱导过程中有哪些潜在冲突？

（2）如何利用实时数据收集和分析，并结合预测模型来优化停车诱导？

第7章　智能车控制类实验

7.1　微缩智能车自适应巡航控制实验

7.1.1　实验原理

自适应巡航控制（Adaptive Cruise Control，ACC）是一种基于车辆感知和通信技术的先进驾驶辅助系统，通过感知和控制技术，能够使车辆在高速公路等畅通道路上保持安全跟车距离并自动调整车速。

1. 算法层面

采用加利福尼亚大学伯克利分校 PATH 实验室提出的 ACC 车辆跟驰模型，能够反映自适应巡航车辆的实际跟驰特性。

ACC 车辆跟驰模型由式（7.1-1）确定：

$$a_n(t) = k_1 \left[s_n(t) - l - s_0 - t_a v_n(t) \right] + k_2 \Delta v_n(t) \tag{7.1-1}$$

式中　k_1、k_2——模型参数；

　　　　l——车长（m）；

　　　　$s_n(t)$——车辆 n 在 t 时刻的车头间距（m）；

　　　　$v_n(t)$——车辆 n 在 t 时刻的速度（m/s）；

　　　　s_0——静止安全距离（m）；

　　　　t_a——ACC 车间时距（s）；

　　　$\Delta v_n(t)$——车辆与跟驰车辆之间在 t 时刻的速度差。

2. 技术层面

自适应巡航是指一种汽车驾驶辅助系统，它可以根据车辆前方的交通情况自动调整车速以保持安全距离。该系统使用摄像头、测距传感器等传感器来检测前方的车辆，并根据检测到的信息来控制车辆加速和减速。自适应巡航控制实验的原理涉及车辆感知、控制算法和执行器等关键部分。自适应巡航控制实验的基本原理如下：

（1）车辆感知：自适应巡航控制的第一步是感知车辆周围的环境，通过车载传感器和感知设备来实现，通常包含自身搭载的摄像头、测距传感器等，主动感知周围交通环境，进一步利用 Wi-Fi 无线通信实时获取路侧智能网联设备的广播信息，为局部路径的规划提供信息。这些传感器负责监测前方车辆的速度、距离、方向和道路状态等信息。

（2）前车跟踪：通过感知设备获取前方车辆的数据后，系统需要根据这些数据来跟踪前车。这是自适应巡航控制的核心功能。系统使用车辆感知数据来计算与前车的相对速度和距离，并根据设定的安全距离来控制车辆的速度和位置。

（3）控制算法与跟驰模型：自适应巡航控制系统需要一个控制算法并结合感知数据做出适当的决策。常见的控制算法包括 PID 控制器、模糊逻辑控制器等。这些算法根据前车的运动状态和设定的目标跟随策略来调整车辆的加速度和制动力，从而实现与前车的安全距离。跟驰模型根据行驶状态变化引起跟驰车辆的相应行为变化，常见的跟驰模型包括 ACC 模型、IDM 模型。

（4）执行器控制：控制算法计算出的控制信号需要传递给车辆的执行器。执行器根据接收到的信号来调整车辆的速度和制动力，实现与前车的跟随和自动速度调整。

（5）实验数据记录与分析：自适应巡航控制实验通常会记录各种传感器数据、控制信号和车辆状态等信息。这些数据将用于后续实验的分析和改进，以优化控制算法和提高系统性能。

通过以上原理，自适应巡航控制系统能够实现车辆与前车的安全跟驰，从而提高驾驶的舒适性和安全性。在实验过程中，需要对感知、控制算法和执行器进行综合测试和调整，以确保系统在不同道路和交通条件下的稳定性和可靠性。

7.1.2　实验材料

（1）微缩智能车，2 辆。
（2）中控系统，1 套。
（3）实训平台，高架道路实验场景。

7.1.3　实验目标

（1）让学生深入理解和学习自适应巡航控制系统的原理、功能和应用。
（2）学会优化自适应巡航控制方案。
（3）掌握自适应巡航控制评价方法以及数据处理分析能力。

7.1.4　实验内容

在实训平台高架道路上，选用两辆车行驶在同一车道上，前车作为背景车辆用于制造加速、减速和匀速运行状态场景，测试车辆植入自适应巡航控制算法，调节自适应巡航控制算法参数。在高架道路上，两辆车完成加速、减速和匀速的自适应巡航运行状态，导出车辆运行状态数据，评价车辆在不同自适应巡航控制算法和控制参数下的跟驰效果和安全性。

（1）自适应巡航控制场景搭建：目标车辆跟随背景车辆行驶，背景车辆在行驶过程中制造加速、减速和匀速运行状态，目标车辆在自适应巡航状态下跟随背景车辆加速、减速和匀速运行，如图 7.1-1 所示。

（2）数据分析：根据自适应巡航控制在加速、减速和匀速运行状态下的运行数据，分析在不同算法和参数选取下的车辆自适应巡航控制的运行效果，评价不同控制算法下的跟车速度、前后车位移和相对位移差，如图 7.1-2 所示。

7.1.5　实验步骤

1. 自适应巡航控制实验操作内容

（1）算法与参数：熟悉自适应巡航控制算法、跟驰模型以及运行控制参数，包括理解车辆如何智能地根据前方车辆的状态进行调整，以保持安全跟车距离。

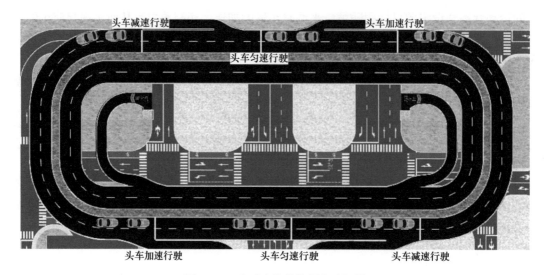

图 7.1-1　自适应巡航控制实验场景

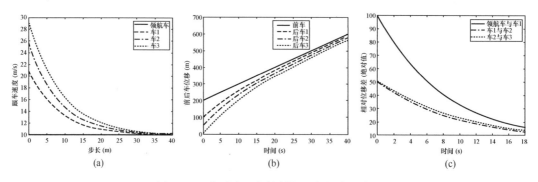

图 7.1-2　自适应巡航控制的运行状态示意图

（a）跟车速度；（b）前后车位移；（c）相对位移差

（2）中控系统运行与车联网测试：启动中控系统，进行微缩智能车的车联网测试，确保系统正常运行。

（3）实验场景准备：安置微缩智能车的位置，迅速进入实验场景，展开高架道路上车辆自适应巡航控制实验。

（4）微缩智能车选择与标定：从车队中选择两辆微缩智能车作为实验对象，在中控系统标定的区域内选定道路行驶路线，重点在高架道路上进行实验。

（5）自适应巡航控制算法参数优化：对自适应巡航控制算法跟驰参数进行优化，以适应实际驾驶场景。

（6）自适应巡航控制实验开始：记录实验开始时间，启动自适应巡航控制实验，观察微缩智能车在高架道路上的运行行为。

（7）实验数据导出：导出实验数据，包括车辆轨迹数据、运行速度以及车辆 ID 等信息。

（8）优化算法探究与效果评估：通过对实验数据的深入分析，探讨最优自适应巡航控制算法、跟驰模型及相对运动参数。评价自适应巡航控制下车辆的跟驰效果、安全性以及对交通流的稳定性影响情况。

2. 实验具体操作步骤

（1）微缩智能车调度使用流程图如图 7.1-3 所示。

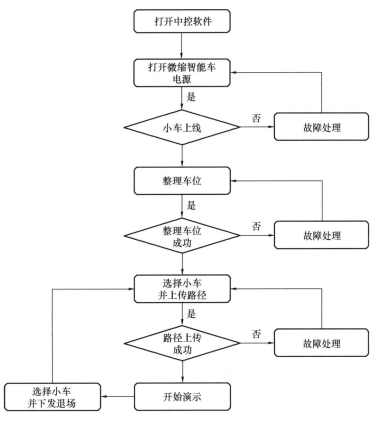

图 7.1-3　微缩智能车调度使用流程图

（2）微缩智能车联网测试：开启微缩智能车电源开关，通过上位机软件查看微缩智能车的联网状态，上位机软件出现微缩智能车 ID 号，说明微缩智能车电源开启正常、联网成功，如图 7.1-4 所示。

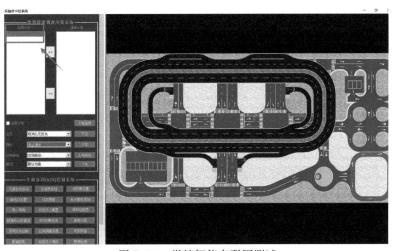

图 7.1-4　微缩智能车联网测试

（3）自适应巡航控制微缩智能车位整理（车位初始化）：选择两辆车（1号车、2号车）开展自动驾驶紧急制动控制实验，前后推动微缩智能车，推动范围为 10～20cm，确认 RFID 模块扫描到 RFID 标签，通过上位机软件界面查看，微缩智能车 ID 号由红色变成蓝色，说明扫描到 RFID 标签，车位整理成功，如图 7.1-5 所示。

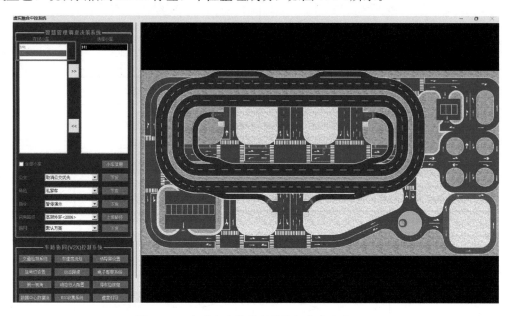

图 7.1-5　自适应巡航控制微缩智能车车位整理

点击相应的图标可进行微缩智能车信息查询，若微缩智能车车位整理成功，在"小车信息"栏内会显示"TRUE"样例（线框表示微缩智能车电量较少），如图 7.1-6 所示。

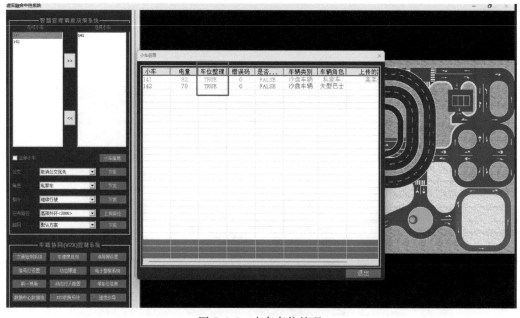

图 7.1-6　小车车位整理

（4）选择微缩智能车：微缩智能车分为"在线小车"区域和"选择小车"区域两个部分，只有在"选择小车"区域的微缩智能车才可以进行相应设置，点击标号 2、3 或者选择"全部小车"进行微缩智能车选择，如图 7.1-7 线框圈住部分。其中左键点击标号 2、3 是单车选择，选择"全部小车"是对"在线小车"区域中所有车辆选择。

图 7.1-7　选择微缩智能车

（5）微缩智能车运行路径选择：在"已有路径"中选择微缩智能车在高架道路上的行驶路径，选择完成后点击左键"上传路径"，如果微缩智能车 ID 号变成绿色，说明路径上传成功，如图 7.1-8 所示。高架外环路径（二层）如图 7.1-9 所示。

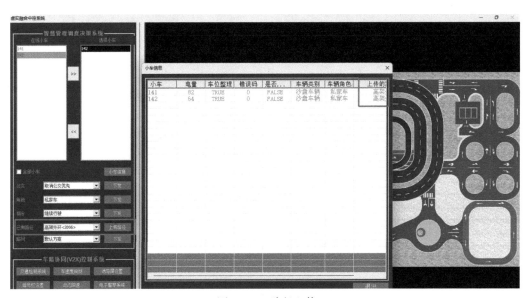

图 7.1-8　路径上传

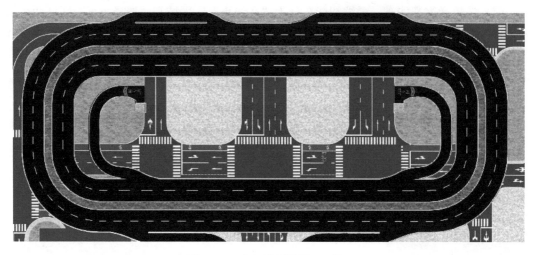

图 7.1-9 高架外环路径（二层）

（6）微缩智能车自适应巡航控制实验设置：选择开展的自适应巡航控制实验，调出自适应巡航控制的路网，跟随前车进行自适应巡航控制：设计车辆行驶在同一条车道上，场景车辆 1 号车为领航车，测试车辆为 2 号车，接收到头车 1 号车跟随自适应巡航的控制命令，车辆根据头车 1 号车的行驶状态调整自身状态，当场景车辆 2 号车加速、减速或匀速时，测试车辆 2 号车同样加速、减速后匀速，完成跟驰头车 1 号车的运行，如图 7.1-10 所示。

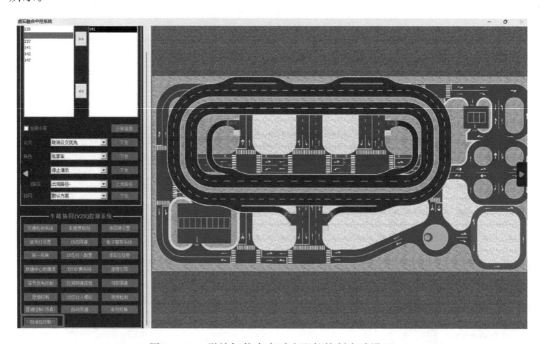

图 7.1-10 微缩智能车自适应巡航控制实验设置

（7）自适应巡航控制算法层面设置：打开"菜单"—"车辆"—"跟驰模型参数"窗口，如图 7.1-11 所示。在车辆刷新后选择一辆车，可以通过"查询"查看车辆目前的参

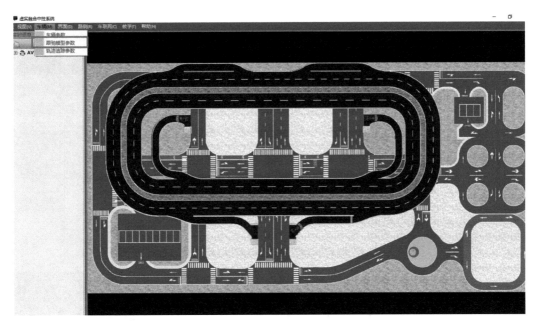

图 7.1-11　跟驰模型参数窗口

数配置。在填写"当前运行的有效跟驰模型对应编号"和参数后，点击"参数设定"确认配置，完成自动驾驶车辆自适应巡航控制算法设置，如图 7.1-12 所示。

图 7.1-12　自适应巡航控制算法设置

（8）实验开始运行和导出数据：单击"开始运行"处的"指令下发"，如图 7.1-13 所示，实验开始运行。

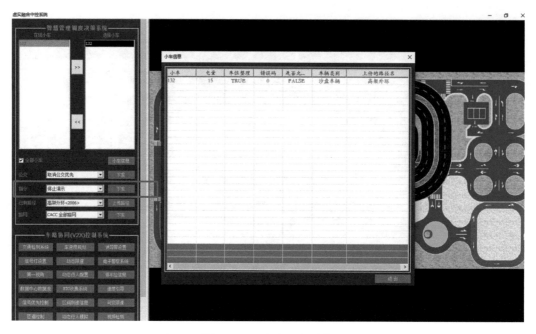

图 7.1-13　实验运行开始

数据自动存储在数据中心部署的电脑上，生成一个 text 文档，路径为 C:\software\
flume\files\unity_topic，根据车辆 ID 提取相应车辆的行驶数据，数据导出如图 7.1-14所
示，数据导出设置如图 7.1-15所示，数据导出内容如图 7.1-16所示，数据标签标识表如
表 7.1-1 所示。

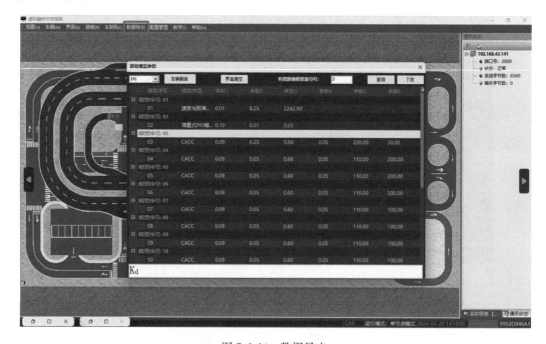

图 7.1-14　数据导出

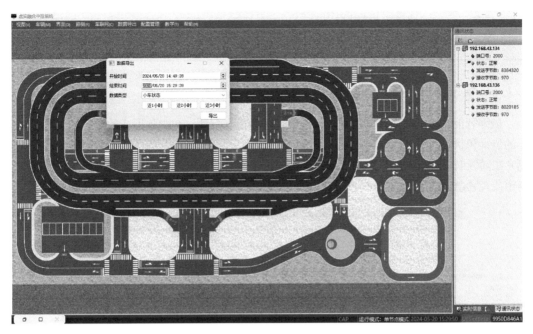

图 7.1-15　数据导出设置

图 7.1-16　数据导出内容

数据标签标识		表 7.1-1
时间	坐标	速度
TimeStamp1"：1693741582	PosX"：2373.078857421875,"PosZ"：0.0, "PosY"：213.295654296875	Speed"：297

7.1.6 实验效果

微缩智能车自动巡航控制过程效果包括：①领航车判断，在跟驰形成的过程中，确定领航车的位置和状态，领航车可以是自动驾驶车辆或人工驾驶车辆；②巡航状态，自车（测试车辆）跟随领航车在行驶过程中完成加速、匀速、减速等行驶状态；③车辆脱离，当领航车发生变道或者紧急制动等行为时，自车将结束自适应巡航状态，运行效果图如图 7.1-17 所示。

图 7.1-17 运行效果图

7.1.7 注意事项

（1）在指定位置开展自适应巡航控制实验。

（2）开始自适应巡航控制实验前，两辆微缩智能车摆放位置不能过远，否则无法实现自适应巡航效果。

7.1.8 思考题

（1）不同自适应巡航控制车辆渗透率下对混合交通流稳定性有何影响？

（2）调节跟驰模型参数对自适应巡航控制的影响如何？

7.2 微缩智能车跟驰控制实验

7.2.1 实验原理

微缩智能车跟驰控制实验是为了测试微缩智能车在实际交通环境下的行驶状态。在真实的道路交通中，车辆之间存在着跟驰行为，即车辆在行驶过程中根据前车的速度和距离来调整自身的速度和距离，以保持一定的安全跟车距离。该实验模拟了真实驾驶环境中车辆的自由行驶状态，综合了车辆跟驰模型构建和跟驰参数调控，旨在评估微缩智能车内在的跟驰模型以及参数控制效果，以提高微缩智能车的行驶舒适性和高效性。常见的跟驰模型包括线性跟驰模型、非线性跟驰模型以及基于车辆间通信的协同跟驰模型等。

1. 算法层面

跟驰模型算法：Treiber 等提出的智能驾驶模型（Intelligent Driver Model，IDM）是一类重要的车辆跟驰模型。该模型由两个部分组成，包括自由状态下的加速趋势和考虑与前车碰撞时的减速趋势。具体方程式如下：

$$a_n(t) = \alpha \left[1 - \left(\frac{v_n(t)}{v_{\max}} \right)^{\delta} - \left(\frac{s^*(v_n(t), \Delta v_n(t))}{\Delta x_n(t)} \right)^2 \right] \tag{7.2-1}$$

$$s^*(v_n(t), \Delta v_n(t)) = s_0 + s_1 \sqrt{\frac{v_n(t)}{v_{\max}}} + T_s v_n(t) + \frac{v_n(t) * \Delta v_n(t)}{2\sqrt{a_m b_n}} \tag{7.2-2}$$

式中　α——驾驶人的期望加速度（m/s²）；

$s^*(\bullet)$——期望最小间距（m）；

$v_n(t)$——车辆 n 在 t 时刻的速度（m/s）；

T_s——安全车头时距（s）；

a_m——最大加速度（m/s²）；

b_n——期望减速度（m/s²）；

$\Delta v_n(t)$——车辆 n 与跟驰车辆在 t 时刻的速度差（m/s）；

$\Delta x_n(t)$——驾驶人期望跟车间距与车身长度的差值（m）；

δ，s_0，s_1——相关参数。

2. 技术层面

微缩智能车跟驰控制实验的原理是通过微缩智能车内嵌的跟驰模型控制车辆的行驶状态，通过微缩智能车的感知系统实时获取周围环境和障碍物的信息，利用跟驰模型算法在车辆行驶过程中做出行为决策，从而实现舒适、高效和安全的行驶状态。技术实现的关键步骤如下：

（1）环境感知：微缩智能车通过搭载的摄像头、测距传感器等感知设备主动获取周围交通环境的信息。

（2）决策制定：根据环境感知设备检测周围交通环境，基于车辆内部跟驰模型算法做出车辆行为决策。决策内容包括加速、减速、匀速以及最佳决策点的确定等行为。

结合感知和跟驰模型算法，使得自动驾驶车辆能够模拟人类驾驶车辆时的行驶状态，达到安全、高效和舒适的行驶状态。

7.2.2　实验材料

（1）微缩智能车，8 辆。

（2）中控系统，1 套。

（3）实训平台，高架道路实验场景。

7.2.3 实验目标

（1）学习自动驾驶跟驰控制的基本模型和原理，了解跟驰模型算法如何根据周围环境做出行为决策。

（2）根据跟驰模型的行驶效果，对跟驰模型进行优化，提升微缩智能车的跟驰效果。

（3）掌握自动驾驶跟驰控制的评价指标，使用数据处理和分析工具量化跟驰效果，根据分析结果进一步优化跟驰模型。

7.2.4 实验内容

在高架实验道路上开展微缩智能车跟驰控制实验，共设置8辆微缩智能车在道路上自由行驶，其中被测试车辆提前植入跟驰模型算法，被测试车辆在高架道路上根据周围交通环境自行调整车辆行驶状态。测试不同的跟驰模型算法和跟驰模型参数，然后评估不同跟驰模型算法和参数组合下的行驶效果，使得被测试车辆能够安全、高效和舒适地行驶。

（1）跟驰控制场景搭建：在高架道路上设置8辆车，模拟真实交通流，模拟车辆在交通流中自由行驶，如图7.2-1所示。

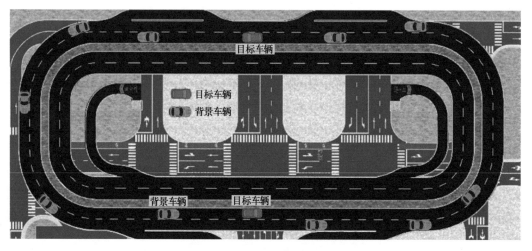

图 7.2-1　微缩智能车跟驰控制实验场景

（2）数据分析：梳理车辆的运行特性，评价不同控制算法和参数选取下的运行效果，如图7.2-2所示。

7.2.5 实验步骤

1. 控制实验操作内容

（1）启动中控系统，开启微缩智能车的电源，确保微缩智能车成功上线。

（2）将微缩智能车置于实验路径上，包括高架路外环外车道、内车道以及内环外车道、内车道四种路径。

（3）确认8辆微缩智能车的状态为"TRUE"。

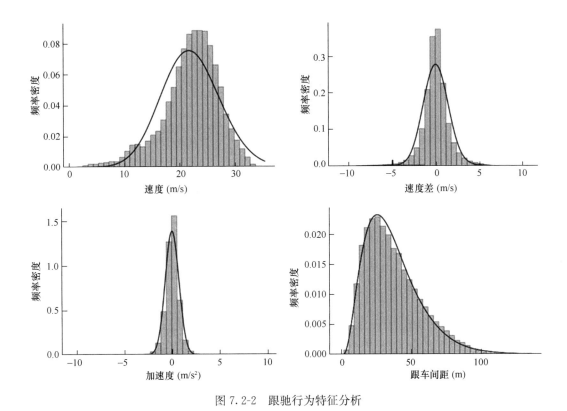

图 7.2-2　跟驰行为特征分析

（4）在中控系统中选择相应的路径，以确保微缩智能车在指定的路径上行驶。

（5）设置微缩智能车的跟驰控制算法及参数。

（6）记录实验开始时间，启动微缩智能车跟驰控制实验，8 辆车在高架道路上自由行驶。

（7）记录实验结束时间。

（8）导出实验数据，并根据车辆 ID 提取车辆的运行数据。

（9）进行数据分析，关注微缩智能车跟驰控制的加速度、速度和跟驰距离。通过评估跟驰过程的舒适性、安全性，全面评价自动驾驶系统的运行效果。这些评估结果将为进一步改进控制算法和优化系统提供实质性的指导。

2. 实验具体操作步骤

（1）微缩智能车调度使用流程图如图 7.2-3 所示。

（2）微缩智能车联网测试：开启微缩智能车电源开关，通过上位机软件查看微缩智能车的联网状态，上位机软件出现微缩智能车 ID 号，说明微缩智能车电源开启正常、联网成功，如图 7.2-4 所示。

（3）自动驾驶跟驰控制微缩智能车位整理：选择 8 辆车开展自动驾驶跟驰控制实验，前后推动微缩智能车，推动范围约 10～20cm，确认 RFID 模块扫描到 RFID 标签，通过上位机软件界面查看，微缩智能车 ID 号由红色变成蓝色，说明扫描到 RFID 标签，车位整理成功，如图 7.2-5 所示。点击相应的图标可进行微缩智能车信息查询，若小车车位整理成功，在小车信息内会显示"TRUE"样例，如图 7.2-6 所示。

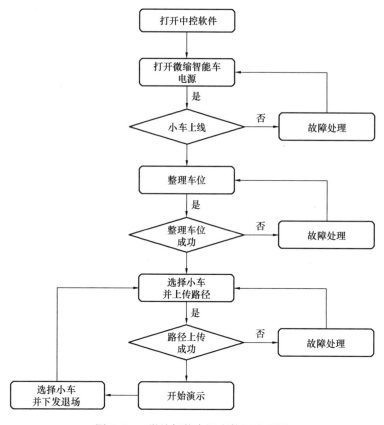

图 7.2-3　微缩智能车调度使用流程图

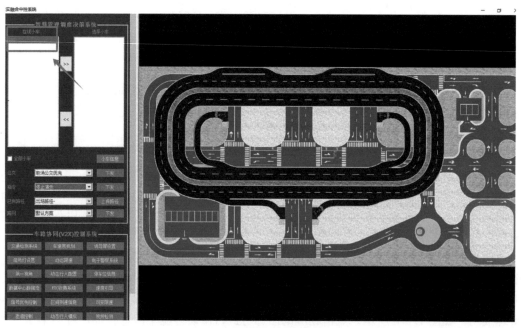

图 7.2-4　微缩智能车联网测试

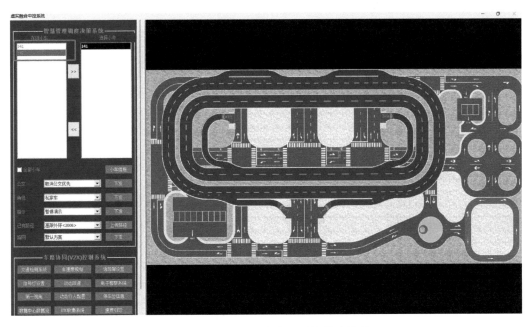

图 7.2-5　自适应巡航控制微缩智能车位整理

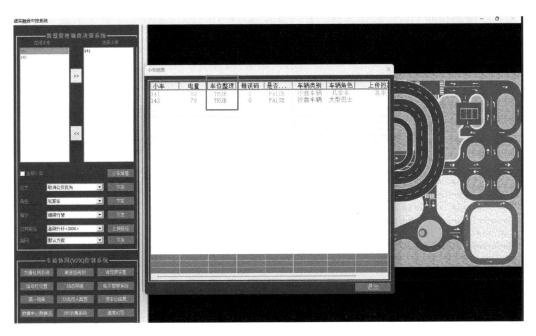

图 7.2-6　车位整理

（4）选择微缩智能车：微缩智能车分为"在线小车"区域和"选择小车"区域两个部分，只有在"选择小车"区域的微缩智能车才可以进行相应设置，点击标号 2、3 或者选择"全部小车"进行微缩智能车选择，如图 7.2-7 框线圈住部分。其中左键点击标号 2、3 是单车选择，选择"全部小车"是对"在线小车"区域中所有车辆选择。

图 7.2-7　微缩智能车选择

（5）微缩智能车运行路径选择：在"已有路径"中选择微缩智能车高架道路上行驶路径，选择完成后点击左键"上传路径"，如果微缩智能车ID号变成绿色（框线表示电量较低），说明路径上传成功，如图 7.2-8 所示。高架外环路径（二层）如图 7.2-9 所示。

图 7.2-8　路径选择

（6）自动驾驶跟驰控制实验场景设置：8辆车辆在高架上自由行驶，根据实际交通流状况进行加速、减速、匀速行驶。

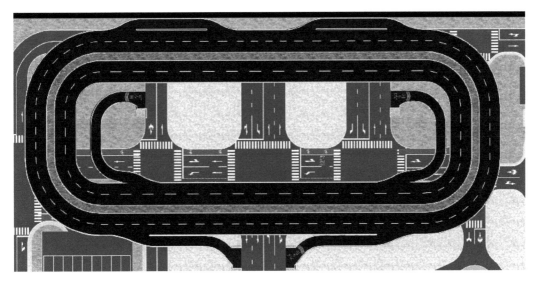

图 7.2-9 高架外环路径（二层）

（7）自动驾驶跟驰控制算法层面设置：打开"菜单"—"车辆"—"跟驰模型参数"窗口，如图 7.2-10 所示。在车辆刷新后选择一辆车，可以通过"参数查询"查看车辆目前的参数配置。在填写"当前运行的有效跟驰模型对应编号"和参数后，点击"参数设定"确认配置，完成自动驾驶车辆跟驰模型参数设置，如图 7.2-11 所示。

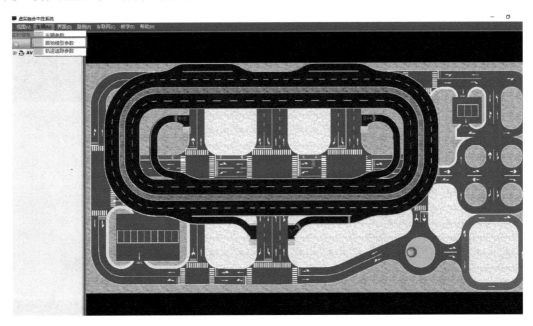

图 7.2-10 跟驰模型参数窗口

（8）实验开始运行和导出数据：单击"开始运行"处的"指令下发"，如图 7.2-12 所示，实验开始运行。数据自动存储在数据中心部署的电脑上，生成一个 text 文档，路径为 C：\ software \ flume \ files \ unity _ topic，根据对应实验时间和车辆 ID 提取相应车辆的行驶数据，数据导出设置如图 7.2-13 所示，数据导出内容如图 7.2-14 所示，数据标签标识如表 7.2-1 所示。

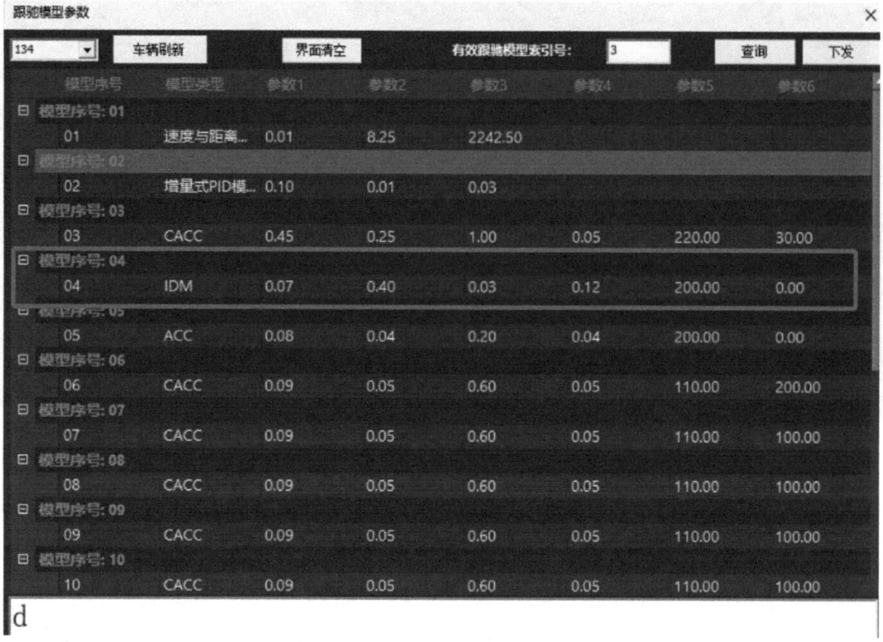

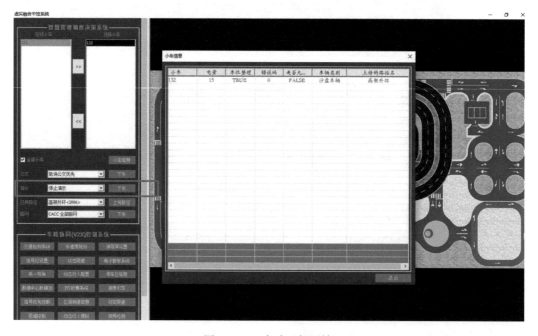

图 7.2-11　跟驰模型参数设置

图 7.2-12　实验运行开始

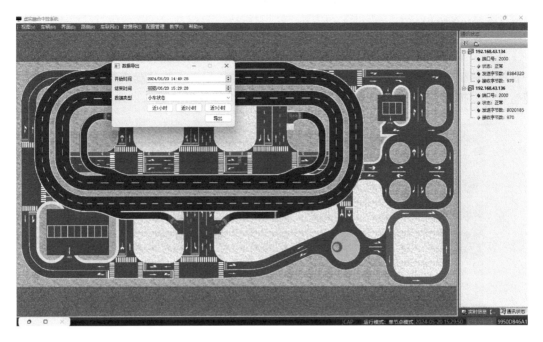

图 7.2-13　数据导出设置

图 7.2-14　数据导出内容

数据标签标识表　表 7-2-1

时间	坐标	速度
TimeStamp1"：1693741582	PosX"：2373.078857421875,"PosZ"：0.0, "PosY"：213.295654296875	Speed"：297

7.2.6 实验效果

在高架实验道路上进行微缩智能车跟驰控制实验，8 辆车同时在高架道路上运行，其中目标车辆植入 IDM 跟驰控制算法，目标车辆根据实际交通流状况进行加速、减速和匀速行驶，模拟人类驾驶行为，微缩智能车跟驰控制运行效果如图 7.2-15 所示。

图 7.2-15　微缩智能车跟驰控制运行效果

7.2.7 注意事项

（1）控制微缩智能车行驶速度，以免发生剧烈碰撞造成微缩智能车损坏。

（2）遵守实验指导书规程，在规定区域开展自动驾驶跟驰控制实验。

7.2.8 思考题

（1）微缩智能车中的跟驰模型参数如何进行科学标定从而一定程度上实现模拟人类驾驶行为？

（2）微缩智能车利用跟驰模型行驶，其行驶效果对于交通流影响程度如何？

7.3 微缩智能车换道控制实验

7.3.1 实验原理

换道控制是通过各种传感器（如激光雷达、摄像头、超声波传感器等）感知周围的环境。这些传感器将收集道路结构、车道线、其他车辆、障碍物和行人等信息。车辆将感知到的环境信息与地图上的信息进行匹配，以确定车辆的准确位置。当传感器检测到潜在的碰撞风险时，控制系统会立即采取措施来避免碰撞。基于感知数据和目标位置，车辆使用路径规划算法确定一条安全、高效的路径。路径规划考虑了车辆的动力学特性、车道约束、障碍物、交通规则和其他车辆的运动状态。在主动换道过程中，车辆需要预测其他车辆和行人的未来动作和行为，以便做出相应的决策。基于感知和预测信息，车辆制定决策，比如选择是否换道、何时换道、选择换道路径，或是选择加速或减速避免障碍物。车辆通过运动控制算法来执行决策，包括控制车辆的转向、加速度和制动，以实现安全、平滑地换道和避撞。主动换道控制是一个复杂的系统，需要多个模块的紧密协作，以实现自动驾驶车辆在道路上安全、高效地行驶。

7.3.2　实验材料

（1）微缩智能车，2 辆。

（2）中控系统，1 套。

（3）实训平台，高架道路实验场景。

7.3.3　实验目标

（1）了解主动换道控制相关理论知识。

（2）基于中控系统实现车辆主动换道控制，并分析车辆主动换道控制效果。

7.3.4　实验内容

在高架实验道路上进行微缩智能车换道控制实验，主要实现两种主动换道实验场景（图 7.3-1），并按照实验运行情况对车辆换道过程进行数据分析，如图 7.3-2、图 7.3-3 所示，具体要求如下：

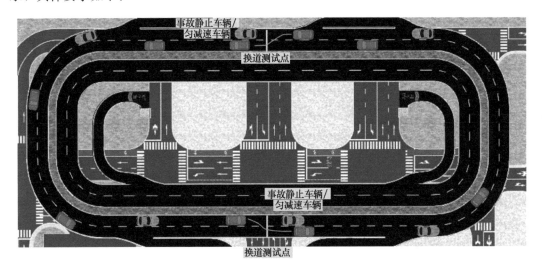

图 7.3-1　主动换道控制实验场景

1. 搭建两种主动换道实验场景

（1）场景 1：前车车辆因事故静止在道路上时，目标车辆检测到前车车辆静止，实现自动驾驶紧急制动控制。

（2）场景 2：两辆车匀速行驶在道路上，前车紧急减速刹车。

2. 数据分析

（1）分析在不同算法和参数选取下车辆主动换道的局部路径。

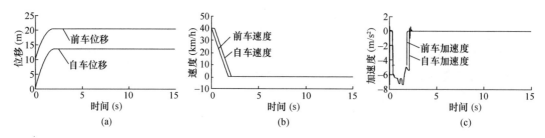

图 7.3-2　纵向紧急制动控制结果

（a）前、后车纵向位移变化趋势；（b）前、后车速度变化趋势；（c）前、后车加速度变化趋势

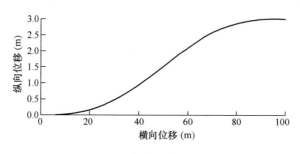

图 7.3-3　侧向换道避撞轨迹

（2）开始换道控制的相对距离和停车相对距离。

（3）评价该控制算法下换道的纵向、横向稳定性和舒适性。

7.3.5　实验步骤

1. 主动换道控制实验操作内容

（1）启动中控系统，开启微缩智能车的电源，确保微缩智能车成功上线。

（2）将微缩智能车置于实验路径上，包括高架路外环外车道、外环内车道以及内环外车道、内环内车道四种路径。

（3）确认两辆微缩智能车的状态为"TRUE"。

（4）在中控系统中选择相应的路径，以确保微缩智能车在指定的路径上行驶。

（5）设置微缩智能车的主动换道控制算法及参数。

（6）记录实验开始时间，启动自动驾驶紧急制动控制实验：

1）场景 1：在某位置放置前车，但不触发其运行，然后触发后车的运行。

2）场景 2：两辆车以匀速行驶在道路上，突然触发前车进行紧急刹车。

（7）在中控系统下发主动换道控制命令，利用微缩智能车完成车辆正常换道、超车换道、减速换道等车辆主动换道控制任务。

（8）记录实验结束时间。

（9）导出实验数据，并根据车辆 ID 提取车辆的运行数据。

（10）进行数据分析，分析在不同算法下车辆换道过程中的侧向稳定性、纵向安全性。

2. 实验具体操作步骤

（1）微缩智能车调度使用流程图如图 7.3-4 所示。

（2）微缩智能车联网测试：开启微缩智能车电源开关，通过上位机软件查看微缩智能

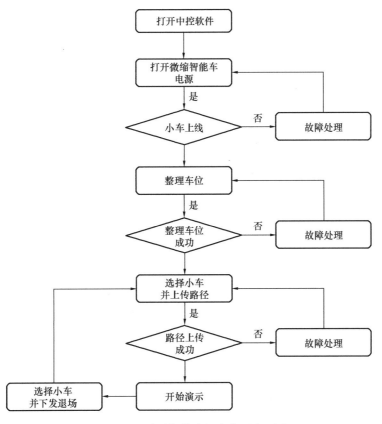

图 7.3-4　微缩智能车调度使用流程图

车的联网状态，上位机软件出现微缩智能车 ID，说明微缩智能车电源开启正常、联网成功，如图 7.3-5 所示。

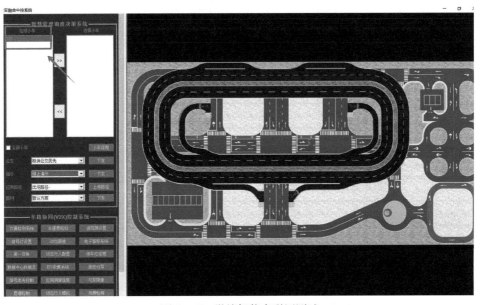

图 7.3-5　微缩智能车联网测试

（3）主动换道避撞规划与控制微缩智能车车位整理：选择两辆车（1 号车和 2 号车）开展主动换道避撞规划与控制实验，前后推动微缩智能车，推动范围为 10～20cm，确认 RFID 模块扫描到 RFID 标签，通过上位机软件界面查看，微缩智能车 ID 号由红色变成蓝色，说明扫描到 RFID 标签，车位整理成功，如图 7.3-6 所示。点击相应的图标可进行微缩智能车信息查询，若微缩智能车车位整理成功，在小车信息内会显示"TRUE"样例，如图 7.3-7 所示。

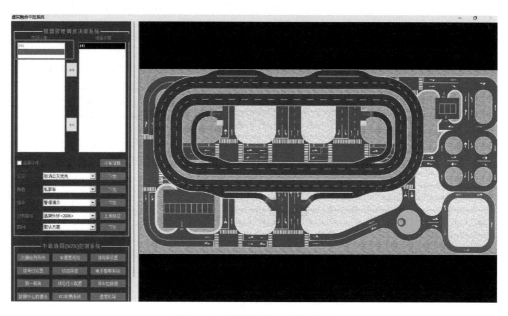

图 7.3-6　微缩智能车车位整理

图 7.3-7　小车车位整理

（4）选择微缩智能车：微缩智能车分为"在线小车"区域和"选择小车"区域两个部分，只有在"选择小车"区域的微缩智能车才可以进行相应设置，点击标号 2、3 或者选择"全部小车"进行微缩智能车选择，如图 7.3-8 框线圈住部分。其中左键点击标号 2、3 是单车选择，选择"全部小车"是对"在线小车"区域中所有车辆选择。

图 7.3-8　微缩智能车选择

（5）微缩智能车运行路径选择：在"已有路径"中选择微缩智能车高架道路上行驶路径，选择完成后左键点击"上传路径"，如果微缩智能车 ID 号变成绿色（框线表示电量较低），说明路径上传成功，如图 7.3-9 所示。高架外环路径（二层）如图 7.3-10 所示。

图 7.3-9　路径上传

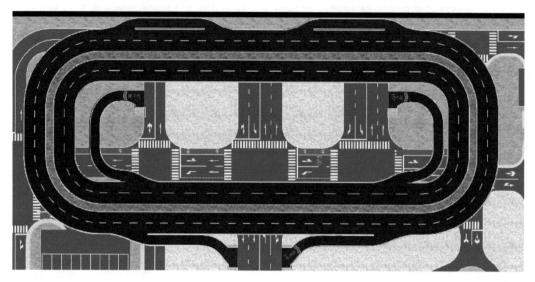

图 7.3-10　高架外环路径（二层）

（6）主动换道避撞控制与规划实验场景设置：需要开展两种场景（A 场景和 B 场景），如图 7.3-11 所示：

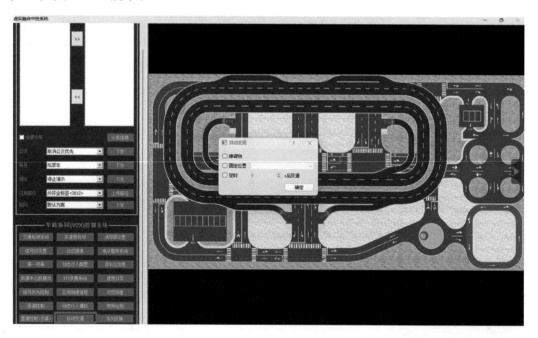

图 7.3-11　自主换道避撞控制实验场景

1）A 场景开展跟随前车制动：设计 2 号车跟随 1 号车行驶，1 号车根据特定位置制造停车场景，测试 2 号车紧急启动主动换道避撞功能。

2）B 场景测试车辆遇到停止的场景车辆：设计 2 号车跟随 1 号车行驶，1 号车根据特定位置制造紧急减速场景，测试 2 号车启动主动换道避撞功能。

（7）实验开始运行和导出数据：单击"开始运行"处的"指令下发"，如图 7.3-12 所

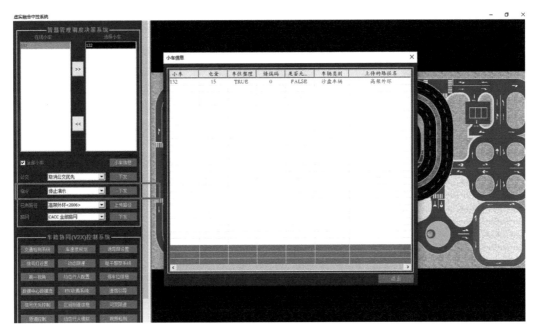

图 7.3-12　实验运行开始

示，实验开始运行。数据自动存储在数据中心部署的电脑上，生成一个 text 文档，路径为 C：\ software \ flume \ files \ unity _ topic，根据对应实验时间和车辆 ID 提取相应车辆的行驶数据，数据导出如图 7.3-13，数据导出设置如图 7.3-14，数据导出内容如图 7.3-15所示，数据标签标识如表 7.3-1 所示。

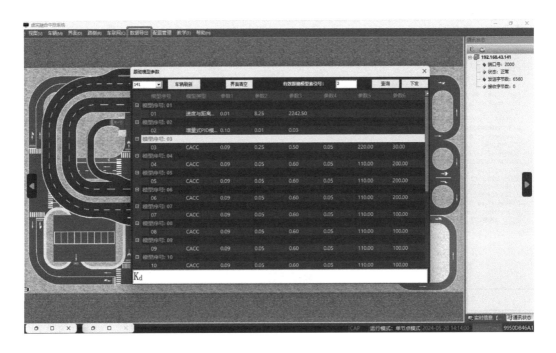

图 7.3-13　数据导出

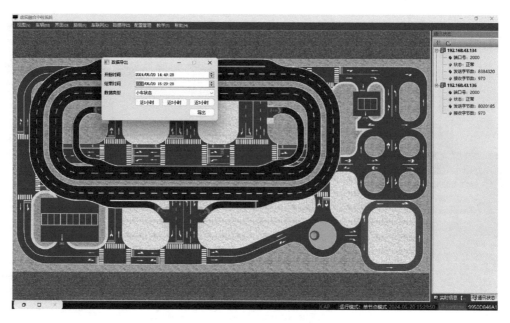

图 7.3-14　数据导出设置

图 7.3-15　数据导出内容

数据标签标识　　　　　　　　　　　　　　　　　　表 7.3-1

时间	坐标	速度
TimeStamp1"：1693741582	PosX"：2373.078857421875,"PosZ"：0.0, "PosY"：213.295654296875	Speed"：297

7.3.6　实验效果

　　微缩智能车换道控制过程包括：在车辆制动过程中，当自车发现前方车辆紧急制动或者静止状态，自车首先采用制动行为，降低车速为换道作准备；在车辆换道过程中，当自车降低至安全换道速度时，自车按照先前规划的紧急换道路径进行换道，运行效果图如图 7.3-16 所示。

图 7.3-16　运行效果图

7.3.7　注意事项

　　（1）在实训平台指定位置开展实验。

　　（2）实验开始前，校准主动换道避撞规划与控制算法以及微缩智能车的行驶控制状态。

7.3.8　思考题

　　（1）在舒适的车辆换道过程中，车辆过程路线呈现什么特征？

　　（2）当前自动驾驶换道应用的车辆换道路线采用什么方法量化？

7.4　微缩智能车紧急制动控制实验

7.4.1　实验原理

　　微缩智能车紧急制动控制实验是为了测试自动驾驶车辆在面临紧急情况时的制动系统性能。该实验模拟了真实驾驶环境中的紧急情况，旨在评估自动驾驶紧急制动系统（Automatic Emergency Braking，AEB）是否能够有效地采取紧急制动措施，以减少或避免碰撞，从而提高驾驶人和乘客的安全性。

　　1. 算法层面

　　（1）制动距离判断算法：当系统计算出必须采用很大的、不舒服的减速度才可避免碰撞时，系统会触发此功能，紧急制动可尽可能地减小两车的相对速度，从而减轻甚至避免碰撞。

AEB 制动触发策略以相对速度和半制动减速度为参数，根据牛顿运动学公式，计算出制动触发时的距离阈值，将相对距离和距离阈值比较，判断 AEB 制动是否需要触发。

制动触发距离由式（7.4-1）确定：

$$制动触发距离 = \frac{(V_0)^2 - (V_t)^2}{2a} + 标定距离 \qquad (7.4\text{-}1)$$

式中　V_0——当前时刻的相对速度；

V_t——最终速度；

a——制动减速度。

（2）制动控制算法

增量式 PID 模型按式（7.4-2）确定：

$$\Delta u(k) = K_p \cdot e(k-1) + K_i \cdot e(k) + K_d \cdot \big[e(k) - 2e(k-1) + e(k-2) \big]$$

$$(7.4\text{-}2)$$

式中　K_p——比例系数；

K_i——积分系数；

K_d——微分系数；

$e(k-1)$——上一次的目标和实际的误差值；

$e(k)$——这次的目标和实际的误差值；

$e(k-2)$——上上次目标和实际的误差值。

2. 技术层面

微缩智能车紧急制动控制实验的原理是通过微缩智能车的感知系统实时获取周围环境和障碍物的信息，利用先进的控制算法在检测到紧急情况时迅速做出制动决策，并通过电子制动系统实现车辆的迅速减速或停车。该技术的核心目标是确保车辆能够在紧急情况下快速、准确地做出制动反应，以有效避免碰撞或减轻事故后果，从而保障车辆和乘客的安全。该技术实现的关键步骤如下：

（1）环境感知：微缩智能车通过搭载的摄像头、测距传感器等感知设备主动获取周围交通环境的信息。同时，利用 Wi-Fi 无线通信实时接收路侧智能网联设备的广播信息，为局部路径规划提供更全面的信息支持。

（2）决策制定：当系统检测到潜在的碰撞风险时，基于传感器数据和预定义的算法进行决策制定。决策内容包括是否需要紧急制动、制动强度的设定以及最佳制动时机的确定。

（3）动态响应：自动驾驶系统需要实时监测环境情况的变化，以根据新的传感器数据和环境信息灵活调整制动策略。例如，如果障碍物的速度或位置发生变化，系统会相应地调整制动力度，确保及时避免碰撞。

紧急制动控制作为一个重要的安全特性，旨在提高道路上的整体安全性，并降低潜在事故的风险。通过结合感知、决策和实时响应，这项技术能够在紧急情况下保障车辆和乘客的安全。

7.4.2　实验材料

（1）微缩智能车，2 辆。

（2）中控系统，1 套。

（3）实训平台，高架道路实验场景。

7.4.3　实验目标

（1）了解微缩智能车紧急制动控制的基本原理。

（2）调整紧急制动控制算法或参数，实现微缩智能车紧急制动控制，根据紧急制动控制实验结果优化微缩智能车紧急制动方案，考虑不同情景下的最佳控制策略。

（3）掌握微缩智能车紧急制动控制的评价指标，学会使用数据处理和分析工具。

7.4.4　实验内容

在高架实验道路上设置了两辆微缩智能车进行跟驰行驶，微缩智能车紧急制动控制实验场景如图 7.4-1 所示。前车被设定制造停车或紧急制动的场景，而后车通过车辆的控制和决策算法完成车辆的紧急制动控制。然后根据车辆运行状态数据，评估不同算法和参数下的制动效果，如图 7.4-2、图 7.4-3 所示。

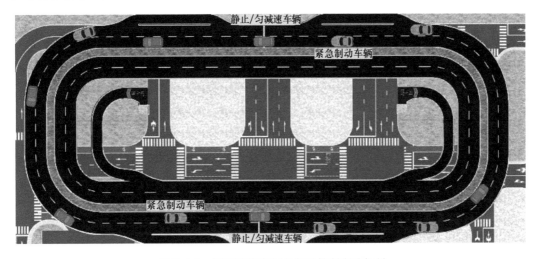

图 7.4-1　微缩智能车紧急制动控制实验场景

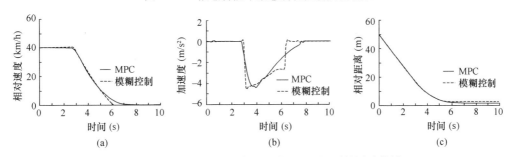

图 7.4-2　前车静止和自车速度为 40km/h 时的测试结果

（a）自车与前车的相对速度；（b）自车与前车的加速度；（c）自车与前车的相对距离

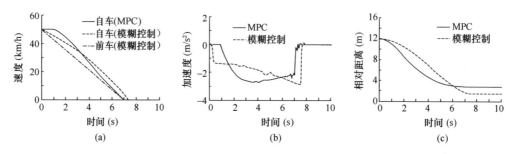

图 7.4-3　前车制动（$-2\mathrm{m/s^2}$）和自车速度为 $50\mathrm{km/h}$ 时的测试结果
（a）自车与前车的速度；（b）自车与前车的加速度；（c）自车与前车的相对距离

1. 搭建两种紧急制动场景

（1）场景 1：前车车辆因事故静止在道路上时，目标车辆遇到前车车辆静止，实现微缩智能车紧急制动控制。

（2）场景 2：两辆车匀速行驶在道路上，前车匀减速刹车。

2. 数据分析

（1）分析在不同算法和参数选取下的微缩智能车紧急制动减速度。

（2）开始制动控制的制动相对距离和制动停车相对距离。

（3）评价不同控制算法下的制动性能和舒适性。

7.4.5　实验步骤

1. 紧急制动控制实验操作内容

（1）启动中控系统，开启微缩智能车的电源，确保微缩智能车成功上线。

（2）将微缩智能车置于实验路径上，包括高架路外环外车道、内车道以及内环外车道、内车道四种路径。

（3）确认两辆微缩智能车的状态为"TRUE"。

（4）在中控系统中选择相应的路径，以确保微缩智能车在指定的路径上行驶。

（5）设置微缩智能车的自动驾驶紧急制动控制算法及参数。

（6）记录实验开始时间，启动自动驾驶紧急制动控制实验：

1）场景 1：在某位置放置前车，但不触发其运行，然后触发后车的运行。

2）场景 2：两辆车以匀速行驶在道路上，突然触发前车进行紧急刹车。

（7）记录实验结束时间。

（8）导出实验数据，并根据车辆 ID 提取车辆的运行数据。

（9）进行数据分析，关注微缩智能车紧急制动控制的加速度、开始制动的相对距离以及制动停车的相对距离。通过评估制动舒适性、安全性，并考察车距识别的影响情况，全面评价自动驾驶系统在不同场景下的性能表现。这些评估结果将为进一步改进控制算法和优化系统提供实质性的指导。

2. 实验具体操作步骤

（1）微缩智能车调度使用流程图如图 7.4-4 所示。

（2）微缩智能车联网测试：开启微缩智能车电源开关，通过上位机软件查看微缩智能

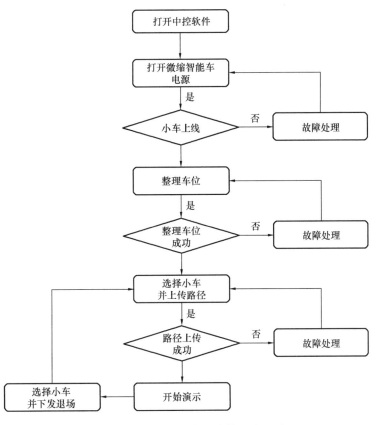

图 7.4-4　微缩智能车调度使用流程图

车的联网状态，上位机软件出现微缩智能车 ID，说明微缩智能车电源开启正常、联网成功，如图 7.4-5 所示。

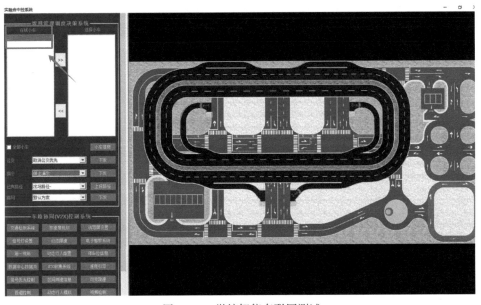

图 7.4-5　微缩智能车联网测试

（3）自动驾驶紧急制动控制微缩智能车车位整理：选择两辆车（1 号车和 2 号车）开展微缩智能车紧急制动控制实验，前后推动微缩智能车，推动范围为 10～20cm，确认 RFID 模块扫描到 RFID 标签，通过上位机软件界面查看，微缩智能车 ID 号由红色变成蓝色，说明扫描到 RFID 标签，车位整理成功，如图 7.4-6 所示。

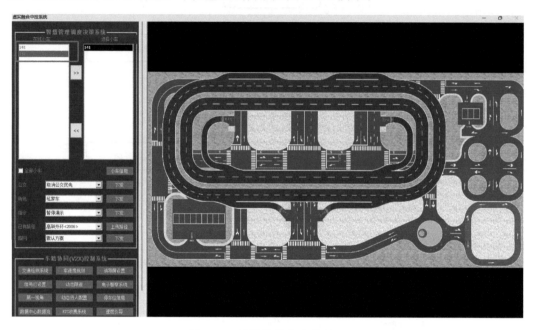

图 7.4-6　微缩智能车车位整理

点击相应的图标可进行微缩智能车信息查询，若微缩智能车车位整理成功，在小车信息内会显示"TRUE"样例，如图 7.4-7 所示。

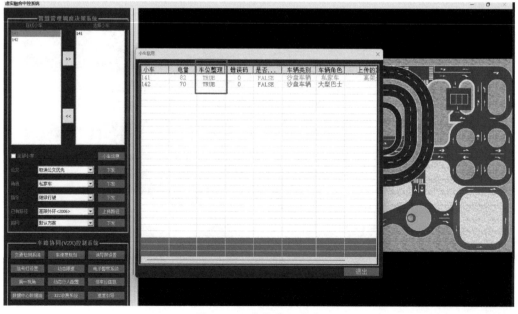

图 7.4-7　车位整理成功

（4）选择微缩智能车：微缩智能车分为"在线小车"区域和"选择小车"区域两个部分，只有在"选择小车"区域的微缩智能车才可以进行相应设置，点击标号 2、3 或者选择"全部小车"进行微缩智能车选择，如图 7.4-8 所示框线圈住部分。其中左键点击标号 2、3 是单车选择，选择"全部小车"是对"在线小车"区域中所有车辆选择。

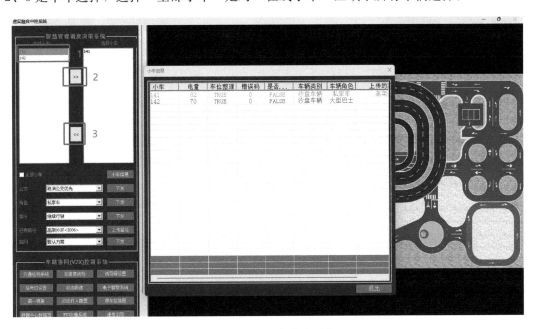

图 7.4-8　微缩智能车选择

（5）微缩智能车运行路径选择：在"已有路径"中选择微缩智能车高架道路上行驶路径，选择完成后左键点击"上传路径"，如果微缩智能车 ID 号变成绿色（框线表示电量较低），说明路径上传成功，如图 7.4-9 所示。高架外环路线（二层）如图 7.4-10 所示。

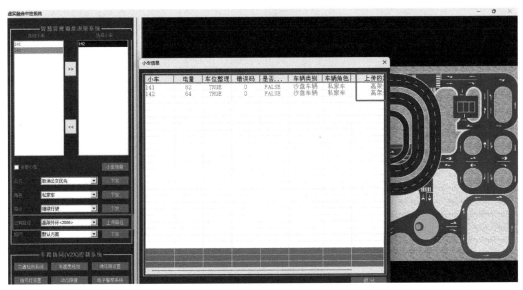

图 7.4-9　路径上传界面

191

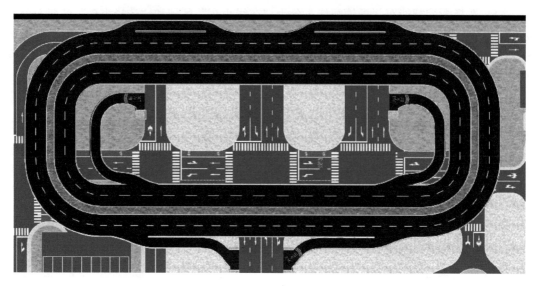

图 7.4-10　高架外环路线（二层）

（6）微缩智能车紧急制动控制实验场景设置：需要开展两种场景（A 场景和 B 场景）：

1）A 场景开展跟随前车制动：设计 2 号车跟随 1 号车行驶，1 号车根据特定位置制造停车场景，测试 2 号车的紧急制动控制。

2）B 场景测试车辆遇到停止的场景车辆：设计 2 号车跟随 1 号车行驶，1 号车根据特定位置制造紧急减速场景，测试 2 号车的紧急制动控制。

（7）微缩智能车紧急制动控制算法层面设置：打开"菜单"—"车辆"—"紧急制动参数"窗口，如图 7.4-11 所示。在车辆刷新后选择一辆车，可以通过"参数查询"查看

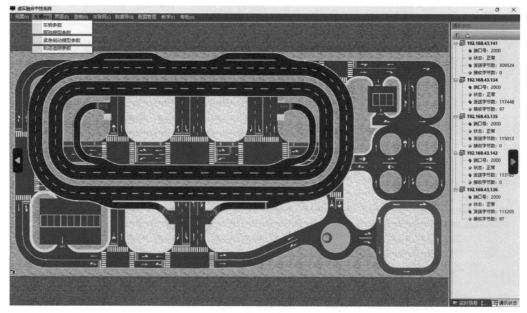

图 7.4-11　"紧急制动参数"窗口

车辆目前的参数配置。在填写"当前运行的有效跟驰模型对应编号"和参数后，点击"参数设定"确认配置，完成微缩智能车紧急制动控制设置，如图 7.4-12 所示。

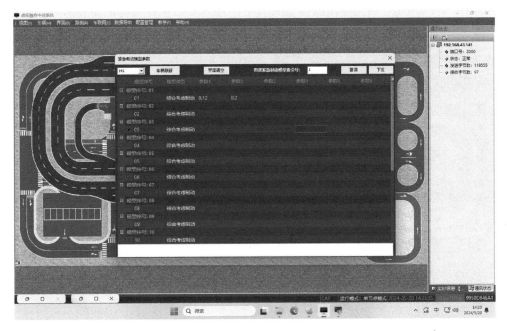

图 7.4-12　紧急制动参数设置

当前运行的有效紧急制动模型对应编号，模型 0：速度与距离曲线拟合模型；模型 1：增量式 PID 模型。

（8）实验开始运行和导出数据：单击"开始运行"处的"指令下发"，如图 7.4-13 所示，实验开始运行。

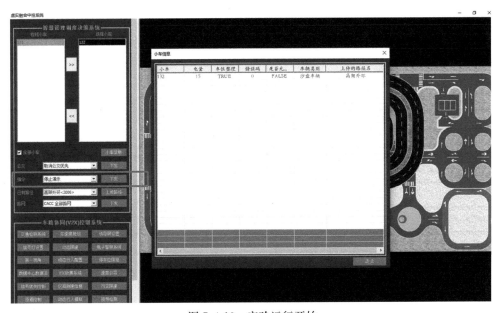

图 7.4-13　实验运行开始

数据自动存储在数据中心部署的电脑上，生成一个 text 文档，路径为 C:\software\flume\files\unity_topic，根据对应实验时间和车辆 ID 提取相应车辆的行驶数据，数据导出设置如图 7.4-14 所示，数据导出内容如图 7.4-15 所示，数据标签标识如表 7.4-1 所示。

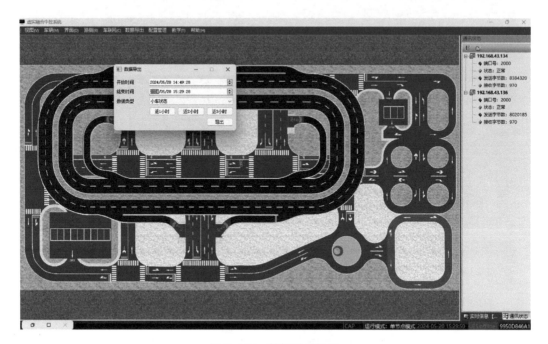

图 7.4-14　数据导出设置

图 7.4-15　数据导出内容

数据标签标识		表 7.4-1
时间	坐标	速度
TimeStamp1"：1693741582	PosX"：2373.078857421875,"PosZ"：0.0, "PosY"：213.295654296875	Speed"：297

7.4.6　实验效果

微缩智能车紧急制动控制过程效果包括：在前车静止工况中，自车根据设定速度逐渐逼近前车，到达一定范围后，自车开始紧急制动控制，保障自车与前车不发生碰撞；在前车制动工况中，自车根据设定速度逐渐逼近前车车辆，到达一定范围后，在保证安全的情况下，自车开始制动减速，降低制动冲击度，提高乘员舒适性，运行效果图如图 7.4-16 所示。

图 7.4-16　运行效果图

7.4.7　注意事项

（1）应注意控制微缩智能车的行驶速度，以免发生剧烈碰撞造成微缩智能车损坏。

（2）遵守实验规程，在规定区域开展自动驾驶紧急制动控制实验。

7.4.8　思考题

（1）如何提升自动驾驶紧急制动控制的舒适性和安全性，以降低对其他车辆安全行驶的影响？

（2）车辆制动控制设备对自动驾驶紧急制动控制算法的影响及如何平衡达到最优控制效果？

7.5　微缩智能车匝道合流实验

7.5.1　实验原理

微缩智能车匝道合流实验是在一定条件下，研究匝道车辆能否在汇入点附近及时检测主路车辆的位置并进行相应的汇入或停车让行的措施。本实验依托微缩智能车具备的环境障碍物感知模组感知匝道及主线的车辆运行状态，通过微缩智能车配备的决策控制模组，结合环境感知结果，实现车辆的减速让行及平稳合流。

7.5.2 实验材料

（1）微缩智能车，2辆。

（2）中控系统，1套。

（3）实训平台，高速公路外环道路场景（图 7.5-1）。

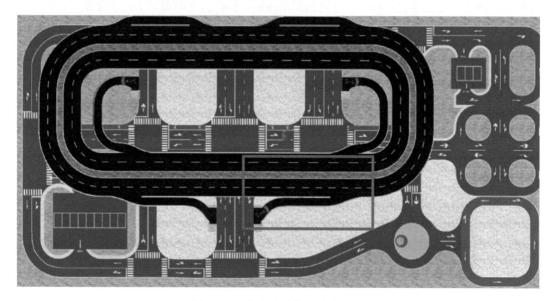

图 7.5-1 高速公路外环道路场景

7.5.3 实验目标

微缩智能车匝道合流实验是通过自动驾驶车辆在匝道合流区域的感知及决策，实现基于主路及匝道车辆相对位置条件下的自动驾驶车辆汇入控制。基于不同距离下的主路及匝道车辆，可以了解匝道汇入场景下的正确的车辆运行态势，为学生提供改善匝道合流区交通控制技术的基础认知。本实验目标如下：

（1）帮助学生了解自动驾驶条件下匝道合流区主路和匝道车辆的运行态势。

（2）学会自主构建匝道合流区的车辆汇入场景，从底层了解匝道汇入场景下的车辆汇入规则。

7.5.4 实验内容

（1）实验1：开展匝道车辆避让主路车辆的匝道合流实验，主路车辆速度高于匝道车辆速度，匝道车辆避让主路车辆。

（2）实验2：开展主路车辆避让匝道车辆的匝道合流实验，主路车辆速度低于匝道车辆速度，主路车辆避让匝道车辆。

7.5.5　实验步骤

1. 微缩智能车联网测试

依托"7.1 微缩智能车自适应巡航控制实验"中"7.1.5 实验步骤"中"2. 实验具体操作步骤"所论述的"（2）微缩智能车联网测试"步骤，完成微缩智能车联网测试。

2. 微缩智能车车位整理

依托"7.1 微缩智能车自适应巡航控制实验"中"7.1.5 实验步骤"中"2. 实验具体操作步骤"所论述的"（3）自适应巡航控制微缩智能车位整理"步骤，完成微缩智能车位整理。

3. 实验模块参数设置

（1）选择微缩智能车

依托"7.1 微缩智能车自适应巡航控制实验"中"7.1.5 实验步骤"中"2. 实验具体操作步骤"所论述的"（4）选择微缩智能车"步骤，完成微缩智能车选择。

（2）主路车辆路径选择及起点调度

选中第一辆微缩智能车并导入"选择小车"中，在"已有路径"中选择主路微缩智能车运行的路径为"高架外环"（图 7.5-2），选择完成后左键点击"上传路径"。选择车辆角色为"私家车"后，左键点击"下发"。如图 7.5-3 所示，若可在"小车信息"中查看小车上传的路径名，则表明路径上传成功。选择"指令"处的"继续行驶"并点击"下发"，微缩智能车开始运行。当微缩智能车运行至图 7.5-4 所示位置处，选择"指令"处的"暂停演示"，完成主路车辆的路径选择及起点调度。

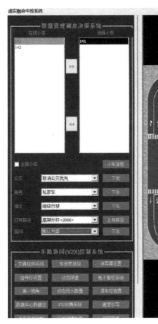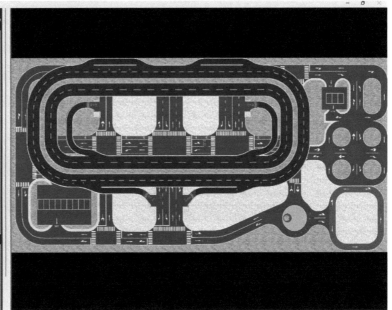

图 7.5-2　主路微缩智能车路径选择

（3）匝道车辆路径选择及起点调度

移除第一辆微缩智能车，选中第二辆微缩智能车并导入"选择小车"中，在"已有路

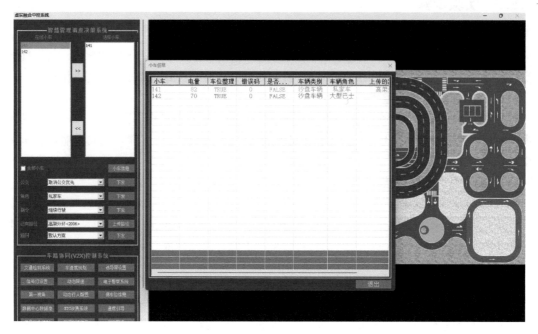

图 7.5-3　主路微缩智能车路径信息查询

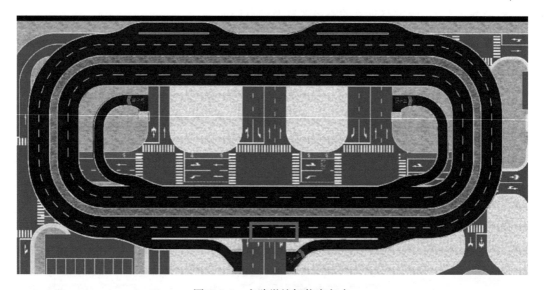

图 7.5-4　主路微缩智能车起点

径"中选择主路微缩智能车运行的路径为"高架外环"（图 7.5-5），选择完成后左键点击"上传路径"。选择车辆角色为"私家车"后，左键点击"下发"。如图 7.5-6 所示，若可在"小车信息"中查看小车上传的路径名，则表明路径上传成功。选择"指令"处的"继续行驶"并点击"下发"，微缩智能车开始运行。当微缩智能车运行至图 7.5-7 所示位置处，选择"指令"处的"暂停演示"，完成匝道车辆的路径选择及起点调度。

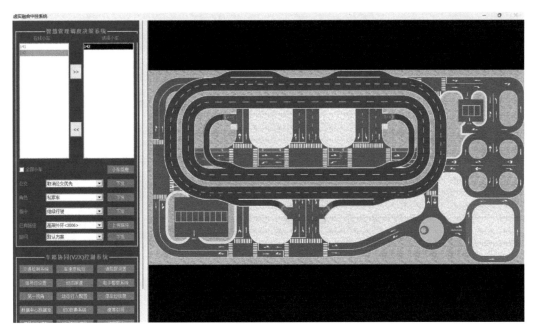

图 7.5-5　匝道微缩智能车路径选择

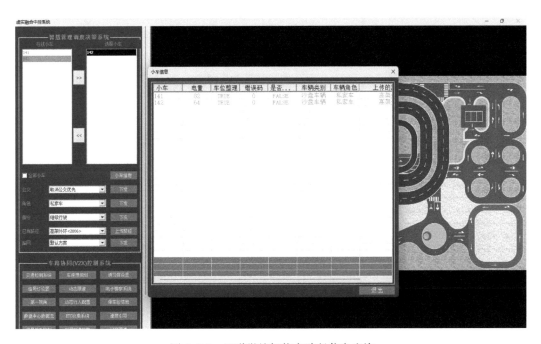

图 7.5-6　匝道微缩智能车路径信息查询

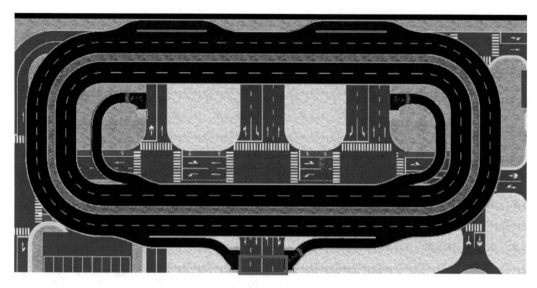

图 7.5-7   匝道微缩智能车起点

4. 实验 1

（1）运行速度设置

当两辆微缩智能车均到达如图 7.5-8 所示位置时，选中主路车辆，在"车速度规划"功能模块设置车辆速度为 300mm/s（图 7.5-9）。移除主路车辆，选中匝道车辆在"车速度规划"功能模块设置车辆速度为 150mm/s（图 7.5-10）。

图 7.5-8   车辆起始位置

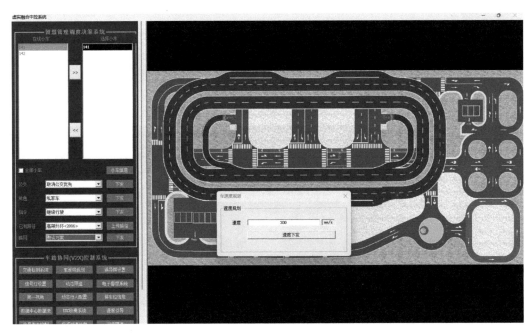

图 7.5-9　主路车辆速度设置

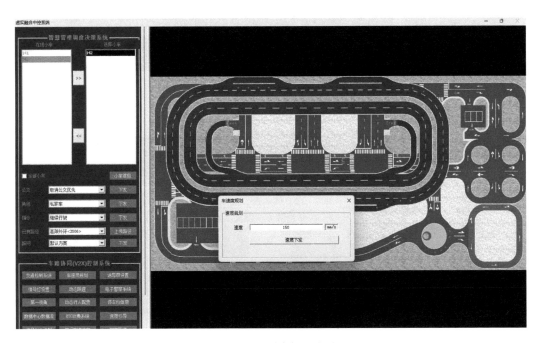

图 7.5-10　匝道车辆速度设置

（2）实验开始

同时选中两辆微缩智能车并放入"选择小车"中，选择"指令"中的"继续运行"，选择完成后点击"下发"，两辆微缩智能车按照规划路径开始运行直至在交汇点发生交汇。

5. 实验 2

（1）运行速度设置

选中主路车辆在"车速度规划"功能模块设置车辆速度为 150mm/s（图 7.5-11）。移除主路车辆，选中匝道车辆在"车速度规划"功能模块设置车辆速度为 300mm/s（图 7.5-12）。

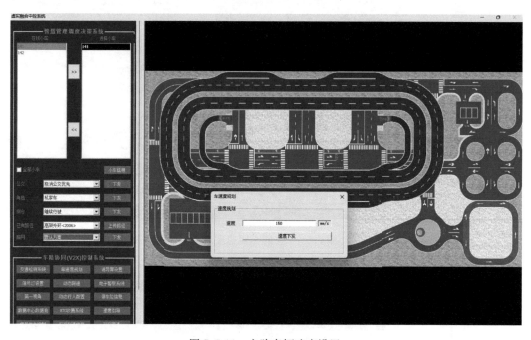

图 7.5-11　主路车辆速度设置

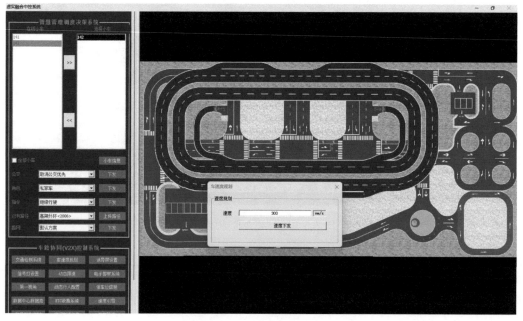

图 7.5-12　匝道车辆速度设置

（2）实验开始

同时将两辆微缩智能车选中放入"选择小车"中，选择"指令"中的"继续运行"，选择完成后点击"下发"，两辆微缩智能车按照规划路径开始运行直至在交汇点发生交汇。

7.5.6　实验效果

根据实验步骤，学生能够自主完成实验步骤中的全部流程，并能够实现微缩智能车的合流实验。首先，通过合理的主路和匝道车辆速度调整，能够完成主路车辆先于匝道车辆汇入，且匝道车辆能够在与主路车辆交汇的过程中进行减速让行。其次，能够进一步调整微缩智能车速度，通过调整匝道车辆及主路车辆的速度，实现匝道车辆先于主路车辆汇入主路，且实现主路车辆减速避让匝道车辆。

7.5.7　注意事项

（1）在指定位置开展实验。

（2）实验过程中，需校准微缩智能车起始位置，确保主路与匝道车辆能够在同一时间交汇产生合流。

7.5.8　思考题

（1）匝道合流场景下位于哪一条车道的车辆需要让行，为什么？

（2）思考一下有哪些可以提高匝道合流效率的措施？

7.6　微缩智能车匝道分流实验

7.6.1　实验原理

在高速公路主路中存在主路车辆和出匝道车辆同车道行驶的现象，这就造成了不同车辆之间在匝道分流过程中的冲突行为。微缩智能车辆能够通过障碍物感知模块以及决策控制模块实现实际场景的再现，位于后方的微缩智能车辆需要能够实时感知前方车辆的运行行为，并结合前车位置及运行态势进行自适应选择换道、减速等行为再现匝道分流行为。

7.6.2　实验材料

（1）微缩智能车，2 辆。

（2）中控系统，1 套。

（3）实训平台，高速公路外环道路场景（图 7.6-1）。

7.6.3　实验目标

微缩智能车匝道合流实验是通过自动驾驶车辆在匝道分流区域的感知及决策，实现基于前车运行状态感知的后车车辆运行自动化控制。基于不同的前车车辆运行状态和后车跟驰状态的变更，学生可以了解匝道分流场景下的车辆运行状态变化，为学生了解和思考匝道分流区交通管控措施奠定理论基础。本实验目标如下：

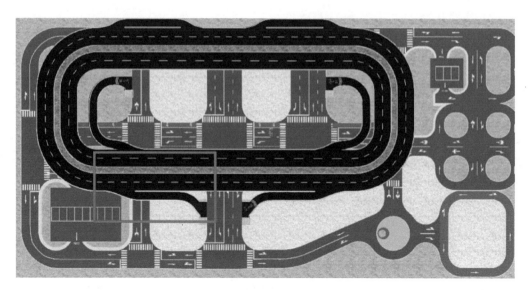

图 7.6-1　高速公路外环道路场景

（1）帮助学生了解自动驾驶条件下匝道分流区微缩智能车的运行态势。

（2）学会自主构建匝道分流区的车辆分流场景，通过不同的分流区场景学习分流规则。

7.6.4　实验内容

（1）实验 1：前车为驶入匝道的车辆，后车为直行车辆，出匝道车辆减速后直行车辆减速避让。

（2）实验 2：前车为驶入匝道的车辆，后车为直行车辆，出匝道车辆减速后直行车辆换道。

（3）实验 3：前车为直行车辆，后车为驶入匝道的车辆，待直行车辆驶离后驶出匝道的车辆驶离。

7.6.5　实验步骤

1. 微缩智能车联网测试

依托"7.1 微缩智能车自适应巡航控制实验"中"7.1.5 实验步骤"中"2. 实验具体操作步骤"所论述的"（2）微缩智能车联网测试"步骤，完成微缩智能车联网测试。

2. 微缩智能车车位整理

依托"7.1 微缩智能车自适应巡航控制实验"中"7.1.5 实验步骤"中"2. 实验具体操作步骤"所论述的"（3）自适应巡航控制微缩智能车位整理"步骤，完成微缩智能车位整理。

3. 实验 1

（1）选择微缩智能车

依托"7.1 微缩智能车自适应巡航控制实验"中"7.1.5 实验步骤"中"2. 实验具体操作步骤"所论述的"（4）选择微缩智能车"步骤，完成微缩智能车选择。

（2）直行车辆参数及路径设置

1）直行车辆参数设置

打开"MobaXterm"程序（图7.6-2），选择第一辆微缩智能车的车辆编号所对应的配置文件（图7.6-3），双击打开后选择"project"文件夹并打开，接着打开文件夹中的"config"文件夹，双击打开"SpeedLimitRoadSection. xlm"文件（图7.6-4），将文件中的"＜speedLimitFlag＞1＜/speedLimitFlag＞"中的1修改为0，确保直行车辆在通过匝道路段时不会发生减速行为。

图7.6-2 MobaXterm 程序

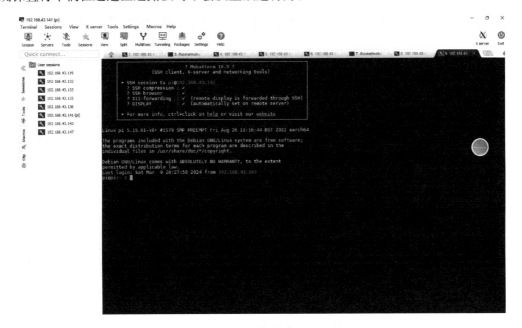

图7.6-3 微缩智能车配置文件

图7.6-4 参数修改

205

2）直行车辆路径设置

选中第一辆微缩智能车并导入"选择小车"中，在"已有路径"中选择主路微缩智能车运行的路径为"高架外环"（图 7.6-5），选择完成后左键点击"上传路径"。选择车辆角色为"私家车"后，左键点击"下发"。如图 7.6-6 所示，若可在"小车信息"中查看小车上传的路径名，则表明路径上传成功。

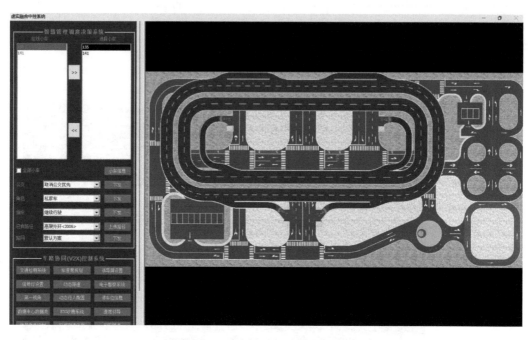

图 7.6-5　直行微缩智能车路径选择

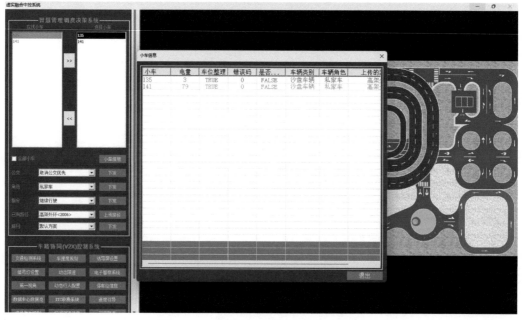

图 7.6-6　直行微缩智能车路径信息查询

（3）出匝道车辆参数及路径设置

1）出匝道车辆参数设置

打开"MobaXterm"程序，选择第二辆微缩智能车（出匝道车辆）的车辆编号所对应的 IP，双击打开后选择"project"文件夹并打开，接着打开文件夹中的"config"文件夹，双击打开"SpeedLimitRoadSection. xlm"文件，确保文件中的"<speedLimitFlag>1</speedLimitFlag>"中的数字修改为 1，保证出匝道车辆在通过匝道路段时能够减速。

2）出匝道车辆路径选择

移除第一辆微缩智能车，选中第二辆微缩智能车导入"选择小车"中，在"已有路径"中选择主路微缩智能车运行的路径为"下高架"（图 7.6-7），选择完成后左键点击"上传路径"。选择车辆角色为"私家车"后，左键点击"下发"。如图 7.6-8 所示，若可在"小车信息"中查看小车上传的路径名，则表明路径上传成功。

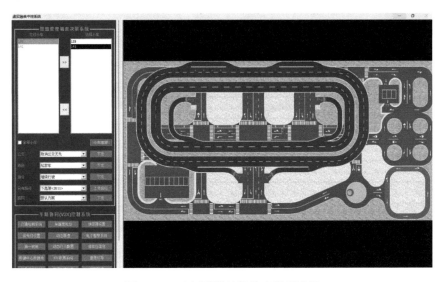

图 7.6-7　出匝道微缩智能车路径选择

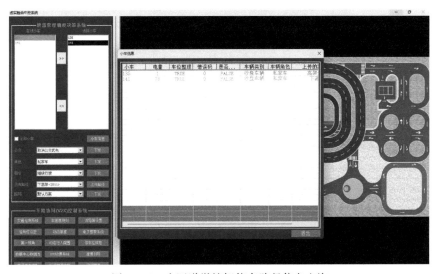

图 7.6-8　出匝道微缩智能车路径信息查询

4. 车辆限速状态配置

将两辆微缩智能车分别放置在如图 7.6-9 所示的车道上并间隔 5cm，同时选中两辆微缩智能车并放入"选择小车"中，选择"指令"中的"继续运行"，选择完成后点击"下发"，两辆微缩智能车按照规划路径开始运行，直至在分流点开始分流，完成实验 1（出匝道车辆在直行车辆前方，主线车辆减速）内容。

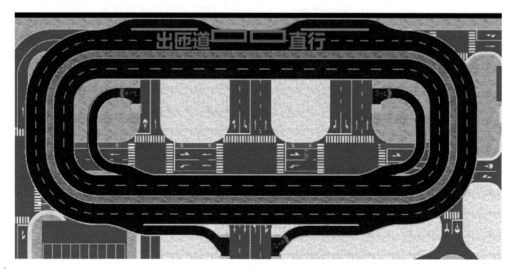

图 7.6-9　车辆布设位置

5. 实验 2

重复实验 1 中步骤（1）～（3），选中主路车辆，在功能模块中的"自动变道"模块设置中，将主路车辆设置为固定位置换道，选择为"外环下匝道"位置后开始实验（图 7.6-10）。

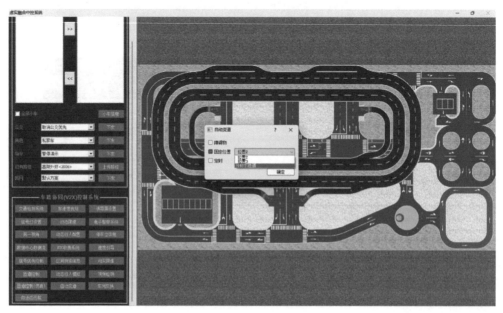

图 7.6-10　实验 2 换道点设置

6. 实验 3

重复实验 1 中步骤（1）～（3），将"4. 车辆限速状态配置"步骤中两辆车辆的位置交换后，测试当出匝道车辆在直行车辆后方时，微缩智能车的运行态势。

7.6.6　实验效果

根据实验步骤，学生能够自主完成实验步骤中的全部流程，并能够实现微缩智能车在匝道的分流实验。首先，将主路车辆放置在出匝道车辆的后方，完成出匝道车辆在出匝道过程中的减速设置，实现主路车辆在匝道车辆驶出匝道过程中在分流点处能够减速让行。其次，在匝道车辆减速区间设置的基础上，设置主路车辆换道模式，实现当匝道车辆在驶出匝道的过程中，主路车辆能够通过换道实现匝道分流。最后，交换主路车辆与出匝道车辆的位置，主路车辆在出匝道车辆前方，实现当出匝道车辆在主路车辆驶离后进入匝道。

7.6.7　注意事项

（1）在指定位置开展实验。

（2）在车辆路径选择的过程中，需要注意在"选择小车"中只能有一辆微缩智能车，否则会同时对两辆微缩智能车的路径进行修改，且修改后的路径一致。

7.6.8　思考题

（1）匝道车辆分流会出现哪些危险场景？

（2）有哪些可以提高匝道分流效率的措施？

7.7　微缩智能车交叉口合流实验

7.7.1　实验原理

在信号交叉口处直行和右转车辆、右转和左转车辆由于目标车道一致但单初始位置不同，车辆之间极易发生合流冲突。利用微缩智能车能够实现对车辆运行路径和运行速度的设定。同时，微缩智能车具备的障碍物感知及决策控制模块，能够有效识别道路上存在的其他车辆，实现基于周围环境的自适应控制，并采取相应的减速避让行为。

7.7.2　实验材料

（1）微缩智能车，2 辆。

（2）中控系统，1 套。

（3）实训平台，交叉口道路场景（图 7.7-1）。

7.7.3　实验目标

微缩智能车交叉口合流实验是通过微缩智能车感知模块实现的基于其他车辆行驶方向及运行间距的交叉口车辆运行状态控制实验。根据不同行驶方向的车辆运行行为，在交叉

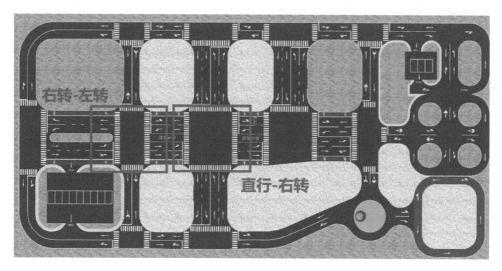

图 7.7-1　交叉口道路场景

口的其他车辆将选择包括减速、加速度在内的不同运行行为，从而实现道路交叉口的高效运行。依托本实验，学生可以清晰地了解信号交叉口车辆合流的冲突原理以及面向智能车辆的解决方案，为学生思考信号交叉口渠化优化措施提供理论基础。本实验目标如下：

（1）帮助学生了解自动驾驶条件下信号交叉口合流区域车辆的运行态势。

（2）学会自主构建交叉口合流场景，通过不同的合流场景学习交叉口冲突原理。

7.7.4　实验内容

（1）实验 1：直行与右转冲突，其中直行车辆先进入目标车道，右转车辆后进入目标车道。

（2）实验 2：直行与右转冲突，其中右转车辆先进入目标车道，直行车辆后进入目标车道。

（3）实验 3：右转与左转冲突，其中右转车辆先进入目标车道，左转车辆后进入目标车道。

（4）实验 4：右转与左转冲突，其中左转车辆先进入目标车道，右转车辆后进入目标车道。

7.7.5　实验步骤

1. 微缩智能车联网测试

依托"7.1 微缩智能车自适应巡航控制实验"中"7.1.5 实验步骤"中"2. 实验具体操作步骤"所论述的"（2）微缩智能车联网测试"步骤，完成微缩智能车联网测试。

2. 微缩智能车车位整理

依托"7.1 微缩智能车自适应巡航控制实验"中"7.1.5 实验步骤"中"2. 实验具体操作步骤"所论述的"（3）自适应巡航控制微缩智能车位整理"步骤，完成微缩智能车位整理。

3. 实验 1

（1）选择微缩智能车

依托"7.1 微缩智能车自适应巡航控制实验"中"7.1.5 实验步骤"中"2. 实验具体操作步骤"所论述的"（4）选择微缩智能车"步骤，完成微缩智能车选择。

（2）直行车辆路径选择

选中第一辆微缩智能车并导入"选择小车"中，在"已有路径"中选择主路微缩智能车运行的路径为"交叉口合流直行"（图 7.7-2），选择完成后左键点击"上传路径"。选择车辆角色为"私家车"后，左键点击"下发"。如图 7.7-3 所示，若可在"小车信息"中查看小车上传的路径名，则表明路径上传成功。

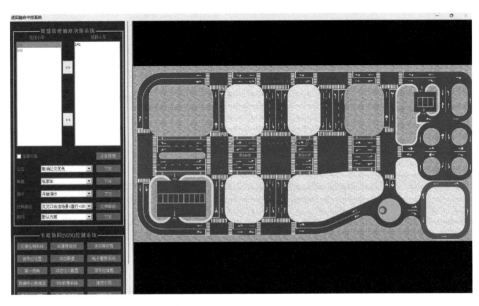

图 7.7-2　直行微缩智能车路径选择

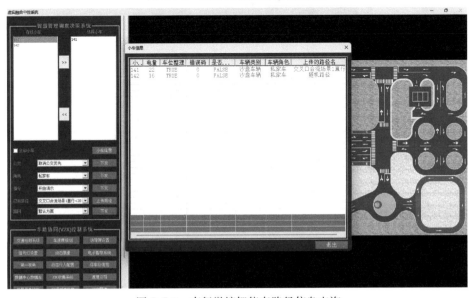

图 7.7-3　直行微缩智能车路径信息查询

（3）右转车辆路径选择

移除第一辆微缩智能车，选中第二辆微缩智能车导入"选择小车"中，在"已有路径"中选择主路微缩智能车运行的路径为"交叉口合流右转"（图7.7-4），选择完成后左键点击"上传路径"。选择车辆角色为"私家车"后，左键点击"下发"。如图7.7-5所示，若可在"小车信息"中查看小车上传的路径名，则表明路径上传成功。

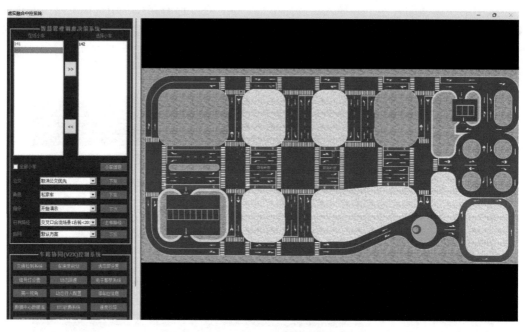

图 7.7-4　右转微缩智能车路径选择

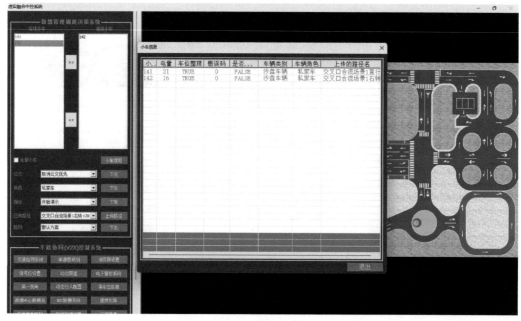

图 7.7-5　右转微缩智能车路径信息查询

（4）实验运行

将两辆微缩智能车分别放置在如图 7.7-6 所示车道上，选中直行车辆，在"车速度规划"功能模块设置车辆速度为 300mm/s（图 7.7-7）。移除直行车辆，选中右转车辆，在"车速度规划"功能模块设置车辆速度为 150mm/s（图 7.7-8）。同时将两辆微缩智能车选中放入"选择小车"中，选择"指令"中的"继续运行"，选择完成后点击"下发"，两辆微缩智能车按照规划路径开始运行直至在合流点开始合流，完成实验 1（直行车辆先汇入，右转车辆后汇入）。

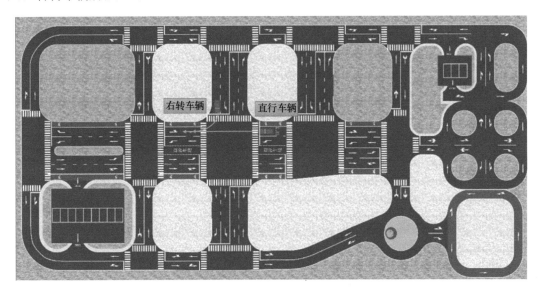

图 7.7-6　直行-右转车辆布设位置

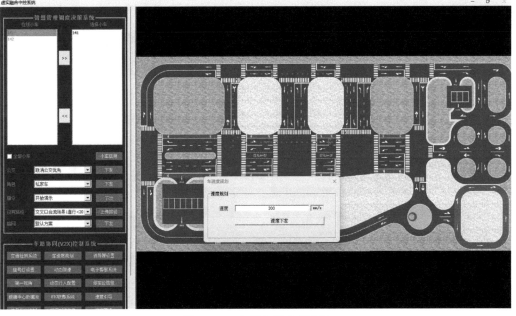

图 7.7-7　直行车辆速度设置

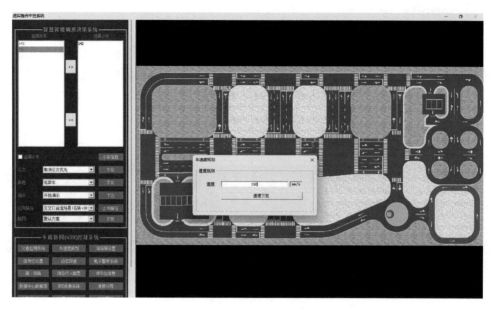

图 7.7-8　右转车辆速度设置

4. 实验 2

重复实验 1 中步骤（1）～（3），将步骤（4）中右转车辆的速度修改为 300mm/s，将直行车辆的速度修改为 150mm/s，测试右转车辆先汇入直行车辆后汇入情况下的微缩智能车的运行状态。

5. 实验 3

（1）右转车辆路径选择

选中第一辆微缩智能车导入并"选择小车"中，在"已有路径"中选择主路微缩智能车运行的路径为"交叉口合流右转"（图 7.7-9），选择完成后左键点击"上传路径"。选

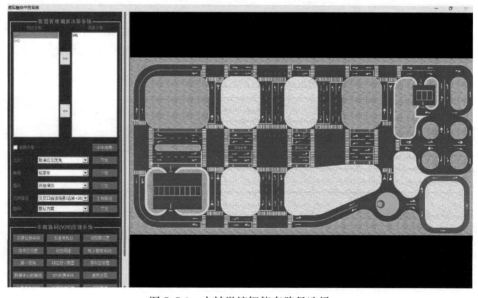

图 7.7-9　右转微缩智能车路径选择

择车辆角色为"私家车"后，左键点击"下发"。如图 7.7-10 所示，若可在"小车信息"中查看小车上传的路径名，则表明路径上传成功。

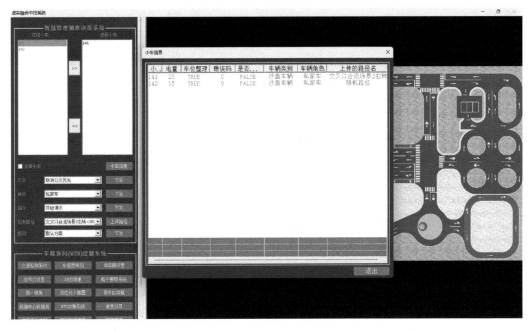

图 7.7-10　右转微缩智能车路径信息查询

（2）左转车辆路径选择

移除第一辆微缩智能车，选中第二辆微缩智能车并导入"选择小车"中，在"已有路径"中选择主路微缩智能车运行的路径为"交叉口合流左转"（图 7.7-11），选择完成后

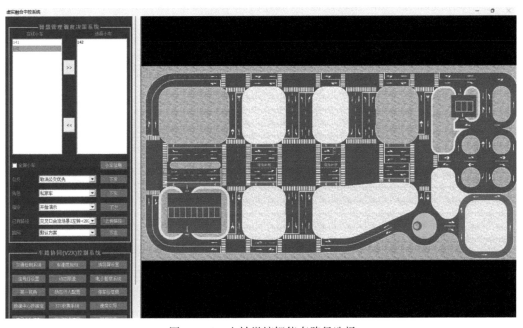

图 7.7-11　左转微缩智能车路径选择

左键点击"上传路径"。选择车辆角色为"私家车"后，左键点击"下发"。如图 7.7-12 所示，若可在"小车信息"中查看小车上传的路径名，则表明路径上传成功。

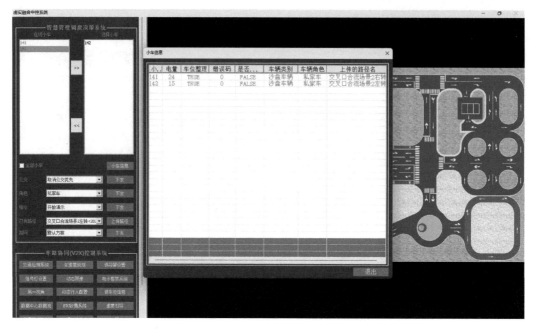

图 7.7-12　左转微缩智能车路径信息查询

（3）右转-左转实验运行

将两辆微缩智能车分别放置在如图 7.7-13 所示的车道上，选中右转车辆，在"车速度规划"功能模块设置车辆速度为 300mm/s（图 7.7-14）。移除右转车辆，选中左转车辆，在"车速度规划"功能模块设置车辆速度为 150mm/s（图 7.7-15）。同时选中两辆微缩智能车并放入"选择小车"中，选择"指令"中的"继续运行"，选择完成后点击"下

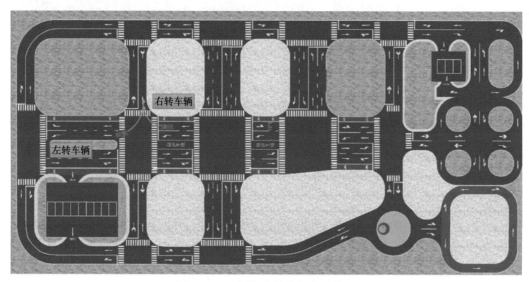

图 7.7-13　右转-左转车辆布设位置

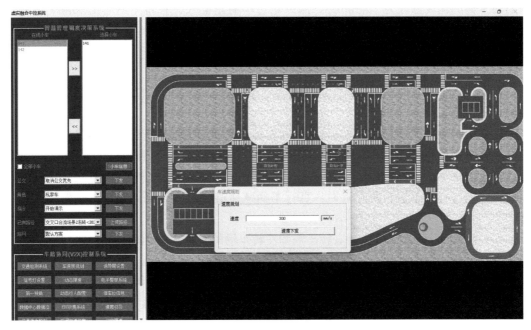

图 7.7-14 右转车辆速度设置

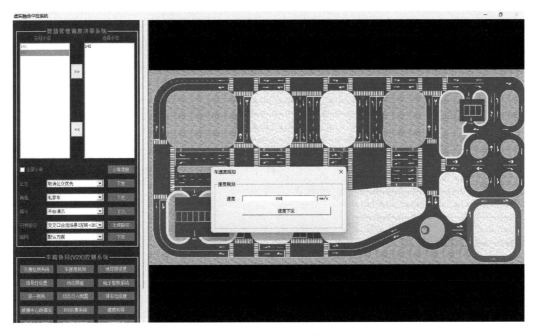

图 7.7-15 左转车辆速度设置

发",两辆微缩智能车按照规划路径开始运行直至在合流点开始合流,完成实验 3(右转车辆先汇入,左转车辆后汇入)。

6. 实验 4

重复实验 3 中(1)～(2)步骤,将步骤(3)中左转车辆的速度修改为 300mm/s,

将右转车辆的速度修改为 150mm/s，测试左转车辆先汇入、右转车辆后汇入情况下的微缩智能车的运行状态。

7.7.6　实验效果

根据实验步骤，学生能够自主完成实验步骤中的全部流程，并能够实现微缩智能车在交叉口的合流实验。

（1）实验 1：学生通过设置直行车辆和右转车辆的车辆运行速度，在交叉口且直行车辆与右转车辆相距较近时，右转车辆减速避让直行车辆，直行车辆先汇入目标车道。

（2）实验 2：学生通过调整实验 1 中直行车辆和右转车辆的车辆运行速度，在交叉口且直行车辆与右转车辆相距较近时，直行车辆减速避让右转车辆，右转车辆先汇入目标车道。

（3）实验 3：学生通过设置右转车辆和左转车辆的车辆运行速度，在交叉口且右转车辆与左转车辆相距较近时，左转车辆减速避让右转车辆，右转车辆先汇入目标车道。

（4）实验 4：学生通过调整实验 3 中右转车辆和左转车辆的车辆运行速度，在交叉口且右转车辆与左转车辆相距较近时，右转车辆减速避让左转车辆，左转车辆先汇入目标车道。

7.7.7　注意事项

（1）在指定位置开展实验。

（2）在车辆路径选择的过程中，需要注意在"选择小车"中只能有一辆微缩智能车，否则会同时对两辆微缩智能车的路径进行修改，且修改后的路径一致。

（3）在实验过程中注意选择正确的微缩智能车运行路径。

7.7.8　思考题

（1）在实验过程中哪一种车辆的避让措施是正确的？

（2）除了十字交叉口以外异形交叉口条件下的车辆合流会产生哪些冲突场景？

（3）针对这些合流冲突目前有哪些改善措施？

7.8　微缩智能车交叉口分流实验

7.8.1　实验原理

在信号交叉口，处于同一条车道的直行车辆和右转车辆、直行车辆和左转车辆会在驶入不同目标车道时产生分流冲突。微缩智能车能够依托感知模块和决策控制模块实现对前车运行态势的实时感知及决策，后车车辆会逐步跟随前车的运行速度以及加减速等行为调整跟车间距以及运行状态，从而减少由于冲突导致的安全隐患，并保证车辆运行效率。

7.8.2　实验材料

（1）微缩智能车，2 辆。

（2）中控系统，1 套。

（3）实训平台，交叉口道路场景（图 7.8-1）。

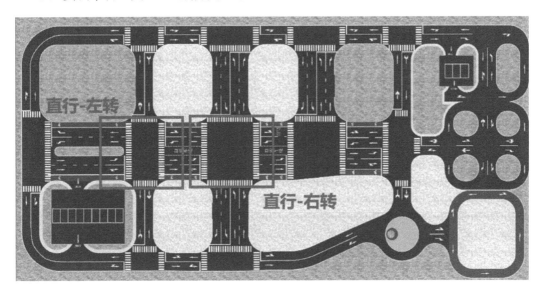

图 7.8-1　交叉口道路场景

7.8.3　实验目标

微缩智能车交叉口分流实验是通过同一车道后方微缩智能车在交叉口区域对前方不同行驶方向的车辆感知，实现基于前方车辆运行状态感知的微缩智能车实时运行状态控制实验。依托本实验学生可以清晰地了解到信号交叉口车辆分流冲突原理，并学习自动驾驶环境下交叉口分流冲突点改善措施，为学生思考信号交叉口渠化优化措施提供理论基础。实验目标如下：

（1）帮助学生了解自动驾驶条件下信号交叉口分流区域的车辆运行态势；

（2）学会自主构建交叉口分流场景，通过不同的分流场景学习交叉口冲突点原理。

7.8.4　实验内容

（1）实验 1：直行与右转冲突，直行车辆先驶离当前车道，右转车辆后驶离当前车道。

（2）实验 2：直行与右转冲突，右转车辆先驶离当前车道，直行车辆后驶离当前车道。

（3）实验 3：直行与左转冲突，直行车辆先驶离当前车道，左转车辆后驶离当前车道。

（4）实验 4：直行与左转冲突，左转车辆先驶离当前车道，直行车辆后驶离当前车道。

7.8.5　实验步骤

1. 微缩智能车联网测试

依托"7.1 微缩智能车自适应巡航控制实验"中"7.1.5 实验步骤"中"2. 实验具体操作步骤"所论述的"（2）微缩智能车联网测试"步骤，完成微缩智能车联网测试。

2. 微缩智能车车位整理

依托"7.1 微缩智能车自适应巡航控制实验"中"7.1.5 实验步骤"中"2. 实验具体

操作步骤"所论述的"（3）自适应巡航控制微缩智能车位整理"步骤，完成微缩智能车位整理。

3. 实验1

（1）选择微缩智能车

依托"7.1 微缩智能车自适应巡航控制实验"中"7.1.5 实验步骤"中"2. 实验具体操作步骤"所论述的"（4）选择微缩智能车"步骤，完成微缩智能车选择。

（2）直行车辆路径选择

选中第一辆微缩智能车并导入"选择小车"中，在"已有路径"中选择主路微缩智能车运行的路径为"交叉口分流直行"（图 7.8-2），选择完成后左键点击"上传路径"。选择车辆角色为"私家车"后，左键点击"下发"。如图 7.8-3 所示，若可在"小车信息"中查看小车上传的路径名，则表明路径上传成功。

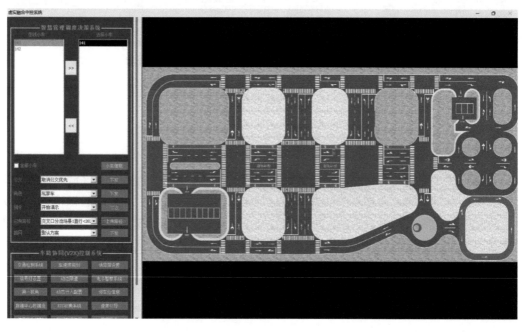

图 7.8-2 直行微缩智能车路径选择

（3）右转车辆路径选择

移除第一辆微缩智能车，选中第二辆微缩智能车并导入"选择小车"中，在"已有路径"中选择主路微缩智能车运行的路径为"交叉口分流右转"（图 7.8-4），选择完成后左键点击"上传路径"。选择车辆角色为"私家车"后，左键点击"下发"。如图 7.8-5 所示，若可在"小车信息"中查看小车上传的路径名，则表明路径上传成功。

（4）直行-右转实验运行

将两辆微缩智能车分别放置在如图 7.8-6 所示的车道上，并将右转车辆与交叉口之间的距离增加 20cm，同时将两辆小车选中放入"选择小车"中，选择"指令"中的"继续运行"，选择完成后点击"下发"，两辆微缩智能车按照规划路径开始运行并在分流点开始分流，完成实验 1（直行车辆先驶离，右转车辆后驶离）。

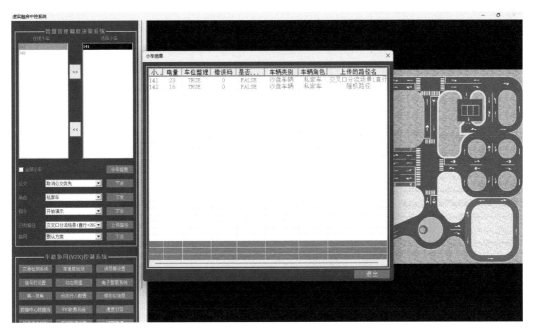

图 7.8-3　直行微缩智能车路径信息查询

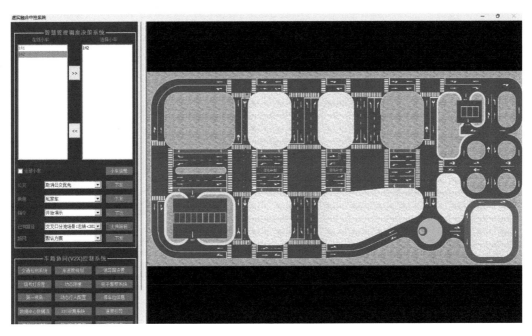

图 7.8-4　右转微缩智能车路径选择

4. 实验 2

重复实验 1 中步骤（1）～（3），将步骤（4）中右转车辆和直行车辆位置交换，测试右转车辆先驶离直行车辆后驶离（实验 2）情况下微缩智能车的运行态势。

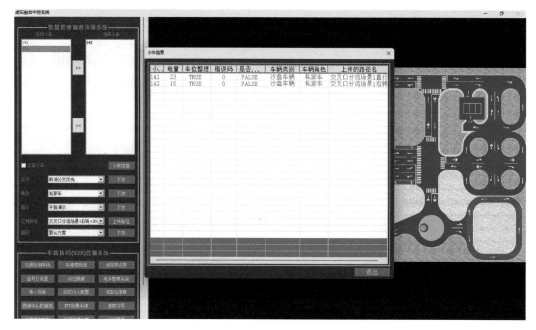

图 7.8-5 右转微缩智能车路径信息查询

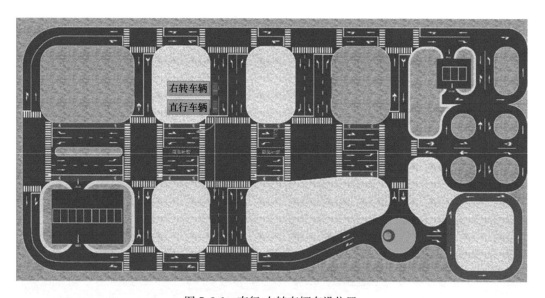

图 7.8-6 直行-右转车辆布设位置

5. 实验 3

（1）直行车辆路径选择

选中第一辆微缩智能车并导入"选择小车"中，在"已有路径"中选择主路微缩智能车运行的路径为"交叉口分流直行"（图 7.8-7），选择完成后左键点击"上传路径"。选择车辆角色为"私家车"后，左键点击"下发"。如图 7.8-8 所示，若可在"小车信息"中查看小车上传的路径名，则表明路径上传成功。

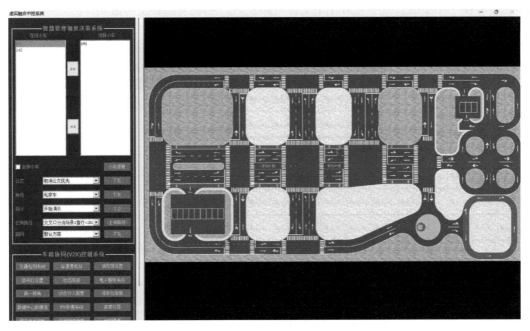

图 7.8-7　直行微缩智能车路径选择

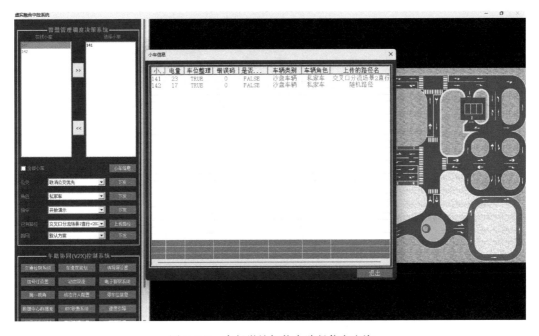

图 7.8-8　直行微缩智能车路径信息查询

（2）左转车辆路径选择

移除第一辆微缩智能车，选中第二辆微缩智能车并导入"选择小车"中，在"已有路径"中选择主路微缩智能车运行的路径为"交叉口分流左转"（图 7.8-9），选择完成后左键点击"上传路径"。选择车辆角色为"私家车"后，左键点击"下发"。如图 7.8-10 所示，若可在"小车信息"中查看小车上传的路径名，则表明路径上传成功。

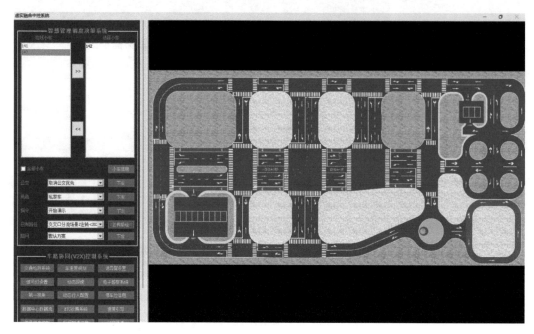

图 7.8-9 左转微缩智能车路径选择

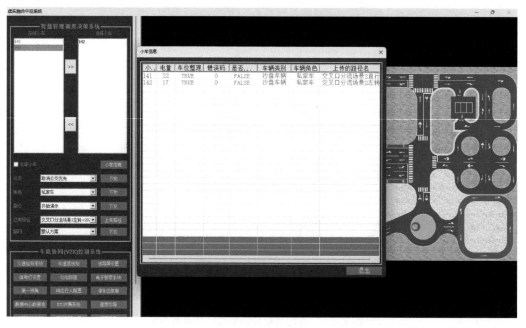

图 7.8-10 左转微缩智能车路径信息查询

（3）直行-左转实验运行

将两辆微缩智能车分别放置在如图 7.8-11 所示的车道上，将直行车辆放在左转车辆前方，同时选中两辆小车并放入"选择小车"中，选择"指令"中的"继续运行"，选择完成后点击"下发",两辆微缩智能车按照规划路径开始运行直至在分流点分流,完成实验 3(直行车辆先驶离,左转车辆后驶离)。

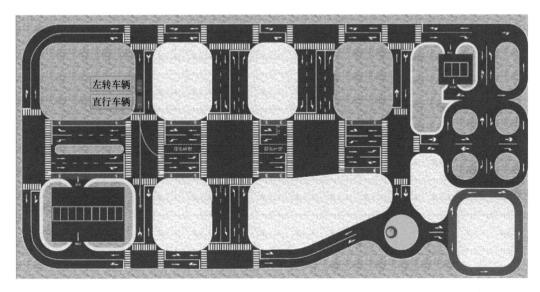

图 7.8-11　直行-左转车辆布设位置

6. 实验 4

重复实验 3 中步骤(1)～(2),将步骤(3)中的直行车辆和左转车辆位置交换,测试先左转车辆驶离后直行车辆驶离(实验 4)时的微缩智能车运行态势。

7.8.6　实验效果

根据实验步骤,学生能够自主完成实验步骤中的全部流程,并能够实现微缩智能车在匝道的分流实验。

(1)实验 1:学生通过设置直行车辆和右转车辆的位置,确保直行车辆在右转车辆前方,直行车辆先于右转车辆驶离当前车道。

(2)实验 2:学生交换实验 1 中直行车辆和右转车辆的车辆位置,确保直行车辆在右转车辆后方,右转车辆先于直行车辆驶离当前车道。

(3)实验 3:学生通过设置直行车辆在左转车辆前方,直行车辆先于左转车辆驶离当前车道。

(4)实验 4:学生交换实验 3 中直行车辆和右转车辆的车辆位置,确保直行车辆在左转车辆后方,左转车辆先于直行车辆驶离当前车道。

7.8.7　注意事项

(1)在指定位置开展实验。

(2)在车辆路径选择的过程中,需要注意在"选择小车"中只能有一辆车辆,否则会同时对两辆车辆的路径进行修改,且修改后的路径一致。

(3)在实验过程中注意选择正确的微缩智能车运行路径与对应的小车编号、布设位置。

7.8.8 思考题

（1）交叉口过程中分流冲突的影响主要体现在哪些方面，对交通会产生怎么样的影响？

（2）与交叉口合流冲突相比，你认为分流冲突的影响是更大还是更小？

（3）在传统环境下有哪些措施可以缓解这些分流冲突问题？

第8章 车路协同应用类实验

8.1 微缩智能车与动态限速标志协同实验

8.1.1 实验原理

微缩智能车与动态限速标志协同是通过中控系统、微缩智能车、数据中心服务器，结合信息传输技术实现协同。下面简要介绍微缩智能车与动态限速标志协同实验的原理：

（1）车辆启动：中控系统负责将指令传递给微缩智能车，使微缩智能车启动，还可以实时监控车辆情况，根据道路情况下发限速标志的限速值。

（2）信息传输：信息的传输过程通过 Kafka 服务器实现。当中控系统下发限速命令后，会将命令发送给任意的限速标志设备，限速标志设备更新限速值并将自身的实时数据上传到服务器，例如设备 ID、时间戳数据，进而反馈给中控系统，确保限速值无误。

（3）车辆响应：微缩智能车通常配有先进的通信设备，这些设备能够接收来自动态限速标志的信号。微缩智能车接收到动态限速标志发出的速度限制信息后，能够自动调整车速，确保车速不超过限速。在自动驾驶模式下，这一过程可以完全自动化，无需驾驶员干预。

（4）反馈机制：微缩智能车不仅接收信息，还可以向中控系统发送数据，如车辆速度、位置和其他相关车况信息，确保车辆行驶安全。

8.1.2 实验材料

（1）微缩智能车，1辆。

（2）中控系统，1套。

（3）实训平台，高架道路实验场景（图 8.1-1）。

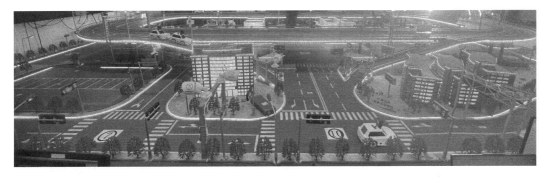

图 8.1-1 高架道路实验场景

8.1.3 实验目标

微缩智能车与动态限速标志协同技术允许车辆在高速公路等多车道道路上主动进行限

速，通过这种高度协同的方式，微缩智能车和动态限速标志能够共同工作，提高道路使用的安全性和效率，尤其在复杂或变化多端的交通环境中表现突出。

微缩智能车与动态限速标志协同实验培养学生的目标如下：

（1）帮助学生了解微缩智能车的操作方式。

（2）让学生深入理解和学习数据传输方法、要求，学会微缩智能车与动态限速标志协同的信息传输相关理论知识。

8.1.4　实验内容

（1）在缩尺实验台的高架道路上，通过中控系统调用车辆运行界面，并根据实验需求选择不同场景的运行路径。选用任意辆微缩智能车行驶在车道上，确保微缩智能车与中控系统正常通信。中控系统需要具备灵活性，可以根据实验要求选择不同的测试场景和行驶路径，以模拟真实道路环境中的各种情况。

（2）通过中控系统，向相关道路的限速标志下发限速值，实时调整微缩智能车的限速要求。在微缩智能车行驶过程中，导出车辆运行状态数据，详细记录车速变化情况，包括微缩智能车从何处开始减速，到何处开始加速的具体位置和时间。

（3）对车辆运行状态进行数据分析，评估微缩智能车与动态限速标志的协同效果。

8.1.5　实验步骤

1. 微缩智能车联网测试

开启微缩智能车电源开关，通过上位机软件查看微缩智能车的联网状态，上位机软件"在线小车"中出现智能车 ID，说明智能车电源开启正常、联网成功，如图 8.1-2 所示。

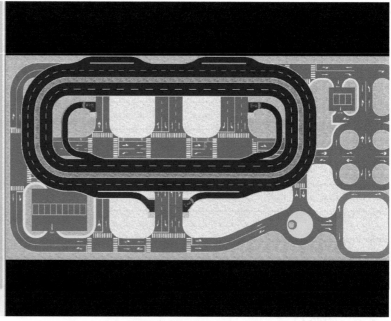

图 8.1-2　微缩智能车联网成功

2. 微缩智能车车位整理

选择上线的车辆，记录对应的车辆 ID 后开始实验。在实验台上采用人工方式前后推动微缩智能车，推动范围为 10～20cm，确认 RFID 模块扫描到 RFID 标签，通过中控系统界面查看，若小车车位整理成功，在小车信息内会显示的"TRUE"样例，如图 8.1-3 所示。

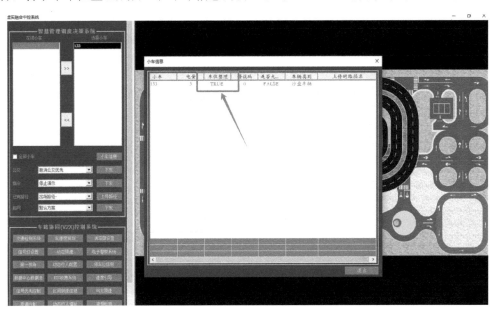

图 8.1-3 微缩智能车车位整理

微缩智能车分为在线小车区域和选择小车区域两个部分，只有在选择小车区域的微缩智能车才可以进行相应设置，点击标号 2、3 或者选择"全部小车"进行智能车选择，如图 8.1-4 线框圈住部分。其中左键点击标号 2、3 是单车选择，选择"全部小车"是对在

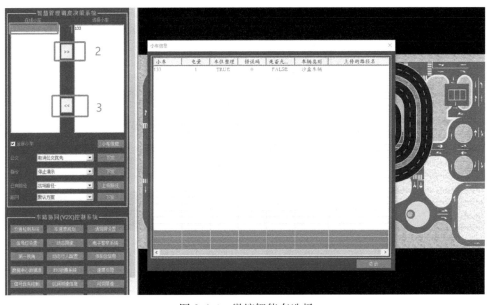

图 8.1-4 微缩智能车选择

线小车区域中所有车辆进行选择。

在"已有路径"中选择微缩智能车在高架道路上的行驶路径，选择完成后左键点击"上传路径"，如果智能车 ID 号变成绿色（红色表示电量较低），说明路径上传成功，如图 8.1-5 所示。

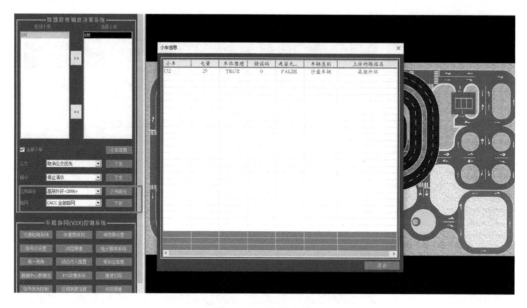

图 8.1-5　路径上传

高架外环路径（二层）如图 8.1-6 所示。

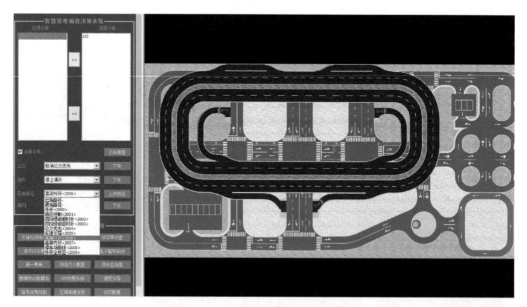

图 8.1-6　高架外环路径（二层）

如果微缩智能车 ID 号变成绿色，如图 8.1-7 所示，说明路径上传成功。此时可在"小车信息"中查看小车上传的路径名。

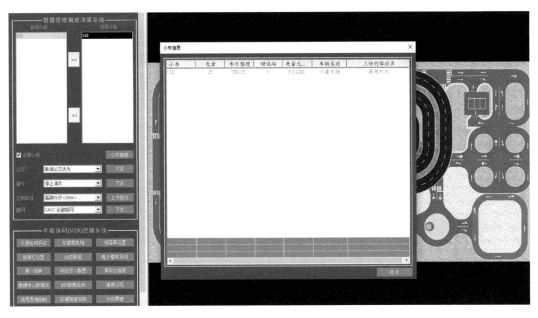

图 8.1-7　微缩智能车路径信息查询

3. 实验运行

在中控系统界面的动态限速功能里，在微缩智能车行驶路径上为对应编号的限速标志下发限速信息，如图 8.1-8 所示。

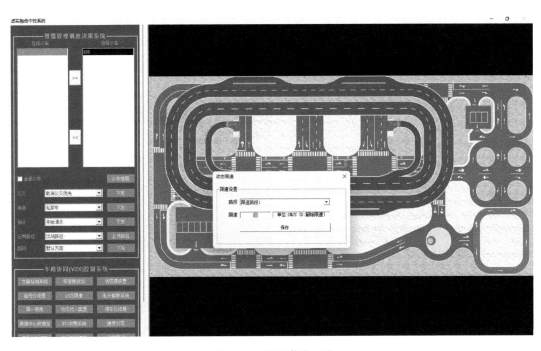

图 8.1-8　限速信息下发

打开中控系统界面的"路侧"功能窗口，根据所需要的数据，选择对应路侧设备，即可获得相应的设备数据，如图 8.1-9 所示。

图 8.1-9　实时限速信息

8.1.6　实验效果

中控系统向限速标志发送限速信息后，该限速标志所在路段的车速会受到新的限速要求的约束。当微缩智能车接近并进入该限速路段时，会自动检测到限速标志的信息，并主动调整车速以符合新的限速要求。当智能车在进入限速路段时，通过其内置的传感器和控制系统，逐步降低车速，直至达到规定的限速值。在整个限速路段内，微缩智能车会以稳定的速度行驶，确保遵守交通法规和安全要求。一旦微缩智能车通过限速路段并检测到限速解除标志，它会逐步恢复原来的速度，不再受到之前限速标志的控制，如图 8.1-10 所示。

8.1.7　注意事项

（1）根据实验要求，选择合适的沙盘并在指定位置开展实验。

（2）微缩实验开始前，熟悉实验操作流程，限速值不宜过大，也不宜过小。

8.1.8　思考题

（1）现实中微缩智能车与动态限速标志协同需要考虑哪些因素？

图 8.1-10　实时限速信息

（2）微缩智能车与动态限速标志协同需要哪些数据类型？

8.2　微缩智能车与信号灯协同实验

8.2.1　实验原理

（1）微缩智能车与信号灯协同的基本概念：微缩智能车与信号灯协同，指的是通过信息通信技术实现车辆与道路交通信号灯之间的实时数据交换和处理，以优化车辆的行驶效率和道路的交通流。在这种系统中，微缩智能车不仅可以接收来自信号灯的状态信息，还能根据交通灯的指示做出响应，如调整速度，以达到提高交通效率、减少拥堵和降低事故发生率的目的。

（2）信息传输：信息的传输过程通过 Kafka 服务器实现。当中控系统下发红绿灯配时信息后，便将命令发送给对应的红绿灯设备，红绿灯设备更新信号配时并将自身的实时数据，例如设备 ID、时间戳数据、灯色等数据上传到服务器，进而反馈给中控系统。

（3）车辆响应：微缩智能车能够接收来自红绿灯的状态数据，微缩智能车接收到数据后，能够自动调整车速，确保遵循红灯停、绿灯行的原则。在自动驾驶模式下，这一过程可以完全自动化，无须驾驶员干预。

8.2.2　实验材料

（1）微缩智能车，1 辆。
（2）中控系统，1 套。
（3）实训平台，城市道路实验场景（图 8.2-1）。

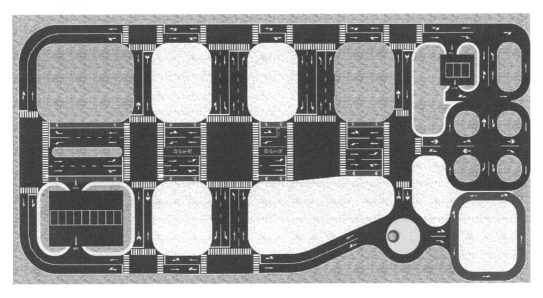

图 8.2-1　城市道路实验场景

8.2.3 实验目标

（1）探究微缩智能车在接收到交通信号灯信息时的响应机制，包括如何根据信号灯的变化调整车辆的行驶状态（如停止、启动和通过速度的调整）。

（2）分析信号灯配时与智能车行为调整之间的相互作用，研究最优的信号灯控制策略和车辆响应策略，以提高交叉口的通行能力和减少交通拥堵。

8.2.4 实验内容

（1）在实验台的高架道路上进行微缩智能车与信号灯协同实验，目的是测试微缩智能车在接收到不同信号灯指令时的行为适应性和调整效率。在实验过程中，中控系统负责根据预设的实验方案选择微缩智能车的运行路径，并实时向沿途的信号灯发送控制信号。微缩智能车通过接收信号灯的状态信息，并根据当前的信号灯指示调整自身的行驶状态，例如在红灯时停车、在绿灯时通过。同时，实验台的监控系统记录微缩智能车的行为响应数据，包括速度变化、停车位置和通过交叉口的时间等数据。

（2）在实验过程中，中控系统根据预设的实验方案选择智能车的运行路径，并实时向沿途的信号灯发送控制信号。微缩智能车接收信号灯的状态信息后，及时调整行驶状态。实验台监控系统详细记录微缩智能车的行为响应数据，包括速度变化、停车位置和通过交叉口的时间等。

8.2.5 实验步骤

1. 微缩智能车联网测试

开启智能车电源开关，通过上位机软件查看微缩智能车的联网状态，上位机软件"在线小车"中出现智能车 ID，说明智能车电源开启正常、联网成功，如图 8.2-2 所示。

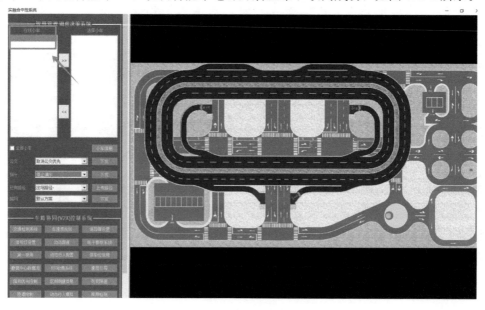

图 8.2-2　微缩智能车联网成功

2. 微缩智能车车位整理

选择上线的车辆，记录对应的车辆 ID 后开始实验。在实验台上采取人工方式前后推动微缩智能车，推动范围为 10～20cm，确认 RFID 模块扫描到 RFID 标签，通过中控系统界面查看，若小车车位整理成功，在"小车信息"内会显示的"TRUE"样例，如图 8.2-3 所示。

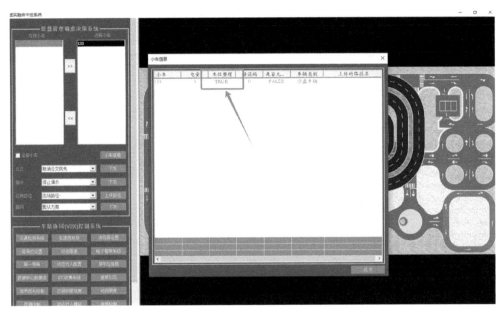

图 8.2-3　微缩智能车车位整理

微缩智能车分为在线小车区域和选择小车区域两个部分，只有在选择小车区域的微缩智能车才可以进行相应设置，点击标号 2、3 或者选择"全部小车"进行智能车选择，如图 8.2-4 线框圈住部分。其中左键点击标号 2、3 是单车选择，选择"全部小车"是对在

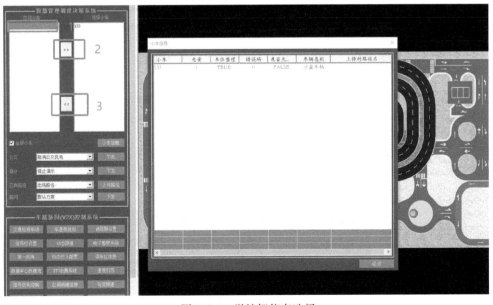

图 8.2-4　微缩智能车选择

线小车区域中所有车辆进行选择。

在"已有路径"中选择智能车在高架道路上的行驶路径，选择完成后左键点击"上传路径"，如果智能车 ID 号变成绿色（红色表示电量较低），说明路径上传成功，如图 8.2-5 所示。

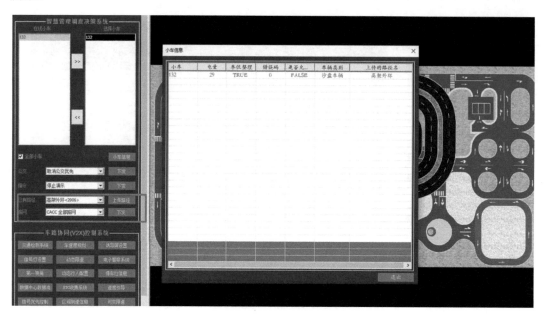

图 8.2-5　上传路径

如果智能车 ID 号变成绿色，如图 8.2-6 所示，说明路径上传成功。此时可在"小车信息"中查看小车上传的路径名。

图 8.2-6　微缩智能车路径信息查询

3. 实验运行

在中控系统界面的信号灯设置功能里，对任意信号灯配置信号灯相位和信号配时方案，如图 8.2-7 和图 8.2-8 所示。

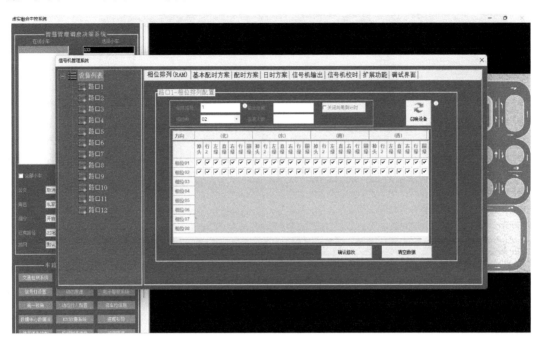

图 8.2-7　信号灯相位

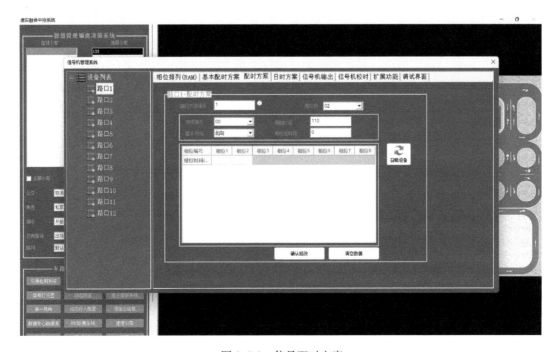

图 8.2-8　信号配时方案

打开中控系统界面的"路侧"功能窗口，根据所需要的数据，选择对应路侧设备，即可获得相应的设备数据，如图 8.2-9 所示。

图 8.2-9　红绿灯信息数据

8.2.6　实验效果

在微缩智能车与信号灯协同实验中，中控系统扮演着关键的协调角色。其主要功能是向红绿灯发送精确的信号灯配时信息，以实现对交通信号的精准控制。当红绿灯接收到来自中控系统的配时信息后，会立即更新其状态，如变换红绿灯的持续时间和切换时间等。更新后的状态信息会被实时发送至接近交叉口的微缩智能车。微缩智能车通过车载通信设备接收这些信号灯状态信息，并根据当前红绿灯的状态做出相应的决策。如果信号灯是红色，微缩智能车将减速并停车；如果信号灯是绿色，微缩智能车则继续通行，确保顺畅通过交叉口，如图 8.2-10 和图 8.2-11 所示。

图 8.2-10　前方红灯

图 8.2-11　前方绿灯

8.2.7　注意事项

（1）根据实验要求，选择合适的沙盘并在指定位置开展实验。

（2）实验开始前，熟悉实验操作流程，选择合适的信号配时，同一灯色时间不宜过长。

8.2.8　思考题

（1）微缩智能车与信号灯协同的潜在风险分析。

（2）微缩智能车与信号灯协同系统的扩展应用。

8.3　微缩智能车与动态信息板协同实验

8.3.1　实验原理

微缩智能车与动态信息板协同实验旨在研究微缩智能车如何通过接收和响应动态信息板提供的实时交通信息来优化驾驶行为和提升道路使用效率。此实验基于以下核心原理：

（1）动态信息板：接收来自中控系统下发的信息，并实时展示动态信息。

（2）信息传输：信息的传输过程通过 Kafka 服务器实现。当中控系统向动态信息板下发前方路段信息后，会将命令发送给对应路段的动态信息板，动态信息板更新屏幕上的信息并将自身的实时数据例如设备 ID、时间戳数据等上传至服务器，进而反馈给中控系统。

（3）车辆响应：微缩智能车的通信设备接收来自动态信息板的状态数据，微缩智能车接收到数据后，能够根据前方的道路状况采取不同的措施，自动调整车速。在自动驾驶模式下，这一过程可以完全自动化，无需驾驶员干预。

8.3.2 实验材料

（1）微缩智能车，1辆。

（2）中控系统，1套。

（3）实训平台，城市道路实验场景（图8.3-1）。

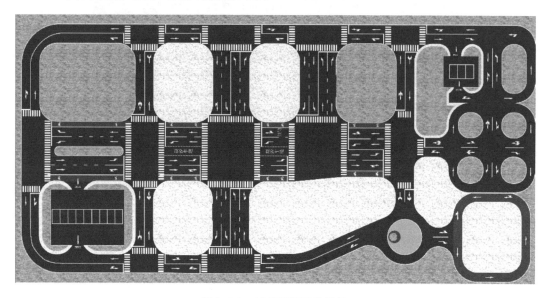

图 8.3-1 城市道路实验场景

8.3.3 实验目标

（1）探究微缩智能车在接收到动态信息板提供的交通信息时的响应机制，包括如何根据前方路况调整车辆的行驶状态（如速度减缓、路侧停车等）。

（2）分析动态信息板提供的交通信息与微缩智能车行为调整之间的相互作用，研究信息的准确性和及时性对车辆行为的影响，以提高道路的通行效率和安全性。

8.3.4 实验内容

（1）在实验台上进行的微缩智能车与动态信息板协同实验，目的是测试微缩智能车在接收到动态信息板提供的交通信息时的行为适应性和调整效率。在实验过程中，中控系统根据预设的实验方案选择微缩智能车的运行路径，并实时向沿途的动态信息板发送更新信息，如交通拥堵、事故、路况或天气条件等。微缩智能车通过其通信系统接收这些信息，并根据动态信息板显示的最新路况信息调整其行驶状态，例如前方浓雾或前方事故时采取的措施。

（2）同时，实验台的监控系统记录智能车的行为响应，包括速度变化和对特定信息的响应时间等数据。通过分析这些数据，可以评估微缩智能车对动态信息板提供信息的响应速度和适应能力，从而对微缩智能车与动态信息板的协同效果进行全面评价。

8.3.5　实验步骤

1. 微缩智能车联网测试

开启微缩智能车电源开关,通过上位机软件查看微缩智能车的联网状态,上位机软件"在线小车"中出现智能车 ID,说明微缩智能车电源开启正常、联网成功,如图 8.3-2 所示。

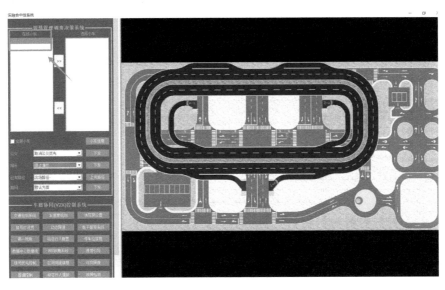

图 8.3-2　红绿灯信息下发

2. 微缩智能车车位整理

选择上线的车辆,记录对应的车辆 ID 后开始实验。在实验台上采用人工方式前后推动微缩智能车,推动范围为 10～20cm,确认 RFID 模块扫描到 RFID 标签,通过中控系统界面查看,若小车车位整理成功,在小车信息内会显示的"TRUE"样例,如图 8.3-3 所示。

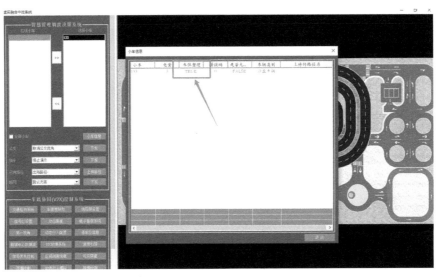

图 8.3-3　微缩智能车车位整理

微缩智能车分为在线小车区域和选择小车区域两个部分，只有在选择小车区域的微缩智能车才可以进行相应设置，点击标号2、3或者选择"全部小车"进行微缩智能车选择，如图8.3-4所示线框圈住部分。其中左键点击标号2、3是单车选择，选择"全部小车"是对在线小车区域中所有车辆进行选择。

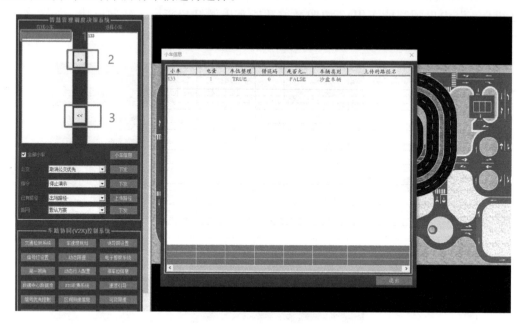

图8.3-4　微缩智能车选择

在"已有路径"中选择微缩智能车在高架道路上的行驶路径，选择完成后左键点击"上传路径"，如果智能车ID号变成绿色（红色表示电量较低），说明路径上传成功，如图8.3-5和图8.3-6所示。

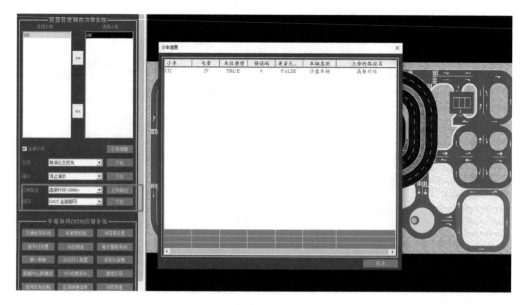

图8.3-5　路径上传

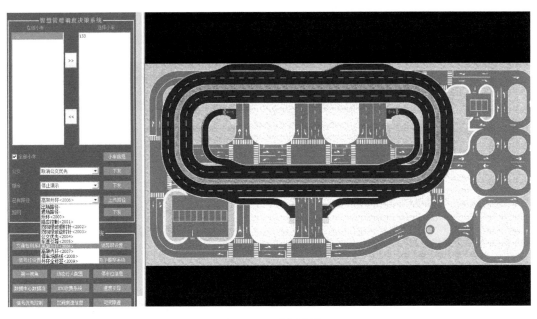

图 8.3-6　路径种类

如果微缩智能车 ID 号变成绿色，如图 8.3-7 所示，说明路径上传成功。此时可在"小车信息"中查看小车上传的路径名。

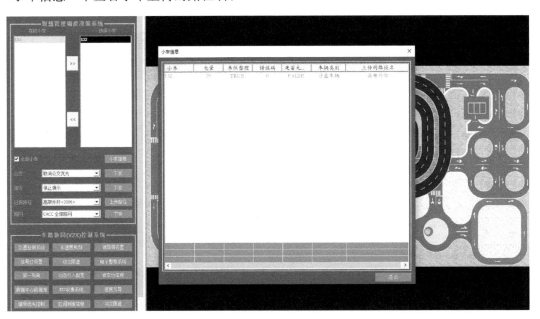

图 8.3-7　微缩智能车状态信息查询

3. 实验运行

完成微缩智能车的车辆启动命令下发后，单击"开始运行"处的"指令下发"开始实验，当车辆启动后，记录车辆启动时间，按照预设路线行驶，通过中控系统界面的"诱导屏"功能，给对应路径上的动态信息板下发信息，如雨雾天气，如图 8.3-8～图 8.3-13 所示，观察并记录车辆是否减速行驶；或下发前方事故信息，观察车辆是否停车。更改动态信息板数据，多次重复实验，以确保数据的可靠性和稳定性。

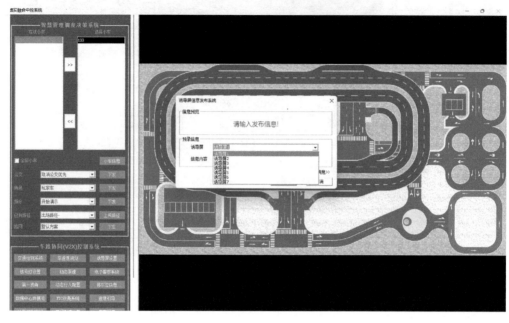

图 8.3-8　动态信息板选择

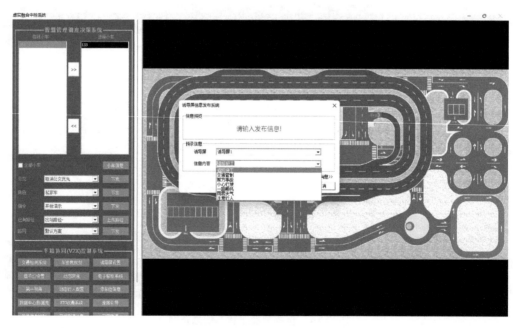

图 8.3-9　发布信息选择

收集微缩智能车与动态信息板间的通信数据以及车辆的速度、加速度和停车时间等参数。下载并分析实验数据，比较激活协同系统前后的通行效率、安全性等。使用统计软件进行数据处理，绘制相关图表，分析协同系统对交通流的影响。

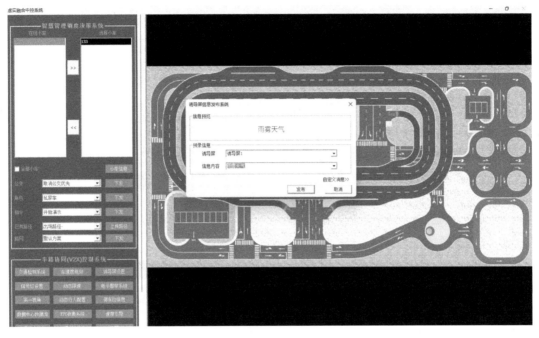

图 8.3-10 动态信息板雨雾天气信息下发界面

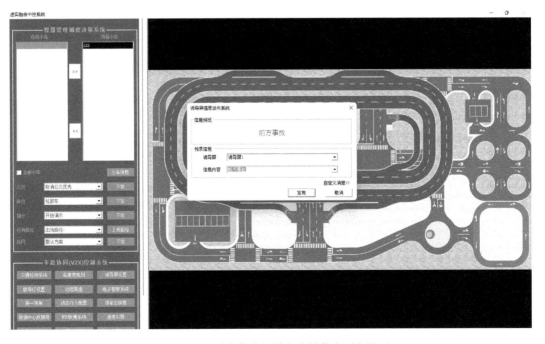

图 8.3-11 动态信息板前方事故信息下发界面

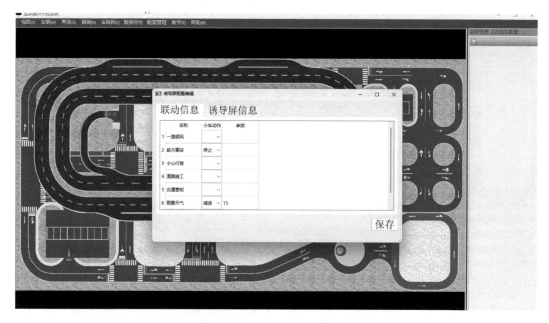

图 8.3-12　不同信息下微缩智能车采取不同行为

图 8.3-13　动态信息板实景

8.3.6　实验效果

在微缩智能车与动态信息板协同实验中，中控系统的关键功能是向沿途的动态信息板发送实时交通信息，实现对道路状况的精确反映。当动态信息板接收到特定的交通信息后，如前方发生浓雾或事故，会立即更新显示的信息，这些信息随后被接近该区域的微缩智能车接收。微缩智能车根据从动态信息板收到的数据做出相应的驾驶决策，以适应当前道路状况并提升驾驶安全性。

实验效果主要体现在两种情形下：

（1）前方发生浓雾：当动态信息板显示前方区域存在浓雾时，微缩智能车会接收到这一信息并自动减慢其行驶速度，以确保一定的安全距离和适应能见度较低的环境。这种自动减速反应不仅增强了行驶的安全性，还帮助避免因视线不良引发的事故。

（2）前方发生事故：如果动态信息板报告前方路段发生事故，微缩智能车将接收到这一紧急信息并做出停车的决策，如靠边停车。这样的行为允许紧急服务车辆能够迅速通过，同时避免了追尾事故的发生，确保驾驶人与乘客的安全。

8.3.7 注意事项

（1）按照教师指导，在指定位置开展实验。
（2）实验开始前，熟悉实验操作方法。

8.3.8 思考题

（1）微缩智能车与动态信息板之间的数据交互对驾驶决策有何影响？
（2）如果动态信息板的数据更新存在延迟，这将如何影响交通流量及驾驶安全?

8.4 微缩智能车编队协同控制实验

8.4.1 实验原理

微缩智能车编队协同控制实验的原理涉及车辆之间的通信、感知、路径规划和控制等方面。实验中的车辆通过车辆间的通信系统（Vehicle-to-Vehicle，V2V）建立网络连接。每辆车都配有多种感知设备，例如雷达、摄像头、激光雷达等，用于实时监测周围环境。通过车辆通信系统，车辆之间共享感知到的信息。这些信息包括车辆的位置、速度、加速度等，编队协同算法利用这些信息实现车辆之间的协同行驶。根据共享的环境信息，车队中的每辆车都使用路径规划算法确定最佳行驶路径。路径规划应考虑车辆之间的安全间隔、车辆的动态特性以及交通环境。每辆车根据路径规划的结果制定实时的控制策略。这可能涉及转向控制、加减速控制等，以确保车辆沿着规划的路径行驶。实验中的车辆持续地更新彼此之间的信息，进行实时协同调整，包括对车队中某辆车的速度变化、路径调整等进行实时反馈。在实验过程中，收集车辆的实时运行数据，如位置、速度、加速度等，评估编队行驶的性能，包括车辆之间维持的距离、编队的稳定性、实时响应等方面。

在算法层面，车辆在编队行驶过程中以保持稳定的车间时距为行驶目的，采用加州大学伯克利分校 PATH 实验室开发的 CACC 控制模型，该模型通过在实车上安装 CACC 控制系统以获得真实的 CACC 车队行驶数据，并将所得数据用于标定 CACC 控制系统简化而成的 CACC 控制模型参数。为保证后续仿真结果的可靠性，故选用 PATH 实验室测试数据标定的 CACC 模型和模型参数，其具体表达式为：

$$\dot{v}_n(t) = k_1 \dot{v}_{n-1}(t) + k_2 \left[x_{n-1}(t) - x_n(t) - t_g v_n(t) - l - s_0 \right] + k_3 \left[v_{n-1}(t) - v_n(t) \right]$$

$$(8.4\text{-}1)$$

式中 　　$\dot{v}_n(t)$ ——车辆 n 在 t 时刻的目标输出加速度（m/s²）；

$$\dot{v}_{n-1}(t)$$——前车 $n-1$ 的加速度（m/s^2）；

$x_n(t)$、$x_{n-1}(t)$——车辆 n、车辆 $n-1$ 在 t 时刻的位移（m）；

$v_n(t)$、$v_{n-1}(t)$——车辆 n、车辆 $n-1$ 在 t 时刻的速度（m/s）；

l——车长（m）；

s_0——最小安全间距（m）；

t_g——期望车间时距（m）；

k_1，k_2，k_3——模型系数，$k_1=1, k_2=0.45$，$k_3=0.25$。

微缩智能车编队协同控制实验旨在验证车辆之间的协同能力，提高车队的整体效率、安全性和可靠性。该实验对于未来实现智能交通系统和自动驾驶技术的发展具有重要意义。

8.4.2 实验材料

（1）微缩智能车，5 辆。

（2）中控系统，1 套。

（3）实训平台，高架道路实验场景（图 8.4-1）。

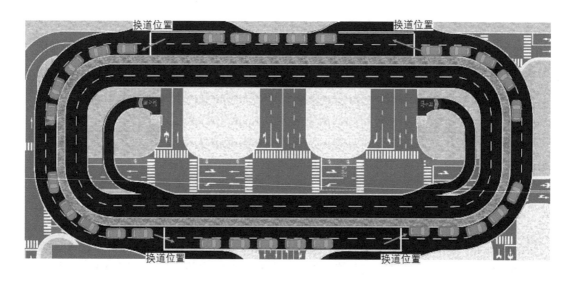

图 8.4-1 高架道路实验场景

8.4.3 实验目标

（1）让学生深入理解和学习微缩智能车编队协同控制的相关理论、原理、功能和应用。

（2）学会优化微缩智能车编队协同控制方案。

8.4.4 实验内容

在实验台的高架道路上，选用 5 辆及以上微缩智能车行驶在同一车道上，为车辆植入

CACC协同自适应巡航控制算法，实现多车辆编队行驶，完成加速、减速和匀速的编队协同控制运行状态，并在实训平台特定的位置上实现换道，导出车辆运行状态数据，并对编队协同控制进行稳定性分析。

微缩智能车编队协同控制的稳定性分析主要包括编队车辆位置变化和速度变化，如图8.4-2所示。

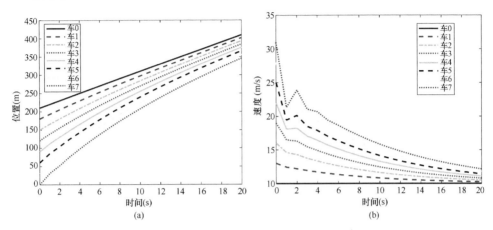

图8.4-2 编队车辆位置变化和速度变化示意图

（a）编队车辆位置变化；（b）编队车辆速度变化

8.4.5 实验步骤

1. 微缩智能车编队协同控制实验操作步骤

（1）启动中控系统，开启微缩智能车的电源，确保微缩智能车成功上线。

（2）将微缩智能车置于实验路径上，包括高架道路外环外车道、内车道以及内环外车道、内车道四种路径。

（3）确认5辆微缩智能车的状态为"TRUE"。

（4）摆放微缩智能车车辆位置，将领航车作为场景车辆，领航车可被接管。

（5）选择微缩智能车（5辆）、实验场景，设置车辆速度。

（6）植入微缩智能车编队协同控制算法并进行参数优化。

（7）运行中控系统，自定义实验路径、编队车辆数，完成基础微缩智能车编队协同控制过程。

（8）记录实验开始时间，运行中控系统开始实验，开展微缩智能车编队协同控制实验队列稳定性研究；在高架道路上开展加速、减速和匀速行驶，在高架特定位置实现车辆换道行驶。

（9）导出实验数据，分析在微缩智能网联车道编队的队列稳定性。

（10）对实验结果进行评价，编写实验报告。

2. 实验具体操作步骤

（1）微缩智能车调度使用流程图如图8.4-3所示。

（2）微缩智能车联网测试：开启微缩智能车电源开关，通过上位机软件查看微缩智能车的联网状态，上位机软件出现微缩智能车ID，说明微缩智能车电源开启正常，联网成功，如图8.4-4所示。

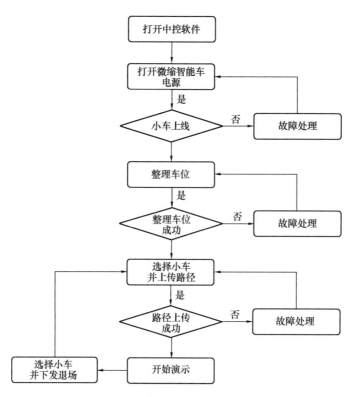

图 8.4-3　微缩智能车调度使用流程图

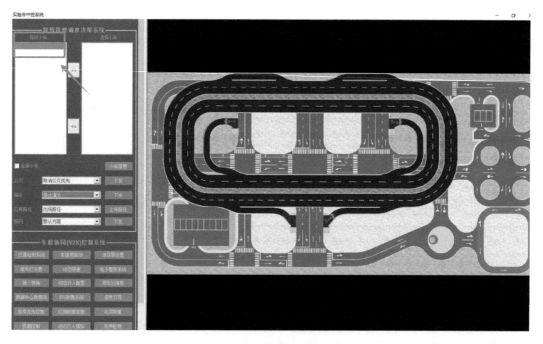

图 8.4-4　微缩智能车联网测试

（3）微缩智能车编队协同控制微缩智能车位整理：选择 5 辆车开展微缩智能车编队协同控制实验，采取手动方式前后推动微缩智能车，推动范围为 10～20cm，确认 RFID 模块扫描到 RFID 标签，通过上位机软件界面查看，微缩智能车 ID 由红色变成蓝色，说明扫描到 RFID 标签，车位整理成功，如图 8.4-5 所示。可点击相应的图标查询小车信息，若小车车位整理成功，在小车信息内会显示"TRUE"样例，如图 8.4-6 所示。

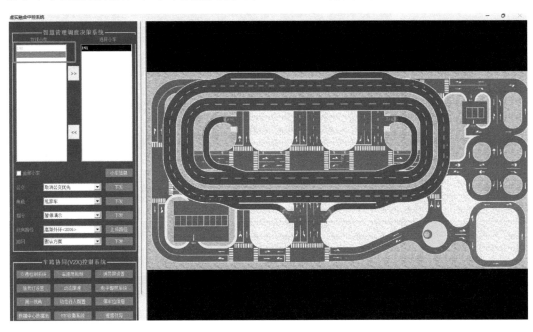

图 8.4-5 微缩智能车位整理

图 8.4-6 小车车位整理

（4）选择微缩智能车：微缩智能车分为"在线小车"区域和"选择小车"区域两个部分，只有在"选择小车"区域的微缩智能车才可以进行相应设置，点击标号2、3或者选择"全部小车"进行微缩智能车选择，如图8.4-7所示框线圈住部分。其中左键点击标号2、3是单车选择，选择"全部小车"是对"在线小车"区域中所有车辆进行选择。

图8.4-7　微缩智能车选择

（5）微缩智能车运行路径选择：在"已有路径"中选择微缩智能车在高架道路上的行驶路径，选择完成后左键点击"上传路径"，如果微缩智能车ID变成绿色（红色表示电量较低），说明路径上传成功，如图8.4-8所示。高架外环路径（二层）如图8.4-9所示。

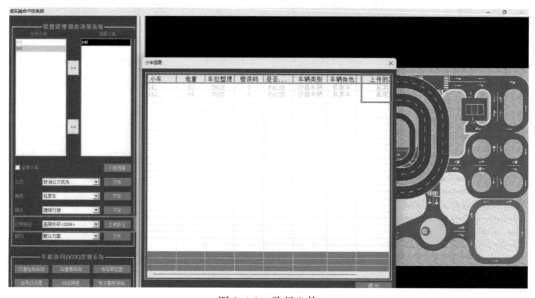

图8.4-8　路径上传

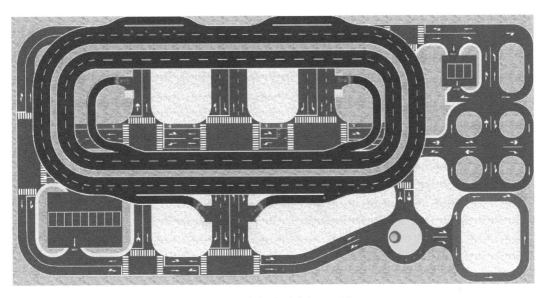

图 8.4-9　高架外环路径（二层）

（6）微缩智能车编队协同控制算法设置：打开车列变换窗口，首先定义车辆编队，其次确定编队车辆，然后选择头车的车辆，如图 8.4-10 所示。

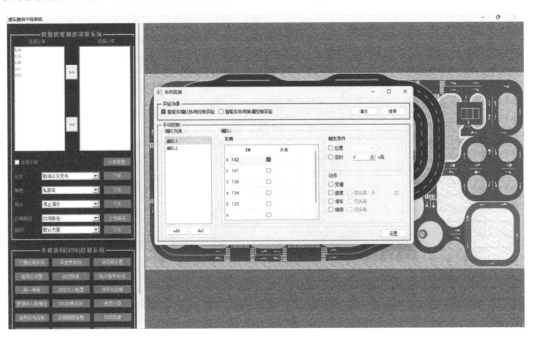

图 8.4-10　编队车辆选择

打开"菜单"—"车辆"—"跟驰模型参数"窗口，设置 CACC 跟驰参数，如图 8.4-11 和图 8.4-12 所示。

（7）实验开始运行和导出数据：单击"开始运行"处的"指令下发"，如图 8.4-13 所示，实验开始运行。设置数据导出内容和时间，数据自动存储在数据中心部署的电脑上，

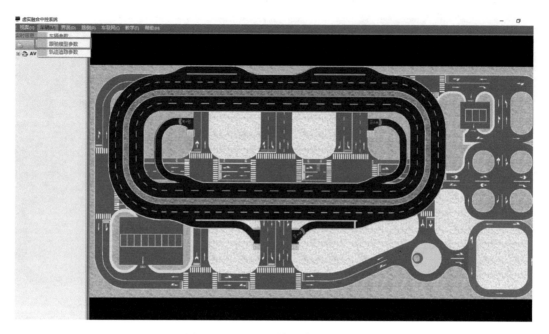

图 8.4-11 "跟驰模型参数"窗口

图 8.4-12 跟驰参数设置界面

生成一个 text 文档,路径为 C:\software\flume\files\unity_topic,根据对应实验时间和车辆的 ID 提取相应车辆的行驶数据,数据导出设置如图 8.4-14 所示,数据导出内容如图 8.4-15 所示,数据标签标识如表 8.4-1 所示。

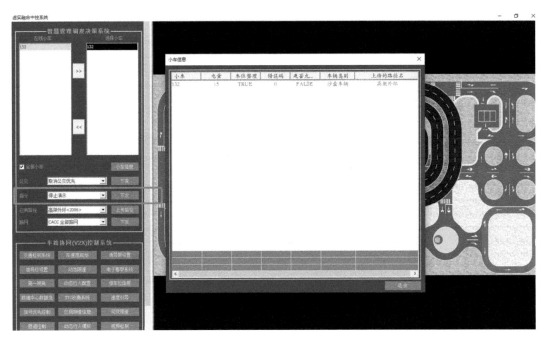

图 8.4-13 实验运行开始和结束指令

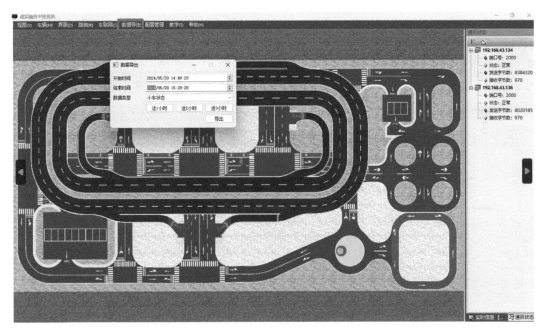

图 8.4-14 数据导出设置

数据标签标识   表 8.4-1

时间	坐标	速度
TimeStamp1": 1693741582	PosX": 2373. 078857421875, " PosZ": 0. 0," PosY": 213. 295654296875	Speed": 297

{"MessageType":0,"CarInfo":
[{"TimeStamp1":1693741582,"TimeStamp2":47,"CarID":114,"InfoProp":0,"InfoProd":1,"DeviceProp":0,"DeviceType":0,"PosX":2373.078857421875,"PosZ":0.0,"PosY":2
13.295654296875,"CarRollAgl":-
0.9960244297981262,"CarPitchAgl":2.1743147373199465,"CarYawAgl":0.0,"RoadID":0,"Speed":297,"Gear":1,"SteerAgl":60,"Throttle":193,"Brake":0}]}
{"MessageType":0,"CarInfo":
[{"TimeStamp1":1693741582,"TimeStamp2":31,"CarID":114,"InfoProp":0,"InfoProd":1,"DeviceProp":0,"DeviceType":0,"PosX":2383.078857421875,"PosZ":0.0,"PosY":2
13.295654296875,"CarRollAgl":-
0.9940441846847534,"CarPitchAgl":2.132371187210083,"CarYawAgl":0.0,"RoadID":0,"Speed":292,"Gear":1,"SteerAgl":56,"Throttle":197,"Brake":0}]}
{"MessageType":0,"CarInfo":
[{"TimeStamp1":1693741582,"TimeStamp2":47,"CarID":114,"InfoProp":0,"InfoProd":1,"DeviceProp":0,"DeviceType":0,"PosX":2383.078857421875,"PosZ":0.0,"PosY":2
13.295654296875,"CarRollAgl":-1.0032284259796143,"CarPitchAgl":2.0718932151794435,"CarYawAgl":0.0,"RoadID":0,"Speed":292,"Gear":1,"SteerAgl":-
63,"Throttle":197,"Brake":0}]}
{"MessageType":0,"CarInfo":
[{"TimeStamp1":1693741582,"TimeStamp2":47,"CarID":114,"InfoProp":0,"InfoProd":1,"DeviceProp":0,"DeviceType":0,"PosX":2383.078857421875,"PosZ":0.0,"PosY":2
13.295654296875,"CarRollAgl":-1.0104365348815919,"CarPitchAgl":2.024486541748047,"CarYawAgl":0.0,"RoadID":0,"Speed":292,"Gear":1,"SteerAgl":-
63,"Throttle":197,"Brake":0}]}
{"MessageType":0,"CarInfo":
[{"TimeStamp1":1693741582,"TimeStamp2":47,"CarID":114,"InfoProp":0,"InfoProd":1,"DeviceProp":0,"DeviceType":0,"PosX":2383.078857421875,"PosZ":0.0,"PosY":2
13.295654296875,"CarRollAgl":-0.9572778940200806,"CarPitchAgl":1.9400724172592164,"CarYawAgl":0.0,"RoadID":0,"Speed":299,"Gear":1,"SteerAgl":-
54,"Throttle":195,"Brake":0}]}
{"MessageType":0,"CarInfo":
[{"TimeStamp1":1693741582,"TimeStamp2":46,"CarID":114,"InfoProp":0,"InfoProd":1,"DeviceProp":0,"DeviceType":0,"PosX":2383.078857421875,"PosZ":0.0,"PosY":2
13.295654296875,"CarRollAgl":-
0.9404928088188171,"CarPitchAgl":1.8765482902526856,"CarYawAgl":0.0,"RoadID":0,"Speed":299,"Gear":1,"SteerAgl":56,"Throttle":194,"Brake":0}]}
{"MessageType":0,"CarInfo":
[{"TimeStamp1":1693741582,"TimeStamp2":47,"CarID":114,"InfoProp":0,"InfoProd":1,"DeviceProp":0,"DeviceType":0,"PosX":2383.078857421875,"PosZ":0.0,"PosY":2
13.295654296875,"CarRollAgl":-
0.9273404479026794,"CarPitchAgl":1.8267401456832886,"CarYawAgl":0.0,"RoadID":0,"Speed":299,"Gear":1,"SteerAgl":56,"Throttle":194,"Brake":0}]}
{"MessageType":0,"CarInfo":
[{"TimeStamp1":1693741582,"TimeStamp2":94,"CarID":114,"InfoProp":0,"InfoProd":1,"DeviceProp":0,"DeviceType":0,"PosX":2393.078857421875,"PosZ":0.0,"PosY":2
13.295654296875,"CarRollAgl":-
0.9143960475921631,"CarPitchAgl":1.8090659379959107,"CarYawAgl":0.0,"RoadID":0,"Speed":299,"Gear":1,"SteerAgl":55,"Throttle":194,"Brake":0}]}
{"MessageType":0,"CarInfo":
[{"TimeStamp1":1693741582,"TimeStamp2":31,"CarID":114,"InfoProp":0,"InfoProd":1,"DeviceProp":0,"DeviceType":0,"PosX":2393.078857421875,"PosZ":0.0,"PosY":2

图 8.4-15 数据导出内容

8.4.6 实验效果

微缩智能车编队协同控制过程效果包括：首先是对编队位置和头车的判断，在车辆编队形成的过程中，确定车辆编队的位置，并对头车的车辆类型进行判断，头车必须为网联自动驾驶车辆；其次确定编队规模，提前控制需要编队的车辆规模，在编队过程中，队列车辆则按照车头时距阈值在车道上行驶；然后对车辆编队速度进行调整，对于编队完成的车辆队列，调整其运行速度；最后完成编队协同控制过程，基于生成的车辆队列，在实训平台的特定位置实现车队协同换道控制，运行效果图如图 8.4-16 所示。

图 8.4-16 运行效果图

8.4.7 注意事项

（1）根据实验要求，在实训平台指定位置开展实验。

（2）在实验开始前，应校准微缩智能车编队协同控制算法与微缩智能车的行驶状态。

8.4.8　思考题

（1）微缩智能车编队协同控制对于交通流的影响是怎样的？

（2）微缩智能车编队换道过程是否可以优化，如何提升换道过程的稳定性和舒适性？

8.5　微缩智能车协同换道控制实验

8.5.1　实验原理

微缩智能车协同换道控制实验的原理是在智能车编队协同控制的基础上进行延伸，涉及车辆之间的通信、感知、决策、路径规划和控制等方面。微缩智能车之间通过无线通信技术进行信息交换和传输，通过搭载各种传感器，如激光雷达、摄像头、红外传感器等，实时感知周围环境的情况，包括其他车辆、障碍物、道路标识等。基于感知到的环境信息和通过通信获取的其他车辆的状态信息，微缩智能车作出行为决策，包括确定何时进行换道、选择合适的换道目标、规划换道路径等。根据决策结果，微缩智能车使用路径规划算法确定从当前车道换到目标车道的最佳路径。路径规划需要考虑避让其他车辆和遵守交通规则等因素。微缩智能车根据路径规划结果执行控制操作，调整车辆的速度和方向，以完成换道操作。控制操作可以包括加速、刹车、转向等。在实验中，车辆持续更新彼此之间的信息，进行实时协同调整，对车队中某辆车的速度变化、路径调整等进行实时反馈。

算法层面参见第 8.4.1 节。

8.5.2　实验材料

（1）微缩智能车，5 辆。

（2）中控系统，1 套。

（3）实训平台，高架道路实验场景（图 8.5-1）。

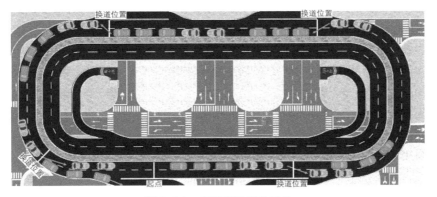

图 8.5-1　高架道路实验场景

8.5.3　实验目标

（1）让学生深入理解和学习微缩智能车协同换道控制的相关理论、原理、功能和应用；

（2）学会优化微缩智能车协同换道控制方案。

8.5.4 实验内容

在实验台的高架道路上，选用 5 辆车以上行驶在同一车道上，为车辆植入 CACC 协同自适应巡航控制算法，实现多车辆编队行驶，在行驶过程中完成车辆队形变换和车队重构的运行状态，导出车辆运行状态数据，评价车辆在协同换道控制算法和控制参数下的运行效果。

微缩智能车协同换道控制的运行效果分析主要包括速度轨迹和时空轨迹，如图 8.5-2 所示。

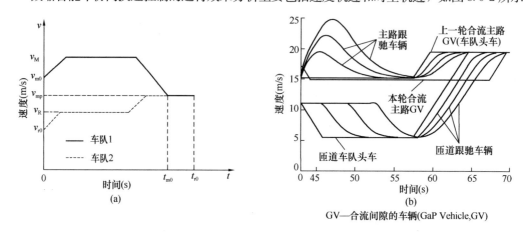

图 8.5-2 车队变换过程中速度轨迹和时空轨迹示意图
（a）车队 1 和车队 2 最快到达合流点的速度轨迹；（b）编队和轨迹规划过程速度曲线

图 8.5-2 中，t_{m0} 为和 t_{r0} 分别为主路车辆和匝道车辆最快通过合流点的时间；v_M 和 v_R 分别为主路限速和匝道限速；v_{m0} 和 v_{r0} 分别为主路车辆和匝道车辆的初始速度；v_{mp} 为合流速度。

8.5.5 实验步骤

1. 微缩智能车协同换道控制实验操作步骤

（1）启动中控系统，开启微缩智能车的电源，确保微缩智能车成功上线。

（2）将智能车置于实验路径上，包括高架道路外环外车道、内车道以及内环外车道、内车道四种路径。

（3）确认 5 辆微缩智能车的状态为"TRUE"。

（4）摆放微缩智能车车辆位置，将头车作为场景车辆，头车可被接管。

（5）采用中控系统，选择微缩智能车（5 辆）、实验场景，设置车辆速度。

（6）植入微缩智能车协同换道控制算法并进行参数优化。

（7）运行中控系统，自定义实验路径、编队车辆数，完成基础微缩智能车协同换道控制过程。

（8）记录实验开始时间，运行中控系统开始实验，开展微缩智能车协同换道控制实验队列稳定性研究；在高架道路上开展加速、减速和匀速行驶，完成队列形成、分离和合并过程。

（9）导出实验数据，分析在微缩智能网联车道编队的队列稳定性。

（10）对实验结果进行评价，编写实验报告。

2. 实验具体操作步骤

（1）微缩智能车调度使用流程图如图 8.5-3 所示。

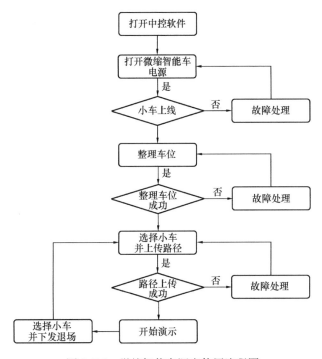

图 8.5-3　微缩智能车调度使用流程图

（2）微缩智能车联网测试：开启微缩智能车电源开关，通过上位机软件查看微缩智能车的联网状态，上位机软件出现微缩智能车 ID，说明微缩智能车电源开启正常，联网成功，如图 8.5-4 所示。

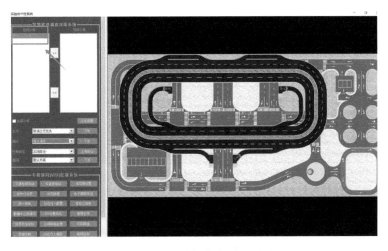

图 8.5-4　微缩智能车联网测试

（3）微缩智能车协同换道控制微缩智能车位整理：选择5辆车开展微缩智能车协同换道控制实验，采取手动方式前后推动微缩智能车，推动范围为10～20cm，确认RFID模块扫描到RFID标签，通过上位机软件界面查看，微缩智能车ID由红色变成蓝色，说明扫描到RFID标签，车位整理成功，如图8.5-5所示。

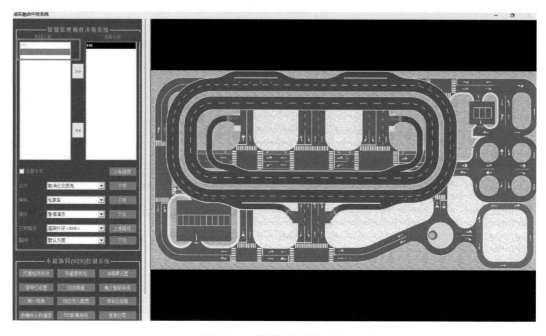

图8.5-5　微缩智能车位整理

可点击相应的图标查询小车信息，若小车车位整理成功，在小车信息内会显示"TRUE"样例，如图8.5-6所示。

图8.5-6　小车车位整理

　　（4）选择微缩智能车：微缩智能车分为"在线小车"区域和"选择小车"区域两个部分，只有在"选择小车"区域的微缩智能车才可以进行相应设置，点击标号 2、3 或者选择"全部小车"进行微缩智能车选择，如图 8.5-7 线框圈住部分。其中左键点击标号 2、3 是单车选择，选择"全部小车"是对"在线小车"区域中所有车辆进行选择。

图 8.5-7　微缩智能车选择

　　（5）微缩智能车运行路径选择：在"已有路径"中选择微缩智能车在高架道路上的行驶路径，选择完成后左键点击"上传路径"，如果微缩智能车 ID 变成绿色（红色表示电量较低），说明路径上传成功，如图 8.5-8 所示。高架外环路径（二层）如图 8.5-9 所示。

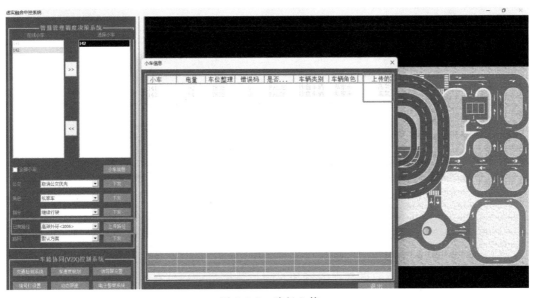

图 8.5-8　路径上传

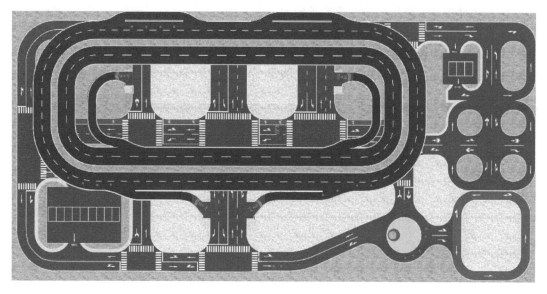

图 8.5-9 高架外环路径（二层）

（6）微缩智能车协同换道控制算法设置：打开车列变换窗口，首先定义车辆编队，其次确定编队车辆，然后选择头车的车辆，如图 8.5-10 所示。

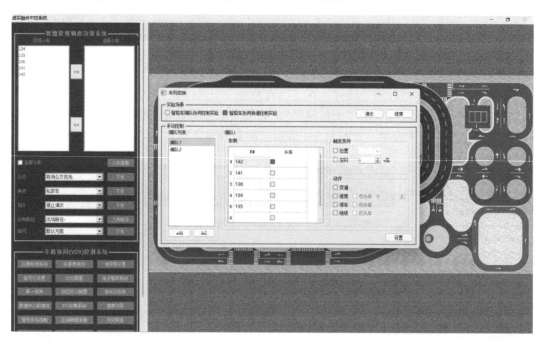

图 8.5-10 车辆编队设置

打开"菜单"—"车辆"—"跟驰模型参数"窗口，如图 8.5-11 和图 8.5-12 所示。

（7）实验开始运行和导出数据：单击"开始运行"处的"指令下发"，如图 8.5-13 所示，实验开始运行。设置数据导出内容和时间，数据自动存储在数据中心部署的电脑上，生成一个 text 文档，路径为 C：\software\flume\files\unity_topic，根据对应实验时间和

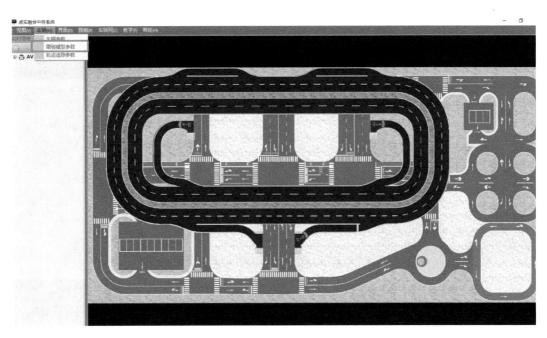

图 8.5-11　"跟驰模型参数"窗口

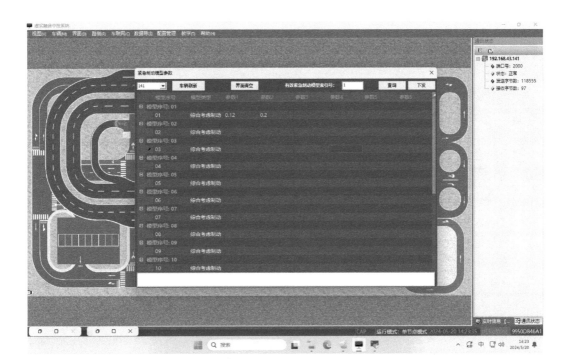

图 8.5-12　跟驰模型参数设置

车辆的 ID 提取相应车辆的行驶数据，数据导出设置如图 8.5-14 所示，数据导出内容如图 8.5-15 所示，数据标签标识如表 8.5-1 所示。

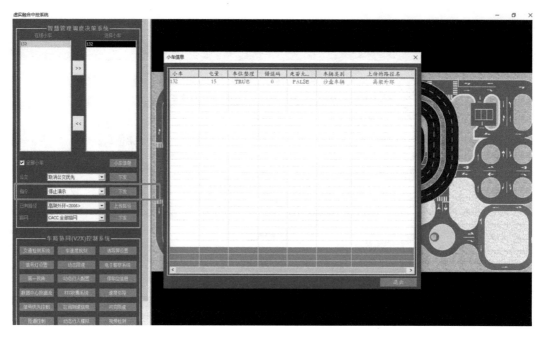

图 8.5-13　路径上传成功

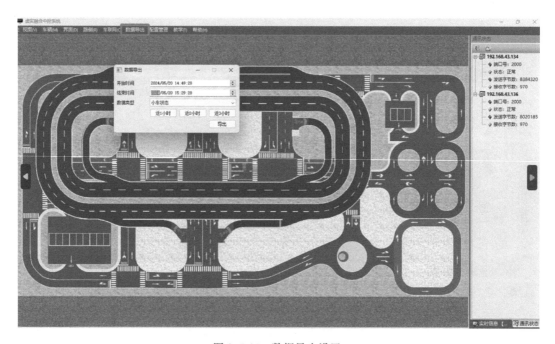

图 8.5-14　数据导出设置

数据标签标识　　　　　　　　　　　　　　　　　　　　　　　表 8.5-1

时间	坐标	速度
TimeStamp1"：1693741582	PosX"：2373. 078857421875," PosZ"：0. 0," PosY"：213. 295654296875	Speed"：297

{"MessageType":0,"CarInfo":
[{"TimeStamp1":1693741582,"TimeStamp2":47,"CarID":114,"InfoProp":0,"InfoProd":1,"DeviceProp":0,"DeviceType":0,"PosX":2373.078857421875,"PosZ":0.0,"PosY":2
13.295654296875,"CarRollAgl":-
0.9960244297981262,"CarPitchAgl":2.1743147373199465,"CarYawAgl":0.0,"RoadID":0,"Speed":297,"Gear":1,"SteerAgl":60,"Throttle":193,"Brake":0}]}
{"MessageType":0,"CarInfo":
[{"TimeStamp1":1693741582,"TimeStamp2":31,"CarID":114,"InfoProp":0,"InfoProd":1,"DeviceProp":0,"DeviceType":0,"PosX":2383.078857421875,"PosZ":0.0,"PosY":2
13.295654296875,"CarRollAgl":
0.9940441846847534,"CarPitchAgl":2.132371187210083,"CarYawAgl":0.0,"RoadID":0,"Speed":292,"Gear":1,"SteerAgl":56,"Throttle":197,"Brake":0}]}
{"MessageType":0,"CarInfo":
[{"TimeStamp1":1693741582,"TimeStamp2":47,"CarID":114,"InfoProp":0,"InfoProd":1,"DeviceProp":0,"DeviceType":0,"PosX":2383.078857421875,"PosZ":0.0,"PosY":2
13.295654296875,"CarRollAgl":-1.0032284259796143,"CarPitchAgl":2.0718932151794435,"CarYawAgl":0.0,"RoadID":0,"Speed":292,"Gear":1,"SteerAgl":-
63,"Throttle":197,"Brake":0}]}
{"MessageType":0,"CarInfo":
[{"TimeStamp1":1693741582,"TimeStamp2":47,"CarID":114,"InfoProp":0,"InfoProd":1,"DeviceProp":0,"DeviceType":0,"PosX":2383.078857421875,"PosZ":0.0,"PosY":2
13.295654296875,"CarRollAgl":-1.0104365348815919,"CarPitchAgl":2.024486541748047,"CarYawAgl":0.0,"RoadID":0,"Speed":292,"Gear":1,"SteerAgl":-
63,"Throttle":197,"Brake":0}]}
{"MessageType":0,"CarInfo":
[{"TimeStamp1":1693741582,"TimeStamp2":47,"CarID":114,"InfoProp":0,"InfoProd":1,"DeviceProp":0,"DeviceType":0,"PosX":2383.078857421875,"PosZ":0.0,"PosY":2
13.295654296875,"CarRollAgl":-0.9572778940200806,"CarPitchAgl":1.9400724172592164,"CarYawAgl":0.0,"RoadID":0,"Speed":299,"Gear":1,"SteerAgl":-
54,"Throttle":195,"Brake":0}]}
{"MessageType":0,"CarInfo":
[{"TimeStamp1":1693741582,"TimeStamp2":46,"CarID":114,"InfoProp":0,"InfoProd":1,"DeviceProp":0,"DeviceType":0,"PosX":2383.078857421875,"PosZ":0.0,"PosY":2
13.295654296875,"CarRollAgl":-
0.9404928088188171,"CarPitchAgl":1.8765482902526856,"CarYawAgl":0.0,"RoadID":0,"Speed":299,"Gear":1,"SteerAgl":56,"Throttle":194,"Brake":0}]}
{"MessageType":0,"CarInfo":
[{"TimeStamp1":1693741582,"TimeStamp2":47,"CarID":114,"InfoProp":0,"InfoProd":1,"DeviceProp":0,"DeviceType":0,"PosX":2383.078857421875,"PosZ":0.0,"PosY":2
13.295654296875,"CarRollAgl":
0.9273404479026794,"CarPitchAgl":1.8267401456832886,"CarYawAgl":0.0,"RoadID":0,"Speed":299,"Gear":1,"SteerAgl":56,"Throttle":194,"Brake":0}]}
{"MessageType":0,"CarInfo":
[{"TimeStamp1":1693741582,"TimeStamp2":94,"CarID":114,"InfoProp":0,"InfoProd":1,"DeviceProp":0,"DeviceType":0,"PosX":2393.078857421875,"PosZ":0.0,"PosY":2
13.295654296875,"CarRollAgl":
0.9143960475921631,"CarPitchAgl":1.8090659379959107,"CarYawAgl":0.0,"RoadID":0,"Speed":299,"Gear":1,"SteerAgl":55,"Throttle":194,"Brake":0}]}
{"MessageType":0,"CarInfo":
[{"TimeStamp1":1693741582,"TimeStamp2":31,"CarID":114,"InfoProp":0,"InfoProd":1,"DeviceProp":0,"DeviceType":0,"PosX":2393.078857421875,"PosZ":0.0,"PosY":2

图 8.5-15　数据导出内容

8.5.6　实验效果

微缩智能车协同换道控制过程效果包括：首先，确定编队位置和头车判断，在车辆编队形成的过程中，确定车辆编队的位置，并对头车的车辆类型进行判断，头车必须为网联自动驾驶车辆；其次，提前控制需要编队的车辆规模，在编队过程中，队列车辆则按照车头时距阈值在车道上行驶；然后对编队队形进行调整，对于编队完成的车辆队列，开始在特定的位置调整车辆编队队形，当前方车辆申请脱离车队，其余车辆继续保持车队队形行驶；最后车辆协同换道控制过程中申请脱离车队的车辆组成单独车队并完成换道过程，等待时机从后方汇入原车队进行重新编队，运行效果图如图 8.5-16 所示。

图 8.5-16　运行效果图

8.5.7 注意事项

（1）根据实验要求，在实训平台指定位置开展实验。

（2）在实验开始前，应校准微缩智能车协同换道控制算法与微缩智能车的行驶状态。

8.5.8 思考题

（1）微缩智能车协同换道控制对于交通流的影响有哪些？

（2）微缩智能车协同换道决策的影响因素包括哪些？

第9章 驾驶行为特性类实验

9.1 驾驶行为数据采集实验

9.1.1 实验原理

驾驶行为是指驾驶人在驾驶过程中所表现出的行为特征，是驾驶人与车辆、道路环境和其他交通参与者之间相互作用的表现，包括启动车辆、加速、减速、转弯、换道、停车等基本驾驶动作。研究驾驶行为可以了解驾驶人驾驶习惯、预防和避免不良驾驶行为特征、降低车辆碰撞风险、提升行车效率等。

9.1.2 实验材料

(1) 驾驶模拟器，1 套。
(2) 驾驶模拟系统软件，1 套。

9.1.3 实验目标

(1) 掌握基于驾驶模拟技术的驾驶行为数据采集方法。
(2) 了解基本驾驶行为数据类目。

9.1.4 实验内容

利用驾驶模拟技术开展驾驶行为数据采集实验，具体实验内容包括：
(1) 认知熟悉驾驶模拟器，包括驾驶模拟器功能模块、工作原理、基本操作等内容。
(2) 了解驾驶模拟实验流程，包括静态场景搭建、动态交通事件开发、数据采集与保存等环节。
(3) 绘制驾驶行为特征图并完成研究报告。

9.1.5 实验步骤

(1) 打开"人因类驾驶模拟实验"文件夹，选取"驾驶数据采集演示"实验场景。
(2) 双击"Unity"图标的可执行文件并开始实验。
(3) 行驶到目的地后自动弹出"退出"文本框。
(4) 返回原目录查看实验数据。

9.1.6 实验效果

驾驶人驾驶车辆的驾驶行为数据采集实验模拟场景效果如图 9.1-1 所示，驾驶人需根据实验场景适时调整自身的驾驶行为，完成驾驶任务。当驾驶人根据实验语音提示行驶至实验终点时，场景自动弹出"实验结束，请到本项目所在文件夹查看数据文件"的文字提示（图 9.1-2），同时数据自动保存至项目所在文件夹。最后根据所采集的驾驶行为数据，绘制不同驾驶行为特征曲线（图 9.1-3）。

图 9.1-1　驾驶模拟场景效果

图 9.1-2　实验结束示意图

9.1.7　注意事项

（1）避免非正常驾驶操作导致驾驶模拟器损坏。

（2）避免修改驾驶模拟系统软件的配置文件，如 IP 地址等。

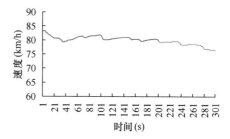

图 9.1-3　速度曲线图示例

9.1.8　思考题

（1）基本驾驶行为指标包括哪些？

（2）如何识别异常驾驶行为数据？

9.2　驾驶人跟驰行为分析实验

9.2.1　实验原理

驾驶人跟驰行为属于最基本的微观驾驶行为之一，描述了在限制超车的单车道上前后两辆车的行驶状态。由于驾驶人跟驰行为易受到驾驶人性格、驾驶风格、交通条件等因素影响，不同的跟驰行为特性可能会对驾驶安全、交通运行效率等产生影响，因此有必要对典型交通场景下的驾驶人跟驰行为进行研究。

9.2.2　实验材料

（1）驾驶模拟器，1 套。

（2）驾驶模拟系统软件，1 套。

9.2.3　实验目标

（1）了解跟驰行为的定义，理解研究跟驰行为的重要性。

（2）掌握驾驶人跟驰行为实验设计流程和数据采集方法。

（3）获取不同交通密度条件下的驾驶人跟驰行为特性。

9.2.4 实验内容

利用驾驶模拟技术开展驾驶人跟驰行为分析实验。实验设计为单因素双水平，主要开展高/低两种交通密度条件下的驾驶人跟驰行为特征分析。具体实验内容包括：

（1）认知熟悉驾驶模拟器，包括驾驶模拟器功能模块、工作原理、基本操作等内容。

（2）了解驾驶模拟实验流程，包括静态场景搭建、交通事件开发、数据采集与保存等。

（3）每名被试采用随机排序方式遍历两种实验场景，采集高/低两种交通密度条件下的驾驶人跟驰行为数据。

（4）分析不同交通密度条件下的驾驶人跟驰行为差异并完成研究报告。

9.2.5 实验步骤

（1）打开"人因类驾驶模拟实验"文件夹，选取对应实验场景。

（2）双击"Unity"图标的可执行文件并开始实验。

（3）根据语音提示驾驶车辆，行驶至目的地后场景自动弹出"退出"文本框。

（4）返回原目录查看实验数据。

9.2.6 实验效果

不同交通密度条件下驾驶人跟驰实验效果如图9.2-1和图9.2-2所示。在低密度条件下，驾驶人保持较远的跟驰间距；在高密度交通条件下，驾驶人与前车保持较近的跟驰间距。当驾驶人根据实验语音提示行驶至实验终点时，场景自动弹出"实验结束，请到本项目所在文件夹查看数据文件"的文字提示，同时数据自动保存至项目所在文件夹。

图9.2-1　低交通密度条件下跟驰实验效果

利用所采集的驾驶行为数据，绘制不同交通密度条件下的驾驶行为特征曲线（图9.2-3）；并利用SPSS统计分析软件，选用单因素重复测量统计检验方法，分析显著性差异（表9.2-1）。

图9.2-2　高交通密度条件下跟驰实验效果

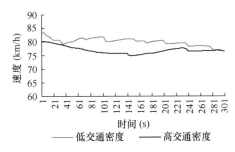

图9.2-3　不同交通密度条件下
驾驶行为特征曲线

跟驰行为统计检验结果（样车量＝36）　　表 9.2-1

独立性	正态性	方差齐性	统计量	显著性
0.005	0.000	0.000	27.661	0.000

9.2.7　注意事项

（1）避免非正常驾驶操作导致驾驶模拟器损坏。

（2）避免修改驾驶模拟系统软件的配置文件，如 IP 地址等。

9.2.8　思考题

（1）如何界定跟驰行为？

（2）跟驰行为会受到哪些因素影响？

9.3　黄灯两难区驾驶决策行为分析实验

9.3.1　实验原理

在黄灯启亮时刻，驾驶人在进口道行车面临两种选择：通过交叉口或者在停止线前停车等待。此时，如果车辆在黄灯期间，既不能顺利通过交叉口，也不能在停车线前顺停车，则称车辆位于"两难区"。在两难区内，"不能顺利通过停车线而选择急刹车"的车辆容易引发追尾事故，"不能停在停车线前而强行闯红灯"的车辆容易引发侧碰事故。因而，两难区的存在严重影响了交叉口的行车安全，应做到尽可能消除。

9.3.2　实验材料

（1）驾驶模拟器，1 套。

（2）驾驶模拟系统软件，1 套。

9.3.3　实验目标

（1）了解交叉口黄灯两难区可能导致的交通安全问题。

（2）掌握交叉口黄灯两难区驾驶行为实验设计流程与数据采集方法。

（3）分析不同剩余绿灯时长条件下驾驶人通过交叉口黄灯两难区时的驾驶决策行为。

9.3.4　实验内容

利用驾驶模拟技术开展交叉口黄灯两难区驾驶决策行为分析实验。实验设计为单因素两水平，即开展绿灯时长剩余 5s 和 10s 两种条件下的驾驶人在两难区的决策行为分析。具体实验内容包括：

（1）认知熟悉驾驶模拟器，包括驾驶模拟器功能模块、工作原理、基本操作等内容。

（2）了解驾驶模拟实验流程，包括静态场景搭建、动态交通事件开发、数据采集与保存等环节。

（3）每名驾驶人采用随机排序方式依次遍历两种实验场景。采集不同剩余绿灯时长条件下的驾驶人决策行为数据。

（4）开展交叉口黄灯两难区驾驶人决策行为分析并完成研究报告。

9.3.5　实验步骤

（1）打开"人因类驾驶模拟实验"文件夹，选取对应实验场景。

（2）双击"Unity"图标的可执行文件并开始实验。

（3）根据语音提示驾驶车辆，行驶至目的地后场景自动弹出"退出"文本框。

（4）返回原目录查看实验数据。

9.3.6　实验效果

驾驶人在绿灯剩余时长分别为10s和5s时通过交叉口的驾驶模拟实验效果如图9.3-1和9.3-2所示。当信号灯由黄灯转换为绿灯时，驾驶人需要根据当前车速和车辆距离交叉口的位置进行驾驶决策，判断是继续行驶通过交叉口还是采取制动停车操作。当驾驶人根据实验语音提示行驶至实验终点时，场景自动弹出"实验结束，请到本项目所在文件夹查看数据文件"的文字提示，同时数据自动保存至项目所在文件夹。利用所采集的驾驶行为数据绘制不同剩余绿灯时长条件下的驾驶行为特征曲线（图9.3-3）；并利用SPSS统计分析软件，选用单因素重复测量统计检验方法，分析显著性差异（表9.3-1）。

图9.3-1　绿灯剩余时长为10s
时的驾驶模拟实验效果

图9.3-2　绿灯剩余时长为5s
时的驾驶模拟实验效果

9.3.7　注意事项

（1）避免非正常驾驶操作导致驾驶模拟器损坏。

（2）避免修改驾驶模拟系统软件的配置文件，如IP地址等。

9.3.8　思考题

（1）交叉口黄灯两难区可能会带来哪些安全风险？

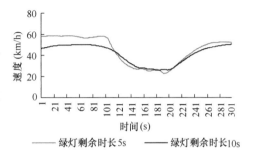

图9.3-3　不同绿灯剩余时长条件下
驾驶行为特征曲线

（2）有哪些方法能够降低交叉口黄灯两难区的安全风险？

黄灯两难区决策行为统计检验结果　　　　　表 9.3-1

独立性	正态性	方差齐性	统计量	显著性
0.000	0.000	0.001	12.772	0.000

9.4　驾驶人让行行为分析实验

9.4.1　实验原理

在无信号控制交叉口场景，左转车辆易与对向车辆及侧向车辆产生交通冲突，使得交通安全风险增加、通行能力下降。分析驾驶人在无信号控制交叉口左转场景下的让行行为，有助于深入挖掘交通冲突的形成原因，为降低无信号控制交叉口的交通安全风险提供建议。

9.4.2　实验材料

（1）驾驶模拟器，1套。
（2）驾驶模拟系统软件，1套。

9.4.3　实验目标

（1）了解无信号控制交叉口的车辆通行规则。
（2）了解无信号控制交叉口可能发生的交通冲突类型及造成的交通安全影响。
（3）掌握无信号控制交叉口驾驶人让行实验测试流程和数据采集方法。
（4）分析不同交通密度条件下无信号控制交叉口驾驶人的让行行为。

9.4.4　实验内容

利用驾驶模拟技术开展无信号控制交叉口驾驶人让行行为分析实验。实验设计为单因素双水平，主要开展高/低交通密度条件下驾驶人在无信号控制交叉口左转时的驾驶行为分析。具体实验内容包括：
（1）认知熟悉驾驶模拟器，包括驾驶模拟器类别、功能模块、工作原理等内容。
（2）了解驾驶模拟实验流程，包括静态场景搭建、左转待转交通事件开发、数据采集与保存等环节。
（3）开展高/低交通密度下驾驶人在无信号控制交叉口左转时的驾驶行为分析实验。每名驾驶人采用随机排序方式依次遍历两种实验场景。
（4）分析驾驶人在无信号控制交叉口左转时的驾驶行为并完成研究报告。

9.4.5　实验步骤

（1）打开"人因类驾驶模拟实验"文件夹，选取对应实验场景。
（2）双击"Unity"图标的可执行文件并开始实验。
（3）根据语音提示驾驶车辆，行驶至目的地后场景自动弹出"退出"文本框。

（4）返回原目录查看实验数据。

9.4.6　实验效果

不同交通密度条件下驾驶人在无信号控制交叉口的让行行为实验效果如图 9.4-1 和图 9.4-2 所示。驾驶人应根据对向来车的车速及两车间距选取适当时机完成左转行为。当驾驶人根据实验语音提示行驶至实验终点时，场景自动弹出"实验结束，请到本项目所在文件夹查看数据文件"的文字提示，同时数据自动保存至项目所在文件夹。利用所采集的驾驶行为数据绘制不同交通密度条件下的驾驶行为特征曲线（图 9.4-3）；并利用 SPSS 统计分析软件，选用单因素重复测量统计检验方法，分析显著性差异（表 9.4-1）。

图 9.4-1　低交通密度条件
下让行行为实验效果

图 9.4-2　高交通密度条件
下让行行为实验效果

驾驶人让行行为统计检验结果　表 9.4-1

独立性	正态性	方差齐性	统计量	显著性
0.000	0.000	0.001	0.492	0.023

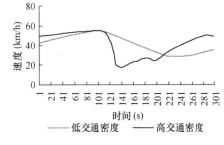

图 9.4-3　不同交通密度条件下
驾驶行为特征曲线

9.4.7　注意事项

（1）避免非正常驾驶操作致使驾驶模拟器损坏。

（2）避免修改驾驶模拟系统软件的配置文件，如 IP 地址等。

（3）实验中注意不要与冲突车辆发生碰撞。

9.4.8　思考题

（1）如何降低车辆通过无信号控制交叉口时的行车风险？

（2）分析在何种情形下需要设置交通信号灯？

9.5　机动车与行人冲突分析实验

9.5.1　实验原理

交通通行规则中要求当行人步入人行横道时，车辆行经交叉口右转时需停车让行。但由于路权意识较为淡薄，多数机动车驾驶人会寻找行人过街时的可穿越间隙完成右转行为，从而导致机动车与行人之间发生交通冲突。通过合理的驾驶人行为管理手段和信号控制方法能够有效保证行人过街的安全性。在实施相应交通管控措施前，有必要事先了解此场景下驾驶人决策行为特征并明确此场景下的行驶安全性。

同时，交通安全评价指标是评估道路交通安全状况的重要工具。通过对交通事故、交通冲突、交通风险的原因、频率、严重程度等方面进行分析，确定交通状态的好坏。基础交通安全评价指标有：车头时距（Headway Time，HWT）、碰撞时间（Time to Collision，TTC）、后侵入时间（Post Encroachment Time，PET）等。

9.5.2 实验材料

（1）驾驶模拟器，1套。

（2）驾驶模拟系统软件，1套。

9.5.3 实验目标

（1）了解信号控制交叉口右转机动车与过街行人发生交通冲突时的通行规则。

（2）掌握信号控制交叉口右转机动车与过街行人交通冲突实验的设计流程与数据采集方法。

（3）分析不同行人过街间隙条件下的信号控制交叉口右转机动车与过街行人发生交通冲突时的行驶安全性。

9.5.4 实验内容

利用驾驶模拟技术开展信号控制交叉口右转机动车与过街行人交通冲突场景下的行驶安全性分析实验。实验设计为单因素双水平，主要开展在长/短过街间隙条件下信号控制交叉口右转机动车让行过街行人的行驶安全性分析。具体实验内容包括：

（1）认知熟悉驾驶模拟器，包括驾驶模拟器类别、功能模块、工作原理等内容。

（2）了解驾驶模拟实验流程，包括静态场景搭建、机动车与行人交互事件开发、数据采集与保存等环节。

（3）开展长/短过街间隙条件下信号控制交叉口右转机动车与过街行人交通冲突实验。每名驾驶人采用随机排序方式依次遍历两种实验场景。

（4）分析信号控制交叉口驾驶人右转让行时的行驶安全性并完成研究报告。

9.5.5 实验步骤

（1）打开"人因类驾驶模拟实验"文件夹，选取对应实验场景。

（2）双击"Unity"图标的可执行文件并开始实验。

（3）按照交通规则行驶到目的地后自动弹出"退出"文本框。

（4）返回原目录查看实验数据。

9.5.6 实验效果

在长/短过街间隙条件下信号控制交叉口右转机动车让行过街行人时的驾驶模拟实验

效果如图 9.5-1 和图 9.5-2 所示。驾驶人需根据不同过街间隙长度完成右转行为。当驾驶人根据实验语音提示行驶至实验终点时，场景自动弹出"实验结束，请到本项目所在文件夹查看数据文件"的文字提示，同时数据自动保存至项目所在文件夹。利用所采集的驾驶行为数据绘制不同过街间隙条件下的驾驶行为特征曲线（图 9.5-3），并计算交通冲突风险；利用 SPSS 统计分析软件，选用单因素重复测量统计检验方法，分析显著性差异（表 9.5-1）。

图 9.5-1 长过街间隙右转机动车示意图

图 9.5-2 短过街间隙右转机动车示意图

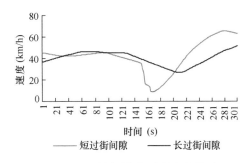

图 9.5-3 不同过街间隙长度条件下驾驶行为特征曲线

机动车与行人冲突时驾驶行为统计检验结果　表 9.5-1

独立性	正态性	方差齐性	统计量	显著性
0.000	0.000	0.021	2.571	0.011

9.5.7 注意事项

（1）避免非正常驾驶操作致使驾驶模拟器损坏。
（2）避免修改驾驶模拟系统软件的配置文件，如 IP 地址等。
（3）实验中注意不要与行人发生碰撞。

9.5.8 思考题

（1）交通安全评价可以从哪几个维度开展分析？
（2）行人过街冲突场景可以通过哪些手段降低安全风险？

9.6 混驾编队领航车驾驶行为分析实验

9.6.1 实验原理

车辆编队凭借着车辆间协作行驶、减少空气阻力等技术优势，有助于提升交通安全性、生态性和道路通行能力。考虑目前自动驾驶技术尚不成熟，以人工驾驶车辆为领航车、自动驾驶车辆为跟驰车的混驾编队模式可能成为自动驾驶编队完全普及前的一种可行的过渡模式。由于领航车的驾驶表现直接影响编队效能，但领航车的驾驶行为又易受周围环境影响，因此有必要研究领航车的行为特征及其驾驶表现对编队运行特征的影响。

9.6.2 实验材料

（1）实训平台，1套。
（2）驾驶模拟器及远程驾驶系统，1套。

9.6.3 实验目标

（1）了解车辆编队的定义和优势。
（2）了解网联技术、自动驾驶技术的相关基础知识。
（3）掌握网联人机混驾编队领航车驾驶行为分析实验的测试流程与数据采集方法。
（4）分析驾驶人在驾驶单车和作为编队领航车时的驾驶行为特征。

9.6.4 实验内容

利用驾驶模拟器和实训平台开展混驾编队领航车行为特征影响实验。实验设计为单因素双水平，主要开展驾驶人在驾驶单车和作为编队领航车时的驾驶行为特征分析。具体实验内容包括：

（1）认知熟悉驾驶模拟器，包括驾驶模拟器类别、功能模块、工作原理等内容。
（2）了解驾驶模拟实验流程，包括静态场景搭建、动态交通事件开发、混驾编队模式构建、数据采集与保存等环节。同时，了解驾驶模拟器与实训平台间的系统架构及数据传输流程。
（3）开展混驾编队实验，即前车急刹车情况下领航车驾驶行为表现，每名驾驶人采用随机排序方式依次遍历两种实验场景。
（4）分析驾驶人在驾驶单车和作为编队领航车时的驾驶行为特征并完成实验报告。

9.6.5 实验步骤

（1）打开"人因类驾驶模拟实验"文件夹，选取对应实验场景。
（2）双击"Unity"图标的可执行文件并开始实验。
（3）根据语音提示驾驶车辆，行驶至目的地后场景自动弹出"退出"文本框。
（4）返回原目录查看实验数据。

9.6.6 实验效果

驾驶人驾驶单车和作为编队领航车时的驾驶模拟实验效果如图 9.6-1 和图 9.6-2 所示。当驾驶人根据实验语音提示行驶至实验终点时，场景自动弹出"实验结束，

图 9.6-1 单车驾驶模拟实验效果

请到本项目所在文件夹查看数据文件"的文字提示，同时数据自动保存至项目所在文件夹。利用所采集的驾驶行为数据绘制不同驾驶角色条件下的驾驶行为特征曲线（图9.6-3）；利用SPSS统计分析软件，选用单因素重复测量统计检验方法，分析显著性差异（表9.6-1）。

图9.6-2 领航车驾驶模拟实验效果

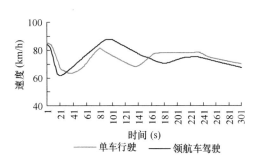

图9.6-3 不同驾驶角色条件下驾驶
行为特征曲线

单车行驶与领航车行驶时驾驶行为统计检验结果　　　　表9.6-1

独立性	正态性	方差齐性	统计量	显著性
0.000	0.000	0.002	2.935	0.017

9.6.7 注意事项

（1）避免非正常驾驶操作致使驾驶模拟器。

（2）避免修改驾驶模拟系统软件的配置文件，如IP地址等。

9.6.8 思考题

（1）什么是混驾编队？混驾编队有哪几种形式？

（2）可以从哪些方面提升混驾编队领航车的驾驶表现？

9.7 智能车远程驾驶控制实验

9.7.1 实验原理

微缩智能车是激活实训平台系统功能的核心，是开展交通设计与组织、交通信息采集、交通控制、自动驾驶控制、车路协同应用等课程实验的基本模块。采用简单的控制方法虽然能够满足上述实验的基本需求，却难以模拟人类的驾驶习惯，制约了实训平台实验系统的有效性。通过网络信息通信方式，以微缩、前沿、可用为基本设计理念，采用人因介入接管驾驶AV微缩智能车的形式进行交通场景的综合演示与交互，同时支持油门、刹车、转向、车辆IP、视觉IP自定义等功能，满足人因接管管控领域所涉及的科研实验需要。

9.7.2　实验材料

（1）实训平台，1 套。

（2）驾驶模拟器及远程驾驶系统，1 套。

（3）微缩智能车，1 辆。

9.7.3　实验目标

（1）了解微缩智能车远程驾驶的基本技术原理。

（2）掌握微缩智能车驾驶行为数据与定位轨迹数据的采集方法。

（3）分析并同时驾驶人在远程驾驶微缩智能车时的驾驶行为特征。

9.7.4　实验内容

利用远程驾驶系统操控实训平台系统上的微缩智能车进行运行，主要开展车道保持、交叉口通行、匝道驶入驶出等驾驶任务，导出车辆操控数据和定位轨迹数据，开展不同驾驶员的微缩智能车远程操控行为分析。具体实验内容包括：

（1）认知数据远程驾驶系统，学习系统的基本操作。

（2）进行远程驾驶实验路线设计，开展不同驾驶人的远程微缩智能车操控实验。

（3）导出不同驾驶人的驾驶操控数据、定位轨迹数据，开展行为特征分析并完成研究报告。

9.7.5　实验步骤

（1）使用远程驾驶系统软件中"Camera 检测"进行扫描，在线时摄像头对应的配置按钮显示为绿色，不在线时按钮显示为红色，扫描到对应 IP 在线后（摄像头未上线时，对应车辆按钮为橙色），先单击一下微缩智能车列表的绿色车辆按钮，然后单击"Login"连接对应摄像头。

（2）单击绿色在线的车辆按钮后，单击"进入/退出控制"连接对应车辆。在驾驶设备正确连接的状态下，单击模拟驾驶区域"开始/停止"按钮，开始控制，按照汽车驾驶的方式操作。实验结束后，单击"停止按钮"，然后单击"退出控制"，断开对应车辆。

（3）在远程驾驶系统中，单击"打开 CSV 文件夹"，可以找到 CSV 数据记录及 DA-TA.ini 文件，或者在 CSV 文件夹中双击打开，里面有相关车辆操作数据，包括时间、油门、刹车、转向数据。

9.7.6　实验效果

驾驶人远程驾驶微缩智能车和远程驾驶视角如图 9.7-1 和 9.7-2 所示。驾驶人的驾驶视角为实训平台中微缩智能车摄像头的实时传输画面；驾驶人需操控驾驶模拟器方向盘和油门/刹车踏板，在实现对微缩智能车行驶状态的控制。在实验过程中，驾驶人通过观察实训平台中周围微缩智能车的行驶状态，完成跟驰、换道、通过信号交叉口等驾驶任务，并利用所采集的驾驶行为数据分析不同驾驶人的驾驶行为特征。

图 9.7-1　驾驶人远程驾驶微缩智能车

图 9.7-2　远程驾驶视角

9.7.7　注意事项

（1）请谨慎使用 D 挡位，采用合适的挡位进行驾驶。

（2）请按照交通规则行驶，防止损坏微缩智能车和实训平台设备。

（3）避免修改驾驶模拟系统软件的配置文件，如 IP 地址等。

9.7.8　思考题

（1）远程驾驶与实际驾驶存在什么差别？会如何影响驾驶行为？

（2）自动驾驶车辆驾驶行为与人类驾驶行为可能有哪些差别？

第 10 章　总结与展望

10.1　总结

实训平台以多学科交叉融合为特色，以自主创新实训为手段，以团队协作为组织模式，以培养综合知识应用及创新能力为目标，适用于交通运输工程、车辆工程、自动化工程、软件工程、通信工程等专业的学生。构建以多学科交叉为特色的综合应用实训平台，培养学生自我发展、自我实践的创新能力；通过提升学生对基础理论和技术的理解，提高学生的实践应用能力和解决实际问题的能力。实训平台可以将学科最新的科研成果应用到实验教学中，围绕"学生能力培养"这一核心，有效提高学生参与实验的积极性和主动性。

在微缩智能车设计与开发方面，实训平台可以为智能交通及车辆工程、物联网、人工智能等相关领域的专业教学提供强有力的支撑，提升普通高校及职业院校学生的综合实践能力。利用微缩智能车，可全方位、立体化地展示智能交通前沿技术（自动驾驶、车联网等）的应用效果并评估其效用；对多种智能交通典型场景进行相关算法测试、功能调试、系统联调等实验验证。针对普通高校及职业院校实践课程的教学需要，能够使学生深入感知并理解智能网联汽车关键技术应用，实现学生动手实践能力和科研能力的综合培养。

在交通路网系统设计方面，实训平台作为一个集成化的微缩城市道路区域，是满足校内教学实践和智能交通研究的最佳方案，实训平台路网基于相似原理，按照一定的微缩比模拟现实道路环境和辅助设施中的重要元素，对路网元素合理组合搭建而成。平台路网依托丰富的道路环境和辅助设施，能够满足多类实验测试的需求，让学生能够亲身参与高度仿真的实践活动，在教学实践中，可开展设计性、综合性和多元性的实践课程，提高学生对知识的掌握能力和实践操作能力，培养多学科交叉研发创新能力和解决复杂问题的能力，达到工程实训和科学研究的目的。

加强新一代智能交通人才培养，推进智能网联汽车的发展与交通技术应用，有助于加快交通强国的建设。结合智能交通领域科技发展前景、传统教学问题及对实践教学的创新需求，提出了搭建交通信息与控制实训平台的功能方法及实施路径，可加强学生在交通设计与组织、交通管理与控制、车路协同、自动驾驶、智能网联汽车等方面相关知识的学习和项目实践，建设特色实验教学，培养学生的核心能力，提高学生参与实验的积极性和实验应用能力，助力专业建设与人才培养。

10.2　应用展望

通过将智能交通应用场景及场景中所需的前沿技术移植、孪生，服务于新形势下各大高校、职业院校、研究院所、科技馆、展览馆、驾校、企业等智能交通领域单位的实践教学、实训创新、技术测试、效果展示、沉浸体验等需求。随着实训平台建设的逐渐完善，还可与驾驶模拟装备和微观交通仿真软件（如 VISSIM、SUMO、TESS 等）进行联合实训，实现智能交通应用场景的"驾驶模拟＋实践教学平台＋微观交通仿真"的软硬件联合仿真。未来可重点针对人因对驾驶行为和交通安全的影响、基于硬件在环的信号配时优化、智能网联车辆编队、虚实融合交互仿真等进行技术演示和综合实验。

微缩智能车是根据真实自动驾驶汽车的主要功能进行微缩设计的自动驾驶车辆，能够复现真实智能网联车辆所具有的基础自动驾驶与车联网功能。微缩智能车根据需求可设计为 1∶5、1∶10、1∶20 等不同比例大小和功能，不同比例的车辆所能达到的智能化程度也不相同。微缩智能车为保证实现自动驾驶功能，采用自动控制、人工智能、计算机视觉、传感器等技术，并内嵌对应的人工智能算法，可以验证相关智能算法的应用效果，且实验测试结果能够为自动驾驶技术提供参考和借鉴。1∶5 比例的微缩智能车能够在真实道路环境下实现自动驾驶，能够利用单目/双目摄像头对车辆及行人进行自主识别，并可利用配备的激光雷达对周围环境进行扫描，实现复杂场景下的激光建图任务。此外，还可根据实际需要，进行自主路径规划。1∶10 和 1∶20 比例的微缩智能车由于其体积小，因此可构建对应的微缩交通环境，实现车辆在微缩交通路网环境下的自动驾驶，并使用 RSU、UWB、GPS、RFID 等技术实现车辆信息传输和精准定位。微缩智能车可通过与智慧管理调度决策系统、驾驶模拟器以及实训平台结合开展更丰富的实训实践。智慧管理调度决策系统可实现对微缩智能车的路径规划、场景模拟、控制调度等，进行车辆角色定义、任务流程控制系统、车辆速度控制、车辆跟驰控制、车路协同控制、智能车比赛评价以及沙盘模拟推演等。与驾驶模拟器结合，实现微缩智能车与驾驶模拟器之间的孪生映射。通过对微缩智能车摄像头、编码器、舵机等设备与驾驶模拟器显示屏、油门踏板、刹车踏板、方向盘等设备进行同步与标定，打通视觉感知、驾驶决策和驾驶行为三大孪生要素，实现微缩智能车与驾驶模拟器之间的互联互通，支撑驾驶人行为方面的实践课程教学实验。微缩智能车通过与实训平台上布设的多种智能交通设备（可变情报板、可变限速标志、网联信号灯、交通检测设备等）交互，复现真实智能网联车辆的车路协同功能，并能在此基础上支撑多场景课程实验。

此外，多样化的交通路网设计与应用也是未来的一个发展方向，路网设计在支撑实训平台建设的同时也可支撑智能交通人才的培养，基于路网设计搭建的实训平台可以帮助学生打破时空限制，使其在实验室即可体验丰富的交通环境，基于实训平台能够开展全方位的教学实践。目前各高职院校交通和汽车类专业不同程度地开展了交通实验平台搭建，并根据自身需求和建设条件进行实验平台的路网设计，未来可形成定制化路网、模块化路网、投影式路网、路面屏路网、印刷式路网五大类路网方案，每一种方案都具有各自的特点和适用性。不同类型的路网设计方案可支撑多样化的应用场景，主要体现在教学演示、科研实验、科普展示和专业竞赛等方面。在未来项目建设中可根据不同路网特点进行选型，路网设计功能指标分析见表 10.2-1，该表从技术原理、典型应用场景、优缺点、改进方向与发展趋势等角度进行梳理。

本书依托交通工程和智能交通相关专业方向工程应用型和复合创新型人才培养需求，立足人才创新实践能力和综合素质培养，践行"教学-科研-展示"并举的创新实践思路，以任务为导向，实现"软、硬"兼顾、"教、研"并举、"建、培"同步的新一代综合实践教学平台设计及应用，具有一定的推广价值。

路网设计功能指标分析 表 10.2-1

路网设计方案	技术原理	典型应用场景	优缺点	改进方向与发展趋势
定制化路网	路网采用不同类型的板材喷绘，并配置草地、树木模型，根据需要安装路灯、信号灯、标志牌等路侧设施； 微缩智能车多采用路基层布设的磁条和 RFID 标签进行寻迹行驶，也可基于室内动作捕捉系统进行轨迹规划与运行	教学实训；科研实验；科普展示	优点：路网结构精细完整，道路设施还原度高，可设计立交道路，坚固耐用； 缺点：路网结构不易变更，制作周期长、成本高	路网组件的标准化及部件的可替换
模块化路网	通过设计基础道路场景模块，定制化板材进行拼接组合形成路网结构，道路设施一般通过印刷图案表现，也可加入移动便携式路侧设备； 微缩智能车可采用路基层布设的磁条和 RFID 标签进行寻迹行驶	专业竞赛；教学实训；科研实验	优点：路网组建灵活，路网面积可变，制作方便，成本较低，便于携带，可在不同场地部署、随时展示； 缺点：不易设计立交道路，不易布设实体道路设施	更轻质的材料，更合理的拼接方式
投影式路网	通过向下方高清投影展示路网结构及道路设施； 微缩智能车多基于室内动作捕捉系统进行轨迹规划与运行	教学实训；科研实验；科普展示	优点：路网结构灵活可变，部署周期短、成本低，可展示仿真虚拟车辆和交通流，场地可复用； 缺点：不能展示立交道路，不易布设实体道路设施，需采用专业软件开发交通仿真环境	更便携的投影设备，更高质量的虚实融合交互
路面屏路网	通过水平铺设电子屏展示路网结构及道路设施； 微缩智能车多基于室内动作捕捉系统进行轨迹规划与运行	教学实训；科研实验；科普展示	优点：路网结构灵活可变，部署周期短、成本低，可展示仿真虚拟车辆和交通流； 缺点：成本较高，不能展示立交道路，不易布设实体道路设施，需采用专业软件开发交通仿真环境	发展低成本电子屏或柔性屏，实现更高质量的虚实融合交互
印刷式路网	通过在特殊布料或者板材上印刷并展现路网结构及道路设施，辅助摆放静态道路标志等； 微缩智能车多采用路基层布设的磁条和 RFID 标签进行寻迹行驶	专业竞赛；教学实训	优点：制作方便，成本低，便于携带，可在不同场地部署，随时展示； 缺点：路网结构不易变更，不能展示立交道路，不易布设实体道路设施	进一步丰富路侧设施或标志，用于智能车识别算法测试

参 考 文 献

[1] 杨晓光，白玉，马万经，等．交通设计[M]．北京：人民交通出版社，2010.

[2] 中华人民共和国住房和城乡建设部．城市道路工程设计规范（2016 年版）：CJJ 37—2012[S]．北京：中国建筑工业出版社，2016.

[3] 中华人民共和国住房和城乡建设部．城市道路绿化设计标准：CJJ/T 75—2023[S]．北京：中国建筑工业出版社，2023.

[4] 中华人民共和国住房和城乡建设部．城市综合交通体系规划标准：GB/T 51328—2018[S]．北京：中国计划出版社，2018.

[5] 中华人民共和国住房和城乡建设部．城市工程管线综合规划规范：GB 50289—2016[S]．北京：中国建筑工业出版社，2016.

[6] 翟忠民．道路交通组织优化[M]．北京：人民交通出版社，2004.

[7] 中华人民共和国公安部．城市道路交通组织设计规范：GB/T 36670—2018[S]．北京：中国标准出版社，2018.

[8] 中华人民共和国公安部．公交专用车道设置：GA/T 507—2004[S]．北京：中国标准出版社，2004.

[9] 国家市场监督管理总局，国家标准化管理委员会．道路交通标志和标线 第 2 部分：道路交通标志：GB 5768.2—2022[S]．北京：中国标准出版社，2022.

[10] 中华人民共和国国家质量监督检验检疫总局，中国国家标准化管理委员会．道路交通标志和标线 第 3 部分：道路交通标线：GB 5768.3—2009[S]．北京：中国标准出版社，2009.

[11] 中华人民共和国国家质量监督检验检疫总局，中国国家标准化管理委员会．道路交通标志和标线 第 4 部分：作业区：GB 5768.4—2017[S]．北京：中国标准出版社，2017.

[12] 中华人民共和国住房和城乡建设部．城市道路交通标志和标线设置规范：GB 51038—2015[S]．北京：中国计划出版社，2015.

[13] 王云鹏，严新平，鲁光泉，等．智能交通技术概论[M]．北京：清华大学出版社，2018：25-28.

[14] 李坤．基于地磁车辆检测器的测速系统研究[J]．测试技术学报，2019，33(1)：74-78.

[15] 陈先中，张争，王伟．大量程超声波回波测距系统的研究[J]．仪器仪表学报，2004（S2）：179-182.

[16] 赵问道，赵源，程莎莎．公安视频图像信息应用系统总体架构分析[J]．中国安全防范认证，2018(1)：9-16.

[17] 陈伟民，李存龙．基于微波雷达的位移/距离测量技术[J]．电子测量与仪器学报，2015，29(9)：1251-1265.

[18] 刘晓雯．基于浮动车数据的路网区域交通状态分析[D]．西安：长安大学，2020.

[19] 尹恒，裴尼松，余梨．无人机技术在复杂公路中的应用研究[J]．中外公路，2018，38(2)：1-5.

[20] 童咏昕，袁野，成雨蓉，等．时空众包数据管理技术研究综述[J]．软件学报，2017，28(1)：35-58.

[21] 武琼，李磊，吴方健，等．智能交通系统信息采集、处理与发布技术研究[J]．信息与电脑（理论版），2023，35(5)：200-202.

[22] 吴兵，李晔．交通管理与控制．北京：人民交通出版社[M]．2015.

[23] 李瑞敏，章立辉．城市交通信号控制[M]．北京：清华大学出版社，2015.

[24] 徐建闽. 交通管理与控制[M]. 北京：人民交通出版社，2007.

[25] 于泉. 城市交通信号控制基础[M]. 北京：冶金工业出版社，2011.

[26] 顾九春，于泉，王海忠，等. 城市交通信号控制系统研究（一）[J]. 交通科技，2004(5)：78-81.

[27] 宋现敏. 交叉口协调控制相位差优化方法研究[D]. 吉林：吉林大学，2005.

[28] 沈大吉. 基于交通冲突安全评价的城市干线交叉口信号协调控制研究[D]. 重庆：重庆交通大学，2010.

[29] 郭宏玉. 城市道路干线协调控制配时优化研究[D]. 西安：长安大学，2017.

[30] 宋现敏. 城市交叉口信号协调控制方法研究[D]. 吉林：吉林大学，2008.

[31] 黄一如，姜弘毅. 自动驾驶汽车对未来城市住区空间布局影响初探[J]. 住宅科技，2021，41(6)：28-34.

[32] 周波波. 基于深度学习的自动驾驶汽车主动换道决策与轨迹规划研究[D]. 重庆：重庆大学，2022.

[33] SAE J3016-2021, Taxonomy and Definitions for Terms Related to Driving Automation Systems for On-Road Motor Vehicles [S]. USA and Switzerland：SAE International，2021.

[34] Lee J, Yang J H. Analysis of driver's EEG given take-over alarm in SAE level 3 automated driving in a simulated environment [J]. Internationaljournal of automotive technology, 2020, 21(3)：719-728.

[35] 姚强强. 自动驾驶汽车行驶状态观测与路径跟踪控制策略研究[D]. 北京：北京交通大学，2023.

[36] 赵文博. 自动驾驶汽车政策进入深耕细作期[J]. 智能网联汽车，2021(1)：17-20.

[37] 国家制造强国建设战略咨询委员会. 《中国制造2025》重点领域技术创新绿皮书[M]. 北京：电子工业出版社，2016.

[38] 李克强，戴一凡，李升波，等. 智能网联汽车(ICV)技术的发展现状及趋势[J]. 汽车安全与节能学报，2017，8(1)：1-14.

[39] 高志军，王江锋，陈磊，等. 基于智能网联车辆编队的高速公路协同合流控制方法[J]. 东南大学学报(自然科学版)，2022，52(2)：335-343.

[40] 舒红，张光琛，何杉，等. 汽车自动紧急制动系统控制研究[J]. 公路交通科技，2023，40(7)：216-223，230.

[41] 边有钢，何庆，李崇康，等. 智能网联车辆节能自适应巡航控制研究[J]. 湖南大学学报(自然科学版)，2024，51(2)：187-197.

[42] 孙磊，刘俊，卢明明，等. 汽车主动避撞控制系统研究[J]. 机械工程与自动化，2019(5)：32-34.

[43] 秦严严，王昊，王炜，等. 自适应巡航控制车辆跟驰模型综述[J]. 交通运输工程学报，2017，17(3)：121-130.

[44] 秦严严，王昊，何兆益，等. ACC车辆跟驰建模及模型特性分析[J]. 重庆交通大学学报(自然科学版)，2020，39(11)：33-37.

[45] 敬明，邓卫，刘志明，等. 基于车辆个体特征的IDM模型研究[J]. 交通信息与安全，2012，30(5)：10-13.

[46] Ince S, Baiat Z E, Baydere Ş. Real-time Video Data Traffic Management for Publish-Subscribe based Messaging System[C]//2022 International Conference on Smart Applications, Communications and Networking (SmartNets). IEEE, 2022：1-6.

[47] 赵晓华，陈雨菲，李海舰，等. 面向人因的车路协同系统综合测试及影响评估[J]. 中国公路学报，2019，32(6)：248-261.

[48] 赵晓华，陈浩林，李振龙，等. 不同情景下自动驾驶接管行为的影响特征[J]. 中国公路学报，2022，35(9)：195-214.

［49］ 常鑫，李海舰，荣建，等 . 混有网联车队的高速公路通行能力分析［J］. 华南理工大学学报（自然科学版），2020，48(4)：142-148.

［50］ ZHAO X，CHEN H，LI H，et al. Development and application of connected vehicle technology test platform based on driving simulator：Case study［J］. Accident Analysis & Prevention，2021，161：106330.

［51］ LONG Y，HUANG J，ZHAO X，et al. Does LSTM outperform 4DDTW-KNN in lane change identification based on eye gaze data？［J］. Transportation research part C：emerging technologies，2022，137：103583.